Organization Theory and Management

組織理論與管理

2nd Edition

林欽榮◎著

二版序

「組織理論與管理」乃在研究組織是如何經由一定程序而組成，並透過規劃、執行、管制等活動而得以存續與成長的學科。至於，所謂組織是指政府機關、企業機構，以及和這些機構相當等級的組合體而言。但是，規模過於龐大的組織如國家，則不屬於本書所指涉的範疇。

就實質內涵而言，組織理論與管理可分為兩部分：一為組織理論，一為組織管理。前者是指在學科上對組織的構成、成長與存續常產生許多不同的看法，以致形成許多不同的思想和學派而言。後者則為實務人員透過對組織內的人與事作特意的安排，期使組織能持續不斷地成長與發展。舉凡此兩者皆涉及組織的制度（法制）層面與行為（心理社會）層面，這些都建構了本書的主要內容。

誠如本書原版序所言，今日組織理論不應僅限於結構層面的分析，而且也應擴展到心理社會層面的探討，並宜作整合性的研究。本版即本著前述宗旨而繼續修訂，在規劃上並以管理程序為主軸，惟在編排上已和原版有了很大的差異。

本修訂版對原版前面七章的順序未予更動，但在文字和部分內容上則做了大幅度的修改。自第八章起，其內容依序改為組織領導、激勵管理、組織溝通、組織士氣、組織創新、組織變革、壓力管理、挫折管理、衝突管理、紀律管理、組織文化、組織控制等。這些內容同樣做了若干增刪，一方面仍顧及管理程序的層次，另一方面則將某些相關主題聯結在一起。

本修訂版的最主要特色，就是將前版的文字做了大量的刪改，並加入一些新資料，希冀能使本書更為完備而周全。當然，由於作者所知有限，本書若欲達到理想的境地，仍有賴各專家學者的指正，今謹在此先致上最誠摯的謝意！

林欽榮　謹識

一版序

自有人類以來，即有組織的存在。人類乃透過組織的集體力量，才得以持續生存下去。只是過去的組織結構較為簡單，人員互動較為單純；隨著社會的演化，組織的規模愈來愈龐大，性質也愈來愈複雜，有關組織的概念也日益多元化。

早期組織較重視結構體制，依此進行分工，以求能達成共同的任務；此時即把組織視為分工合作體系。然而，由於組織理論研究的精進，乃逐漸發現組織內部成員活動的過程與結果，也深深地影響到整個組織績效與工作目標的達成。因此，今日組織理論不僅只限於結構層面的分析，且擴及於心理社會層面的探討，並作整合性的研究。

就組織管理的立場而言，管理者不僅要重視組織的工作設計與管制，更應注意管理理念的培養與群體動態的發展。舉凡足以影響組織目標達成的各項因素，都是組織研究者和管理者所要投注心力的。因此，今日組織理論所要探討的內容，可謂既廣且深。本書的編寫即持此理念，期有較周全的討論。

本書編寫係以組織管理為主軸，從組織結構和工作設計開始，然後涉及組織的動態過程，並普及於整個管理層面；其中，有關管理心理與作為占了較大的篇幅，此乃因吾人認為管理理念，是決定組織管理成敗的最主要關鍵。

再者，在組織理論研究上，管理程序正是管理理念的顯現，其中如管理規劃、決策、控制等，都將左右管理的成效。是故，管理程序的探討是研究組織理論所不可或缺的範疇。此外，管理實務諸如激勵、紀律、領導、溝通、績效評估等，都是組織管理者在從事管理事務時所必須面臨的問題。至於真正顯現組織內涵的主題，如組織士氣、文化、壓力、挫折、衝突、變革和創新行為等，更是今日組織管理者所必須細心體察的焦點所在。

本書之編寫係筆者於任教「組織理論與管理」課程時，有感於需將多年來對「組織」所體認的心得，作一彙整而來。其中許多資料皆為筆者搜自前著各書所編纂而成，其用意厥為志在整理成一套整體性的「組織理論與管理」概念而已。當然，有關組織理論與管理的完整知識，絕非一人所可獨力完成，其仍有賴諸多專家學者的共同戮力。本書作者仍不揣淺陋，試圖拋磚引玉，引起共鳴。尚祈　先進指正，是幸。

林欽榮　謹識

目錄

Chapter 1 緒　論

在企業管理領域中，組織理論與管理實居於某種重要地位。蓋組織乃是人們推展事務或業務的基本架構和依據，缺乏組織的存在將使人們的行動進退失據。因此，有關組織理論和管理的主題，為吾人所必須深入探討。本章首先討論組織管理的意義，以瞭解、認清組織管理的真正涵義；其次，研討組織管理思想的發展，以求瞭解各個管理思想對組織的影響；再次，論述組織管理的科學研究途徑及其目的，使不致迷失方向，並掌握正確的方法和明瞭其目標；最後，須研析組織理論與管理的範疇，庶明確其內容。

第一節 組織管理的意義

自有人類以來，組織即已存在。人們運用組織以滿足各方面的需求，並延續社會文化的功能。當然，組織亦已歷經各種變化的過程，以致在規模和性質上發生變遷。早期的組織結構可說相當簡單和單純，今日的組織則相當複雜和多元；早期的組織只是一種靜態的分工體系，今日的組織則為一種動態的專業體系；早期的組織注重技術分工系統，今日的組織則強調社會心理系統。今日的組織目標不僅在於滿足成員需求，也在於實現管理功能。因此，本節將分別探討「組織」、「管理」的意義，然後再作綜合的闡釋。

一、組織

所有的組織之所以能存在，係因它建立其內部結構，使得人員、職務、工作與權責之間，能得到適切的合理分工與合作關係，如此據以有效地分擔和進行各項業務，從而能完成所預期的目標。因此，所謂組織（organization），就是由許許多多的個人在協同一致的努力下，共同致力於目標實現的組合體。它是一種有目的的人群組合，決定了權責劃分與職務分工，並形成人與人之間的關係；此種組合不僅是靜態的結構或技術分工體系而已，尚是一種動態的實體或社會心理系統。惟組織的概念甚為廣泛，舉凡機關、學校、工廠、工會……甚至國家皆可稱為組織。本書所謂的組織專指「機關組織」、「工廠組織」、「學校」、「醫院」等與同類型的組織而言。

組織管理學家高思（John M. Gaus）曾說：「所謂組織，乃是透過合理的職務分工，經由人員的調配與運用，使協調一致，以求達到大家所協調的目標。」行政學大師巴納德（Chester I. Barnard）也認為：「組織係集合兩個人以上的活動或力量，作有意識的協調，使能一致從事於合作行為的系統。」孟尼（James D. Mooney）與雷利（Alan C. Reiley）則說：「組織是人類為了達成共同目標的組合形式，並有秩序地安排群體力量，以產生整體行動，進而追求共同宗旨。」上述定義皆顯示，組織不僅是靜態的形式而已，且是動態的實體。

此外，組織隨時會受到外在社會文化背景及內在動態因素影響。因此，組織本身即是一種社會心理體系，是個人與組織不斷地交互行為的結果。普里秀士（Robert V. Presthus）曾說：「組織是一種人與人之間具有結構上關係的系統，個人被標示以權利、地位、職務，而得以指定出各個成員間的相互作用。」該定義不僅將組織視為一組機械結構，同時穩定人員之間的關係，並強化組織的動態性質。

懷特（L. D. White）亦持同樣看法，他說：「組織是人與人工作關係的結合，也是人類所要求的人格之聯合。」馬許（James G. March）與賽蒙（Herbert A. Simon）也主張：「組織是在一定時期內，人們以意志和可完成的目標去規劃或制定決策，並努力地去達成其目標的組合。」由此可知，組織不再單從物質的、機械的觀點著眼，且必須從心理的、社會的角度去探究。

再者，組織作業常界定了組織的界限，俾使組織得以在界限內運作，此種架構即為組織的正式結構。通常組織的正式結構，可稱之為正式組織；但事實上，組織內尚存在著一種非正式組織。此種非正式組織乃是在正式組織內，由各個群體或成員基於彼此的接觸和互動，而作非正式的、意識性的交流所形成。此將於後續有關章節中討論之。

由此觀之，組織不僅是一種機械式的結構體系，更是一種有機性的社會心理體系。組織固然係透過理性的技術分工而來，最重要的乃是一群人有目的性的組合；它不僅是靜態的，更是動態的。因此，組織管理階層不僅要重視組織的形式結構，更應注意其動態層面。

二、管理

所有的組織都必須經過管理，才能順利地達成其目標，並得以持續生存與成長。而何謂管理？「管理」一詞的涵義甚廣，各家的解釋也有很大的差異，其主要原因為立場不同所致。賀吉茲（R. M. Hodgetts）將之區分為兩方面：一是期待去完成的「工作」；一是執行工作的「人」。有效的管理必須以「工作」為導向，同時也必須關懷到「人」。此外，傅麗特（Mary Follett）也說：「管理是一種藉由他人完成工作的藝術。」上述解釋相當簡明扼要。

其次，美國工程師學會的定義是：「管理是一種籌劃、組織、指導，並運用人類的努力，去管制人力和利用自然資源，為人類謀求福利的藝術與科學」。此種定義基本上乃在指出，管理是一種對人力與物質資源的規劃、運用，其目的則在謀求人類的福址。

再者，泰利（George R. Terry）則認為，管理是經由規劃、組織、執行與控制等程序，用以決定並達成所欲尋求之目標。該定義特別強調管理的程序與過程，並希望能由此獲得所期待的目標。

肯茲等（H. Koontz & C. O'Donnell）的管理定義為，設計、創造，並維持組織的內在環境，使有利於組織員工的共同努力，並有效率和效能地對組織目標的達成有所貢獻。顯然地，他們重視組織內部的安排，使其能在秩序井然的情況下完成組織目標。

管理學家麥格瑞哥（D. H. McGregor）則認為，管理乃在安排組織的有利條件及其方法，用以指導個人在實現組織目標的過程中，同時能達成個人的自我需求。顯然地，該定義不僅在強調管理必須注意工作和個人，更要重視組織目標和個人需求的同時完成。換言之，管理乃泛指由管理者激勵他人並整合組織資源，加以統整，以完成工作目標的一系列過程與活動。它至少必須包括主管與部屬、管理活動和管理目標等主要元素。

最後，就中文字面的意義而言，管理乃是對人或事物加以指導或處理，使之合乎一定規範而言。就其內容與步驟而論，管理就是規劃、執行與考核的一連串活動。規劃是管理的第一項步驟；執行則包括領導、組織、協調等活動，為管理的第二項步驟；考核則包括檢查、修正、回饋等過程，是管理的第三項步驟。上述三項步驟構成了一個管理循環（management cycle）。

三、組織管理

如前所述，吾人試就「組織」和「管理」作一綜合解釋如下：所謂組織管理，就是對在一定結構系統中的人和事，進行一連串的規劃、執行和考核的活動，以達成某種目標的過程。組織管理不僅建立在靜態結構的基礎上，而且也是一種動態活動的歷程。組織管理的最終目標，就是希望同時滿足個人需求與達成組織的任務和使命。

第二節 組織管理思想的發展

組織乃人們行事的基本架構，人類的一切活動都必須以組織為依據，而組織管理思想常依憑人類經濟生活和工業制度的演進而發展著。在整個管理思想的建構過程中，每個階段所主張的原理原則，都將構成管理思想的一部分，且隨著各個時代的演變而影響著人類的行為。因此，在組織管理領域內必然會產生不同的學派，並各依其背景而發展著。綜合言之，吾人將依循組織管理理論的發展軌跡，將之分為下列四大階段：

一、科學管理時期

科學管理思想的發軔甚早，只是當時並未善加整理，以致無從形成一套原理原則。此時組織結構相當單純，人員簡單；及至產業革命興起之後，組織才開始引用大量機器、人力和技術，使其結構逐漸複雜化。惟當時的組織相當理性化、結構化，而將組織視為機械性的封閉系統，強調組織系統的內在因素，主張組織經營必須合理化、制度化，才能有效地提高生產績效。及至一九一〇年代，此種觀念發展到最高點，此即為科學管理運動的勃興。

所謂科學管理（scientific management），乃是運用科學方法，協助組織管理者解決組織內部的問題。科學管理運動的首倡者，為美國人泰勒（Frederick W. Taylor）；泰勒被尊稱為「科學管理之父」，出生於一八五六年，先後服務於密特維爾（Midvale Steel Company）和伯利恆（Bethlehem Steel Company）兩家鋼鐵公司；前者，他由普通工人一路升遷到總工程師的職位；後者，他從事一連串的實驗，包括銑鐵塊搬運研究、鐵砂和煤粒的鏟掘工作、金屬切割工作等，其用意都在測定基本的科學方法。

泰勒的基本思想乃是合理化的效率，一八九五年他的首篇論文〈按件計酬制〉（A Piece Rate System），主張在薪資發放上實施差別計件率（differential piece rate）。一九〇三年泰勒又發表〈工場管理〉（Shop Management）論文，主張在管理上除了應提供較高工資之外，尚需同時達成較低單位的生產成本之要求。一九一一年，他發表《科學管理的原理》（*The Principles of Scientific Management*）一書，提出四項基本原則：第一，以科學方法代替經驗法則；第二，應以科學方法選用工人，然後訓練之、教導之，並發展之；第三，應誠心與工人合作，俾使工作能符合科學的原理；第四，對於任何工作，管理階層與工人幾乎都有相等的分工與職責。第一項原則已發展出今日的「方法工程」（methods engineering）與「工作衡量」（work measurement），第二、三項原則發展為「人因工程」（human engineering）與「工業關係」（industrial relations），第四項原則構成了規劃與控制等基本管理功能。

泰勒的基本論點，係主張從事動作與時間研究，建立工作條件標準化，以作為工人工作時的依據；同時強調選擇最佳的工作途徑，管理人員勵行分工，嚴格監督與訓練工人；並將計畫與執行嚴格劃分，工資的發放採按件計酬制。其基本理念係採用科學方法，來研究組織管理，使其能達成最高的生產效率。

其後，科學管理運動經由吉爾伯斯夫婦（Frank B. & Lillian M. Gilbreth）、甘特（Henry L. Gantt）、艾默生（Harrington Emerson）等人的闡揚，而盛極一時。吉爾伯斯夫婦最主要的貢獻為動作研究；甘特的貢獻為實施工作控制的甘特圖表（Gantt Chart）的發明；艾默生則為工作效率的專家，著有《效率的十二原則》乙書，致力於工作本身效率的提高。

科學管理的要旨，乃為應用科學方法，改善工作技術，並建立科學管理體系。科學管理運動在產業界引發極大的震撼，它在促進工作效率上有極卓越的貢獻；對生產量的提高與管理思想的演進，有不可磨滅的貢獻和價值。惟一般批評者，認為它只著重共同目標的達成，而忽略了人性的價值與尊嚴；且強調形式上的管理與控制，極易引起一般員工的抗拒。蓋嚴格的工作分配，限制了員工能力的發揮。且泰勒假定工人的工作動機，純係為了追求金錢報酬，往往忽略了工作外的滿足（off-the-job satisfaction），甚而欲改變人去適應機器，抹煞了人性，致激起人群關係運動的浪潮。

當然，泰勒及其信徒對管理思想的貢獻，是不容否認的。他們主張的種種制度與方法，乃是配合當時的社會、經濟和科技環境而來。他們所主張的原則，對後世具莫大價值者有：

1.以科學知識代替經驗法則。

2.企求和諧的群體活動，而非分歧矛盾。

3.追求人們的協力合作，而非各行其是。

4.工作以擴大產量為目的，而非限制產量。

5.盡力使工人能力獲得最大發揮，組織亦可得到最大的發展。

甚而他們所主張的各項原則，已發展為今日極精密的工業工程、工時研究、作業研究、工廠布置等學科。

二、行政管理時期

一般而言，科學管理的觀念與方法，除了規劃與控制等功能之外，並不能廣泛地適用於組織和人事等功能，且科學管理思想僅著重於組織內部的工作階層。因此，某些管理學家試圖另外建立高層管理工作的原則，以費堯（H. Fayol）為其創始者。事實上，有關管理職能的發軔比科學管理為早，只是管理程序直至費堯的提倡，始受到重視。

費堯曾出版《產業與一般管理》（*Industrial and General Administration*）一書，被尊稱為「古典管理理論之父」或「管理程序之父」。他所主張的管理原則，後來演變為今日的管理程序學派。所謂管理程序，就是在分析管理作業程序，並運用一些管理原則，建立一套管理的程序概念，以作為管理任事的一般依據，從而自原理中建立一套管理理論。

費堯認為事業機構的一切業務與作為，大致上可歸併為六大類別：

1.**技術性操作**：包括生產、製造。

2.**商業性操作**：包括採購、銷售、交換等。

3.**財務性操作**：包括資金的取得及控制。

4.**安全性操作**：包括商品及人員的保護。

5.**會計性操作**：包括盤存、會計報表、成本核計、統計等。

6.**管理性操作**：包括規劃、組織、指揮、協調、控制等。

他認為基層工人以技術能力為主要要求；而沿著組織層次向上，人員的技術能力要求相對地漸減，而管理能力要求則漸增。

此外，費堯提出了管理十四項原則：(1)分工；(2)職權與責任；(3)紀律；(4)命令統一；(5)管理統一；(6)共同目標重於個人目標；(7)員工酬勞；(8)集權化制度；(9)層級節制；(10)秩序；(11)公正；(12)員工安定；(13)進取心；(14)團隊精神。管理五要素，則包括規劃、組織、指揮、協調、控制。

費堯的管理理論，可說為管理程序提出了一套思想架構，成為傳統管理理論的先驅。其後，孟尼與雷利（James D. Mooney and Alan C. Reiley）合著《進步的產業》（*Onward Industry*）一書，後來修訂為《組織的原則》（*Principles of Organization*）；阿偉克（Lyndall F. Urwick）所著的《行政的要素》（*The Elements of Administration*）與巴納德（Chester I. Barnard）所著的《執行人的職能》（*The Function of the Executive*）等，都對管理理論的發展有極大的貢獻。此種貢獻乃表現在管理職能和管理程序上，直至今日許多管理理論的建構，仍以這些論點為基本架構。

三、人群關係時期

在組織管理上，前述兩個階段可說都著重在「工作」上。直到一九二〇年代末期至一九三〇年代初期，由梅約（Elton Mayo）教授主持芝加哥西電公司（West Electric Company）的霍桑研究（Hawthorne Studies），才轉而鑽研工作場所上的人性面課題。該研究本在探討工作環境與工作效率間的關係，卻意外發現人際關係、群體關係與社會關係影響工作效率甚鉅。該研究發現，工作群體會自行形成規範，以決定增加產量或限制產量；且組織領導氣氛會影響員工個人的工作意願。梅約為強調人群關係（human relations）的論點，乃寫成《工業文明的人性問題》與《工業文明的社會問題》等二書。

就霍桑研究而言，其本身可分為四個階段：第一階段為工場照明試驗；第二階段為繼電器裝配試驗；第三階段為大規模面談計畫；第四階段為接線板接線工作研究。該等研究發現：工作群體的動態關係，影響工作效率甚鉅。此外，該研究也發現工作群體派系的主要特徵為：

1.員工之間的派系，並不只是導因工作的不同而形成。
2.派系的形成，多少受工作位置的影響。
3.員工之中也有人不屬於任何派系。
4.每個派系都自以為優於別的派系，或認為所做的事比別的派系佳。
5.每個派系都有自己一套行事的行為規範。

這些概念構成日後對「非正式組織」的研究，且構成組織管理理論很重要的部分。人群關係時代除了在社會學方面的研究之外，尚有心理學方面的研究。其中孟斯特堡（Hugo Munsterberg）可說是這方面的翹楚。他所著的《工業效率心理學》（*The Psychology of Industrial Efficiency*）一書，試圖將心理學通俗化，並研究其與工業效率之間的關係，且將科學管理與心理學結合起來，奠定了日後工業心理學的發展。因此，他被尊稱為「工業心理學之父」。

其後，羅斯茨伯格（F. J. Roethlisberger）與迯克遜（W. J. Dickson）更進一步研究，發現人群關係的重要性，著有《管理階層與工人》（*Management and Worker*）一書，極力駁斥科學管理限制人性的觀點，主張管理應尊重人性的價值與尊嚴，講求改變機器設計去適應人力；並認為影響工作效率的，並非全在於經濟或物質因素，最重要的乃為人性因素。

人群關係運動的主要論點不外兩大要項：即個人需求與群體行為。就個人需求而言，人類除了追求基本的生理需求和安全需求之外，尚有社會性需求、自我與自我實現的需求。人在工作中，不僅為獲致工作外的滿足（off-the-job satisfaction），也希望獲得工作中的滿足（on-the-job satisfaction）。就群體行為而言，員工為追求高層次的需求，常無形中組成群體（small group）。此等群體發展自己的行為準則，有時可協助成員達成目標，有時則限制成員行為。同時，它在組織中有時會增進產量，有時也會限制了產量。由於人群關係運動對人性觀點的顯然改變，已在管理上產生極大的影響。例如，主張加強授權、實施員工參與，給予員工更大的自主權，主張工作擴展（job enlargement）與工作豐富化（job enrichment），給予低層員工較完整的責任，避免單調而重複的工作，如此自可獲致成就的滿足感。這些即是行為學派的中心論點。

然而人群關係思潮過分發展的結果，也為管理界帶來困擾。蓋過分重視員工心理上的滿足，反而疏忽了組織績效與生產效率。根據許多實證研究，在工作績效與工作滿足感之間，並無絕對的關係。因此，人群關係運動在管理學界也引起極需修正的騷動，卒而成為現代洶湧澎湃的行為科學思潮。

四、現代管理時期

現代管理（modern management）已走向精密、擴展與綜合（refinement, extension and synthesis）的時代。以科學管理運動來說，在許多方面已發展為極精密的研究，例如工業工程、動作與時間研究、作業研究、工廠布置、物流管理等，都形成精密的管理科學。在管理程序方面，更強化了管理職能與對組織結構、職權和責任之間的關係，且增加其適用性。至於人群關係已被延伸為行為科學派，利用各種研究方法更廣泛而客觀地去瞭解組織中的人性與行為。

在上述三大領域中，尤以行為科學研究對組織管理最具震撼力。今日行為科學研究，最主要的人物及主張，首推為勒溫（Kurt Lewin）的場地理論（field theory）。他主要的貢獻乃在群體動態方面，認為群體行為是互動與勢力所形成的組合，進而影響到群體結構與個人行為。此外，他也認為工人行為是受到其個性、特質及組織氣氛與群體互動的影響。這些論點構成了今日的「群體動態學」（Group Dynamics）。

其次，馬斯洛（A. H. Maslow）的需求層次論、赫茨堡（F. Herzberg）的兩個因素論，阿德佛（Clayton Alderfer）的ERG理論，都以個人動機的觀點，作為探討激勵個別員工的依據。

另外，麥格瑞哥（Douglas McGregor）的「企業的人性面」，阿吉里士（Chris Argyris）的成熟理論，都在探討企業家對基本人性的看法，以求發展人類的潛能。

在行為科學研究中，領導行為的研究更占有很重要的地位。其中以李克（Rensis Likert）的「管理新型態」，以及白萊克（Robert R. Blake）和摩通（Jane S. Mouton）的「管理座標」（Managerial Grid），都說明不同的領導作風會影響員工的生產力。甚至於很多學者主張在領導行為上，要因人事時地而採取權變式領導（contingency leadership）。

其他有關行為科學應用到組織行為研究的主題甚多，諸如工作設計、權力運用、組織文化、組織發展、科技與組織互動等，實無法一一加以列舉。

綜觀近代管理思想有兩項重大的發展，並且產生了一種綜合性的影響：其一為「系統分析」（system analysis）；其二是「權變理論」（contingency theory）。

(一)系統分析

所謂系統乃指將企業視為一個整合體，由許多相互關聯與交互作用的子系統所構成。此種整合系統屬於開放性的，而不是封閉性的。即以企業機構而言，它自外界取得原料、勞力、技術、資金及資訊，輸入組織中形成決策，再將之轉化為產品或服務，然後將之輸出，供給市場需

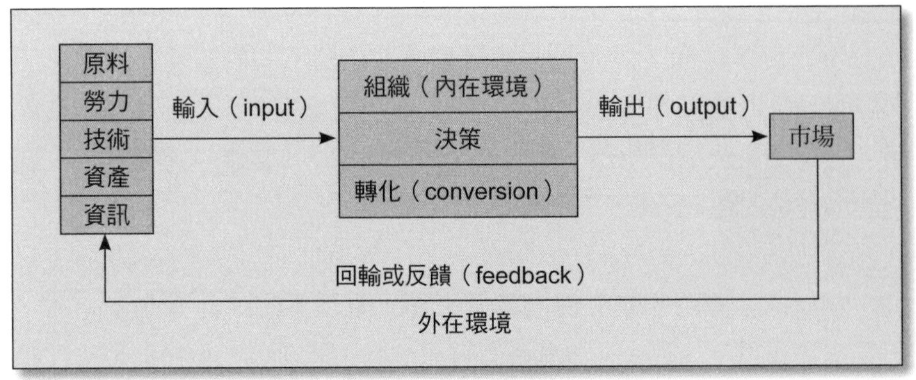

圖1-1　系統分析圖

要；再由市場吸取資料、情報，回輸入組織，以作為再決策的參考。這其中涉及內、外在工作環境的因素，如**圖1-1**所示。

至於系統分析就是把整個組織管理視為一個整合的系統，並分析影響管理的所有內外在因素，且將這些因素視為個別的子系統，探討這些子系統之間的相互關聯與交互影響程度，然後確切地加以把握、操縱。由於系統分析的概念可使組織作統籌性的組合，並兼顧內外在環境的各種因素，為現代企業經營者所必須注意。

(二)權變理論

系統分析的觀念，可幫助組織管理者建立一套概念架構（conceptual framework），以求對企業結構與運作的全貌，能有全盤性的瞭解。然而欲具體地解決管理上的特定問題，尚必須具有「權變」的觀念。所謂權變理論，就是承認組織內各子系統間的關係，且為了達成最佳工作效果，必須審視組織環境與各子系統間的情境，採用最佳而有效的管理方法與措施。例如，以領導行為而言，到底何種領導方式最為有效？其必須審視當時的各種情境作最佳的抉擇。通常影響領導的三大情境因素，可包括領導者的個人特質、屬員的特質與當時的環境等；管理者必須考量這些因素的輕重緩急，然後再決定所要採取的領導方式。

現代從事管理工作的人，隨時都會遭遇到不同的情境，此時除了需具備管理的專業知識之外，尚必須具有「通權達變」的觀念；唯有如此，才能適應情境的變化，採取最佳的管理策略。因此，權變理論有助於吾人解決問題，乃是不容置疑的。

基於前述管理思想發展的過程來看，管理思想的建構是漸進的。管理實務固然早已存在，但真正管理思想的系統化，殆始於科學管理時期。其後，傳統管理時期與人群關係運動時期，更擴大了管理思想的視野與範圍。直到精密、擴展與綜合時期，已使組織管理學成為一門科際整合的精細科學。

第三節 組織管理的科學研究

就科學研究立場而言，研究方法是相當重要的；它不僅涉及研究範圍和對象的選取，更是一種研究是否有效的工具和手段。因此，在作研究時，不能不重視方法論（methodology）的運用。誠如前節所言，組織管理牽涉到工作、職責、行政程序以及人類行為的探討，其中尤以人類行為最為複雜，難有一定準則可循，以致增加組織管理研究上的困難。不過，組織管理係經過許多專家學者搜尋組織的相關資料，而彙集成一些管理的原理原則，其目的不外在協助解決組織管理上的問題，故有其存在價值。本節首先將說明科學研究的意涵與歷程，然後論述其研究方法。

一、科學研究概說

一門學科之所以能成為科學，基本上都有其原理原則與方法或途徑，組織管理亦然。組織管理固然牽涉甚多內涵，然其主要對象乃為人性行為、工作職責和辦事程序等。這些都可運用科學方法求得其原理原則。因此，組織管理係屬於一門可運用的科學。蓋所謂科學，乃指科學家運用科學方法解決問題，並建立理論的歷程。組織管理的科學步驟是發現待決問題，再利用不同方法來蒐集資料及分析資料，然後由資料中得出結論或實徵性研究結果，最後應用研究結果來解決問題。因此，組織管理係屬於一門科學，殆無疑義。

當然，一般所謂科學有絕對的和相對的兩種不同涵義。絕對的科學主張所獲致的知識與科學原則，是不可動搖的；而相對的科學本質，不在於其所累積的知識與原則，而是在於其有一定的程序和方法，且程序與方法是可改進的。這些程序與方法包括：(1)可客觀驗證；(2)可接受理性評定；(3)可加以修正，甚或排斥。如組織管理學採取前者的看法，誠屬不成熟的，頂多只能說是一種暫時性的假說而已。至於依據後者的定義，則可算是一門科學。

就科學的精確性而言，組織管理學和自然科學如物理學、化學等比較，則其精確性與可靠性距實際尚遠，故許多人認為它只是一門不精確的科學。但就科學程序和方法而言，組織管理學已能運用科學方法探究管理知識，建立它自己的領域。在組織管理學的發展過程中，管理學者正以科學方法針對管理現象或問題，進行不斷地驗證、修正和創新。依此觀點，則組織管理學當屬於科學無疑。

此外，科學的本質不僅在建構其理論，且必須使其能作實際運用，才能評估其科學性質。組織管理學在理論上，已對諸多管理現象有過許多客觀的闡述，而表現為一般性原則；而在實務上，也解決了許多實際問題。雖然其常牽涉到極廣泛而複雜的因素，且常因環境而異；但這只是特殊性所使然，並不能阻礙其成為科學的本質。

固然，理論乃代表眾多事物現象的一般性和抽象性結果，故可用以解釋、預測和操控相關事物的現象。然而，在實際運用時，已有的理論並不能涵蓋所可能發生的所有特殊狀況，以致實務人員常只就問題作狹窄範圍的思考，導致理論原則無法被充分運用，此並不能歸咎於理論本身。組織管理學知識的運用，正含有此種特性。

不過，組織管理學確有其限制。蓋其常涉及人類行為，而行為現象本具有多變性和複雜性，故較難以掌握一定的原則。歸其原因，不外乎下列幾個原因：第一，行為重複性較低；第二，行為現象比較難以觀察；第三，行為變動性較大；第四，欲將實驗因素與不想考慮的因素分離，甚為困難；第五，行為很難加以量化。組織管理學既無法免除上述限制，自然無可避免一些研究上的困難；但科學研究的困難，並不能否定其成為科學的可能。

總之，組織管理學基本上仍是一門獨立的科學。站在今日學術研究的立場而言，組織管理學已可採用若干原理原則，來建構其理論，並解決許多管理上的問題，它是合乎科學的。然而，談到「管理」仍要注意若干技巧的運用，此則可視為一種藝術。此乃為組織管理學的研究者和運用者，所應有的體認。

二、研究方法

組織管理既是一門應用科學，且常應用科學方法解決問題，則在研究上所常用的方法如下：

(一)實驗法

實驗法是進行科學研究時，設計一種控制情境，研究事物與事物間因果關係的方法。通常，研究者必須操弄一個或多個變數，這些變數屬於獨立變數。所謂獨立變數（independent variables），就是影響實驗結果的因素，實驗者可作有系統的控制；另一個變數是依變數（dependent variables），就是隨獨立變數而變動，且可以觀察或測量的變數。例如，研究態度對工作行為的影響，則態度為獨立變數，工作行為屬於依變數。

實驗法的第三種變數，為控制變數（control variables），該變數是必須設法加以排除，或保持恆定的。例如，研究態度對工作行為的影響時，其他條件如人格、群體關係、社會階層……，皆屬於控制變數。由於控制變數可能影響獨立變數與依變數之間的關係，故宜予以排除或保持恆定狀態，亦即需加以控制的。

組織管理的研究，有些是採用實驗法進行的。誠如前述，人的行為往往受到多種因素的影響，有時很難像物理科學那麼容易控制。尤其是影響工作行為因素很多，包括個人的、社會的與各種情境的因素，且常錯綜複雜，必須考慮周詳，才能得到正確的結果。

(二)觀察法

觀察法是由個案研究法演變而來，又可稱之為自然觀察法。一般而言，人類行為絕大多數發乎自然，在自然狀態下，較能作客觀而有系統的觀察。是故，觀察法未嘗不是蒐集資料的最好方法。惟觀察法又可分為現場觀察法和參與觀察法，前者只是旁觀者，後者則親自參與，以掩飾研究者的身分，如此所得資料較為可靠而有效。

不過，不管是何種觀察法，研究者本身必須接受相當訓練，培養客觀態度，儘量採用科學儀器。組織管理研究員工的工作行為，即常借助觀察資料，以研究哪些因素對工作行為會產生影響。

(三)測量法

測量法是近代行為科學研究最進步的方法，就是利用測驗原理，設計一些刺激情境，以引發行為反應，並加以數量化而使用的方法。一般心理測驗已大量應用到組織員工的選用，以及測量員工的行為上，為組織管理奠定科學衡鑑的標準。這種心理測驗已成為標準的測量工具。此外，組織管理學家利用心理測驗原理，發展成各種量表，用來測量員工的態度、人格、動機、情緒等。因此，測量法為研究組織管理不可或缺的調查方法之一。

(四)統計法

統計法是處理資料最有系統而客觀的正確方法。統計法通常應用在大量資料的蒐集上，經過統計分析後，可發現平時不易察知的事實。組織管理研究的對象甚眾，所包括的因素甚多。此時，可利用統計相關法，來分析若干因素的關係；或者使用因素分析法，來發現其中的共同因素。此外，統計上的若干量數，如平均數、中數、眾數，以及常態分配概念，都可提供組織管理研究上的若干便利。

(五)晤談法

晤談法，是藉由交談的方式，瞭解員工的過去、現在與未來，探討其觀念、思想、學識、性格及態度等，以提供組織管理者的參考。晤談法的優點，是能確實而迅速地獲得資料，不受時間、場地等限制，且透過晤談可促進公共關係。其缺點為：花費太多、不經濟，且晤談者常存主觀偏見，有些人格特質很難立即判斷。因此，要使晤談得到正確結果，必須在實施前作充分的準備工作。

綜觀上述各種方法，除了實驗法、觀察法為借助自然與物理科學方法外，其餘心理測驗與統計法的進步，實已奠定近代組織管理的科學基礎；且使過去認為無法客觀測量的行為，可以有效地測量出來，並使之數量化，而作出精確的記錄與比較。當然，組織管理的研究方法，並不侷限於上述幾種方法；且各種方法都是可以交互運用，相輔相成的。

第四節 組織管理的研究目的

組織管理是一項存在已久的實務，也是一門獨立的科學。由於它的存在與發展，已然為企業機構或政府部門提供許多完整的管理理念，從而建立起完善的組織管理制度。一家成功的企業或有效率的政府，無不重視組織管理制度。一個沒有完善組織管理制度的機構，就是一個沒有效率的機構。由此可知，組織管理是組織成功發展的基石。因此，吾人必須重視它，以期能建立完善的管理制度，此則有賴於對組織管理理論的深入研究。至於組織管理的研究，至少須具有下列目標：

一、提高行事效率

研究組織管理學的首要目標，乃在改善生產技術與服務水準，以增進其效率。在一般企業中，生產技術與程序都有一定的標準，組織管理學乃在設法將這些技術標準更為精進，使產能更為提高，從而改善其品質，增進其產量。就政府機構而言，組織管理學也有增進管理技術之作用，其可提升服務水準。惟此種效能的提高，有賴建立更周全的制度；而管理學必須從事規劃、組織和控制等程序，經過這樣的程序，乃能有切合實際的合理化制度，使工作和人員都能有所遵循，按部就班，循序漸進，卒而完成工作目標。

二、提升人性管理

就組織管理本身而言，其研究目的乃在使組織管理能更合乎人性化的原則。就企業發展的過程而論，起初企業的最大目標就是在提高生產數量與增進生產品質，用以開創最大的利潤；然而，時至今日，企業界已體認到：生產數量與品質的提升，實有賴於合乎人性化的管理，因此管理措施必須合乎人性化的原則。易言之，只有尊重員工的人格尊嚴與人性價值，才是增進生產、提高品質的正途。至於，組織管理學的興起正是因應此種概念而生，並戮力於此種趨勢的發展。

三、充分運用人力

組織管理除致力於本身組織結構的改善之外，也在促進其內部人力的充分發掘與運用。唯有如此，組織管理才能更為健全。蓋組織結構本為人力在工作職位上架構而成。因此，組織管理學必須對組織結構和人力作規劃，一方面協助員工作生涯規劃，激發其工作動機；另一方面則發展員工工作能力，並改善其工作技能，期其能為組織作更大的貢獻。組織管理學的研究，即在協助組織羅致、發展、運用，並維護其人力資源，以確定人力經營方針，適當地運用管理原則與技術。

四、協助資源運用

組織資源不管是物質資源或人力資源，有了管理學的知識和基礎，較能得到完善的運用。組織管理學研究的目的之一，乃在尋求如何安排與運用這些資源。當組織管理學已研究出有效地為組織羅致、發展與運用人力資源，且開發和有效利用物質資源時，自可減少這些資源運用的浪費，從而得到積極運用的效果。尤其是人力資源更是組織的最大資產，凡是成功的組織無不重視這些資源的規劃、維護、發掘與運用，而這又非得依靠管理不為功。

五、開發管理技術

組織管理學不僅在增進生產效率，更在發展管理本身的技術。管理技巧如領導、溝通、激勵、善用群體等，皆是今日組織管理學者所研究的重點。其目標乃在提高管理人員對人群互動和社會關係的敏銳性或敏感度，管理者可從中得到許多啟示，用心瞭解人性行為，以督促其工作目標的達成。管理技術的有效運用，可設計出更佳的管理措施，此適足以整合工作、組織和人力，以求為整體企業目標而努力。

六、發展管理學術

管理學的研究目的之一，乃在發展本身的學術水準，其可用來協助解決管理上的實際問題。管理問題唯有賴學術研究，才能尋求順利解決之道，並隨著環境的變遷而採取因應措施。例如，過去管理法則著重懲罰控制，但今日環境已發生變遷，管理學乃順應民主思想發展出人性的激勵法則，用以修正管理觀念。因此，組織管理的學術研究不僅在充實管理學的內涵，更在提升管理的學術水準。

七、創造企業利潤

企業經營的最主要目的，乃在追求利潤，而組織管理學的研究則居於協助的角色。一家企業若想獲致利潤，就得依靠良好的管理措施，而管理措施非賴管理學研究不可。換言之，組織管理學研究乃在探討改善管理技術的方法，使員工願意為企業效勞，幫助企業主賺取更大的利潤。此種利潤之創造有賴勞資雙方的合作，才能實現；而組織管理學研究也在探討勞資合作關係，以及讓企業主瞭解員工的需求，以分派適任的工作，訂立合理的薪資，採用人性化管理，並提供安全的工作環境與福利措施。當勞資雙方合作的意願提高時，就是企業賺取最大利潤的時機。

八、增進社會福祉

組織管理學不僅在協助企業開創利潤，也在提醒企業主或管理者負起社會責任，遵守倫理標準。唯有如此，才能使企業與整個社會環境齊頭並進，而不發生衝突。就企業內部而言，企業主或管理者固可採用合乎人性化的管理，來提高效率和追求利潤，但對企業外部而言，企業也必須負起倫理道德標準建立的責任。這正是組織管理學研究的目標之一。

總之，組織管理學的目標是多元化的，它不僅在協助企業解決經營上的困難問題，且在探討如何滿足員工的需求，更在謀求社會的最大福祉。組織管理學的最大貢獻，有提高生產效率，提升人性化的管理，協助組織充分運用各項資源，開發管理新技術，發展本身的學術，並協助企業開創利潤和增進社會福祉。然而組織管理學的研究與應用，很難達到盡善盡美的境地，此乃因它牽涉到許多因素，而這些因素都是難以預測和解釋的。

第五節 本書的範疇

組織管理學乃是為了順應社會環境的變遷而產生的，其目的在尋求解決組織上的實際問題，尤其是人類行為的問題。由於組織常隨著時代的演變而發展，故組織管理思想也跟著不斷地演進；而組織管理學乃結合各種有關的學理，建構其本身的內容和範圍，並有了自身的研究領域。惟組織管理原本就相當浩瀚，且常涉及人類行為，以致其研究範圍較難界定。為了明確其內涵，本書探討的內容如下：

1.**管理理論**：管理理論是組織管理活動的指針，各個時代都有其組織發展的背景，此種背景正反應出組織的架構，此時需要有各種管理的思想，以致彙集成管理的原則。因此，組織管理思想乃是吾人必須加以研討的課題。早期管理思想較偏向組織結構的探討，以致有管理程序和管理科學的發展；其後則逐漸趨向人性與群體關係的探討，而有了行為科學的出現；今日則強調統合的觀念，以提醒管理者重視組織內部各個部分的整合。因此今日的管理理論是由過去至今日的整個組織發展的過程與結果，這是吾人所必須確切瞭解的。

2.**組織規劃**：組織規劃為組織管理的內涵之一，目的在瞭解規劃的過程和其結果。事實上，規劃正是組織所有活動的基石。今日組織管理的研究者必須知道組織之所以成立的基礎，依據此種基礎才能建構穩固的組織，故而需要重視組織的規劃。因此，吾人尚需探討規劃的類型及其可能產生的利益，並切實執行規劃。此外，組織規劃的結果和產物，亦常影響整個組織的運作，也是整個組織各個部門是否能達成其目標的基礎。是故，組織規劃乃為組織管理上的重要內容。

3.**組織結構**：組織結構是組織規劃的結果之一，它乃是組織成員行事和活動的基本架構。缺乏組織結構，組織成員將無以執行其職能。易言之，組織結構是組織內所有職權執行的依據，因此組織管理絕不能沒有組織結構。在組織結構中所當探討的就是內部的分工與部門、傳統組織的特性、現代組織結構的設計，以及組織內直線與幕僚關係。此外，非正式組織雖非組織的正式結構，但常影響組織成員的行為，此亦為研究組織結構所不能忽略的內涵。

4.**工作設計**：組織結構是組織成員行事的依據，而工作設計則決定了成員的實際表現與相互關係。因此，工作設計也是組織管理上所應重視的主題之一。蓋工作設計乃包括工作的內容、特性、技能和績效，甚至決定了人際關係與成員的互動，這些都足以影響組織的運作。是故，吾人必須注重工作設計的過程與步驟，除了注意科學化、效率化的工作設計之外，也必須重視人性化的工作設計。易言之，組織管理者必須針對本身企業性質，選擇最合宜的工作設計，以求能發揮工作績效，達成組織管理的目標。

5.**群體動態**：在組織內部既有部門或單位的劃分，則有工作群體的問題形成；再加上組織內部成員的交互行為，乃產生不同的心理群體。不管工作群體或心理群體，都將對組織的運作發生影響。因此，組織管理者不能不重視群體的動態問題。一般而言，組織內常有各種群體存在，這些群體常顯現許多類型，表現出各種不同的行為特性。此外，各種群體都各自有其溝通網路，而形成其對組織的正面功能與負面困擾，這都是組織管理者所必須面對的問題。

6.**組織決策**：組織決策是組織運作中的重要步驟，蓋決策的良窳常影響組織的運作是否順暢。因此，組織決策是組織管理的一環。所謂組織決策，就是組織對任何方案作最佳選擇的過程，此種過程將左右管理決策的是否得當。然而組織決策常涉及諸多要素，如決策者、決策問題、決策環境、決策過程以及決策本身的特性，這些都是組織管理者在作決策時所必須深入探討的。此外，組織管理者也必須瞭解組織決策的類型，並採用最佳的決策方法，使決策更能發揮其效果。

7.**組織領導**：一位善於激勵員工的領導者，就是一位績效甚佳的管理者。惟組織管理者的任務，不僅是限於領導員工而已，他必須善於引導員工的行為。因此，組織內的領導行為，是必須加以探討的課題。所謂領導，就是管理者能引導員工朝向組織目標努力的影響力。通常領導的權力來源很多，這是組織管理者所應深切瞭解，並善加運用的。基本上，領導權的形成有些爭議，但大致上有特質論、行為論與情境論等說法，組織管理者唯有對這些理論有徹底的瞭解，才能真正發揮其領導權。

8.**激勵管理**：組織管理者為達成組織目標的實現，除了在消極面建立組織的規範之外，尚需在積極面採取激勵員工的措施。在激勵管理方面，組織管理者必須瞭解員工動機。惟動機的產生和其內涵是相當複雜的，管理者除了要探知其內涵，更需注意採取激勵的手段和方法，這就牽涉到激勵的內容與過程問題。唯有管理者懂得激勵的管理策略，並善加運用，才能激發員工為組織目標而努力。

9.**組織溝通**：組織內部的意見溝通，是組織管理上的另一課題。任何組織若無溝通的存在，則其目標必無法順利完成。蓋意見溝通是組織內的意見傳達與瞭解，當組織內有許多不同的部門或單位時，就必須有意見溝通，才能採取協同一致的行動。惟意見溝通固有其一定的程序與方式，然其中常有一些障礙存在。此時，組織管理者必須探尋其中的障礙，並克服這些障礙，採取有效的溝通途徑，才能做好溝通工作。

10.**組織士氣**：組織士氣是員工工作精神的指標，也是工作績效的表徵。因此，組織管理者必須重視組織士氣的問題。通常組織士氣是否高昂，乃以團隊精神表示之。此種團隊精神的顯現，係受到諸多因素的影響，其中尤以組織管理的是否得當最為明顯。是故，組織管理者必須在管理上隨時注意各項管理措施，並施行士氣調查，以瞭解組織內部的士氣，並培養團體意識，提高員工的工作精神。

11.**創新管理**：創新行動是今日組織管理上的新興課題。蓋組織的成長與發展，很多都來自於不斷創新的結果；組織若無創新，必陷於停滯狀態。因此，組織管理者必須瞭解創新的涵義，培養員工的創新能力。在培養員工創造力的過程中，管理者有必要認清具有創新能力者的一些特質，且在組織中安排一些有助於創新行為的環境，去除阻礙創新行為的阻力，以協助組織員工活絡其富創意的思考力和行動。

12.**變革管理**：組織的發展與變革，乃為組織管理者最應重視的課題之一。蓋組織之所以能維繫和成長，實有賴於組織之順應其變革；一個缺乏適應能力的組織，必然無法永續經營。因此，組織必須能順應多變的環境，探討需變革的原因與過程，並化解對變革的抗拒心理與行動，採取必要的因應措施，才能維繫組織持續不斷的發展與成長。

13.**壓力管理**：在組織管理上，管理者除應注意組織結構的一般管理程序之外，尤應重視員工的心理層面，而壓力管理正是其中之一。所謂壓力管理，就是在探討組織內對員工所可能形成的壓力，作有效的紓解之謂。組織管理者必須瞭解何謂壓力，並探討壓力所形成的原因。固然，有些壓力可能形成正面的作用，但過多的壓力常造成一些不良影響。因此，不管是員工個人或組織本身都有必要尋求紓解壓力的方法，使組織的運作能更趨於正常。

14.**挫折管理**：挫折管理是組織管理者所必須面對的另一項問題。在組織中，員工都不免有挫折的產生；惟如何去面對挫折，不僅是員工本身的問題，而且也是管理者必須努力去協助員工解決的問題。在組織管理上，管理者必須認清挫折的來源，儘量避免過多挫折的環境，以免傷害到員工。同時，管理者必須瞭解挫折的反應形式，以便能觀察到員工的挫折行為，作及時的管理適應。不過，適度的挫折有時也能培養出挫折忍受力，這是管理者所應有的認識。

15.**衝突管理**：在組織管理中，衝突問題是隨處可見的，因為只要有人類存在，衝突是無可避免的，尤其是在組織內互動的人很難避開衝突的發生。因此，組織管理者必須注意衝突的問題，隨時探討衝突可能發生的原因，評估衝突的正、負面後果，並能設法預防衝突的發生，或尋求解決衝突的方法。是故，衝突管理應為組織管理的重要課題之一。

16.**紀律管理**：在組織內部，紀律的維持是組織所必須重視的課題。蓋紀律是維護組織正常運作的不二法門。組織有正規的紀律，才能循序漸進地完成其目標，故紀律管理是維持組織秩序的過程。惟紀律的維護需有其理論基礎和原則，始能防止組織成員產生不當的行為。這些都有賴維護紀律的程序與懲戒的實施。組織管理者必須規制和訂定一些執行懲戒的程序與方式，組織成員才得以有所遵循。

17.**組織文化**：組織文化是組織行事的風格，每個組織都有其自身的文化，表現自己的行為特性。在組織文化的規範下，組織員工必然表現該組織的價值觀和行動目標。因此，組織文化是組織管理者和所有成員所必須探討的課題之一。易言之，身為組織的一員必須能瞭解自身的文化特徵、功能，以及自身組織文化的形成；並在組織社會化的過程中，學習組織文化，才能將自我投入組織之中，且能融合在其中，而表現應有的工作效能。

18.**績效管理**：組織管理的目標，就是在發揮其績效，故而績效管理乃為組織管理所應當重視的課題之一。惟績效管理的最重要工具，乃為做好績效評估。管理者在進行績效評估時，必須先建立績效評估的標準，才能善用評估的方法。惟一般組織管理者在作績效評估的過程中，常會受到某些知覺偏誤的影響，此時必須設法加以調整，並隨時注意自己在評估員工績效時所可能引發的偏差，如此才能使績效評估和組織效能融為一體，發揮組織管理的效能。

19.**組織控制**：控制是組織管理的重要程序與功能之一，它與規劃之間的關係相當密切。就組織控制而言，組織內的任何事務都有其控制步驟，諸如標準的建立、資料的蒐集、績效的檢視和偏差的矯正等等。為了施行有效的控制，管理者必須重視控制的各項程序，善用各種控制技術與方法；尤其在實施控制時，應能注意控制權力的運用，避免權力的濫用，如此才能使控制更為有效。

總之，組織管理的內容相當複雜，絕非本書所能涵蓋。然而，組織管理的範疇基本上仍脫不出組織結構、管理程序與成員行為，它是工作、職權和人員的組合體。組織管理內容的發展，正隨著各個時代的思潮而演化；時至今日，由於學術的發展，卒使其內容更臻完備，見解更趨於多元化，立論則更為精闢。

Chapter 2

現代管理理論

組織管理理論的建構，係來自於各種不同思想的統合，而這些不同思想係因各個時代環境變遷的結果。亦即每個時代各有其思想重點，此種思想即構成組織管理的理論基礎。就整個管理領域而言，不同的思想有不同的主張，但對管理理論都具有同樣重要的影響，吾人必須等同視之，並寄以同樣的關切。本章將就早期管理思想構成今日管理理論的觀點，分別探討各個學派的內涵及其主張，並分析其對組織管理的貢獻，且將其作統合的論述。

第一節 現代管理學派

早期的管理思想，經過許多專家學者的創始與研究，已擴展為今日豐富的管理學知識，其結果使得各項管理理論發展出不同的學派（schools）。凡是從事組織管理研究的人士，都必須對這些學派有基本的認識與瞭解，且能作深入的研究，才能得到綜合的概念，而不致有所偏頗。蓋管理學派乃代表一種對管理的看法，以及其對管理研究所應掌握的方向。因此，本節首先將指陳這些學派，以作為以後各節立論的依據。

根據第一章的敘述，管理理論的建構係植基於管理思想演進而來。早期的管理乃根據經驗法則（rule of thumb）而來，及至科學管理運動興起，逐漸建構出一套管理理論。科學管理時代著重工作方法與技術的改進，所強調的重點為基本作業階層，其對成本的降低與工作效率的提升有極大的貢獻。科學管理運動經過不斷發展與研究，形成今日的管理科學派，或稱為計量學派。

其次，早期的古典管理思想強調管理程序的運用，它所著重的是管理階層的運作，屬於組織的高級層次，亦即為組織的營運層級。其目的乃認為重視管理職能的運用，可帶動組織的基本層級，更能提高工作效率、提升工作品質、增進工作產量。此種依據工作職能和經驗法則與嘗試錯誤所建構而成的理論，形成了今日的管理程序學派。

至於人群關係運動，在發現個人需求與社會關係往往會影響工作效率之後，經過不斷地研究改進，也已發展為今日的行為學派。該學派的立論，乃在強調管理階層必須注意工作中的人為因素，認為人為因素（human factors）往往是決定工作效率的主要原因。不論管理程序或科學技術，若無人為力量的推動，將皆成枉然。因此，行為學派在管理上乃能占有一席之地。

綜觀前述，現代的管理思想可分為三大學派：即管理程序學派、計量學派與行為學派。惟有些學者將之劃分為更細的學派，如孔茲（Harold Koontz）與歐登列（Cyril O'Donnell）將管理思想分為九大學派，即：管理程序學派（management process school）、經驗學派（empirical school）、人際行為學派（interpersonal behavior school）、群體行為學派（group behavior school）、合作社會系統學派（cooperative social systems school）、社會技術系統學派（sociotechnical systems school）、決策理論學派（decision theory school）、溝通中心學派（communication center school）、數理學派（mathematical school）。

此外，邁那（John B. Miner）將之歸納為五大學派，即古典學派（classical school）、人群關係學派（human relations school）、結構學派（structuralist school）、人性行為學派（behavioral humanist school）、決策學派（decision making school）。泰利（George R. Terry）則分為七大學派，為管理程序學派、管理經驗學派、人類行為學派、社會制度學派、數量學派、決策理論學派和經濟分析與會計學派。

事實上，依據賀吉茲（R. M. Hodgetts）的看法，將管理思想劃分為管理程序學派、計量學派、行為學派，可說是相當簡單扼要，且已能概括整個管理思想的理論概念。以下各節將分別討論各學派的意義、內容、貢獻及缺失，最後希望能得到統合，以求能建立完整的管理學概念。

第二節 管理程序學派

管理程序學派是現代管理三大學派之一，又可稱之為古典學派。該學派是由傳統管理思想演化而來，始於法國人費堯的主張，由於他認為管理乃規劃、組織、指揮、協調、控制等程序的一連串活動，故又稱為管理程序學派。當然，管理程序不僅侷限於這些，它尚可包括其他程序。例如，戴爾（Ernest Dale）主張管理程序有規劃、組織、選任、指導、控制、創新、釋示等；海曼等（T. Haimann and William G. Scott）則主張為規劃、組織、選任、影響、控制；而泰利（George Terry）則主張為規劃、組織、推動、控制等（請參閱**表2-1**）。

由**表2-1**看來，管理程序的項目是不斷地在擴大之中，又某些程序與行為學派所主張者重疊，且某些程序並不太容易劃分清楚。不過，幾乎所有管理程序學派的擁護者，都共同承認規劃、組織、控制為管理的主要程序。基本上，該學派都先行認定各項管理職能，這些職能乃為管理人員所必須從事的程序。由於這些程序提供管理的基本架構，可對管理作有系統的研究，故能普遍為大家所接受。這是管理程序學派之所以能維持不墜的緣故。其基本概念如下：

1.**管理程序是一項持續不斷的架構：**管理程序雖由許多管理職能所構成，但它是一幅頗具系統的設計。凡是從事管理工作者，都必須將各項職能項目加以分析，然後才能構成一套完整的架構；舉凡一切新添增的管理概念，皆可納入該項結構之中。因此，管理程序概念可提供給管理者一套完整的管理理念，俾使能注意管理的各個要素，以免掛一漏萬，期能做到完善的管理。

2.**管理本身就是一項程序：**管理程序學派的人士，都認為管理者的職務，乃在安排各項管理職能，並使之相互關聯。因此，管理工作乃代表一種程序。例如規劃、組織、控制等各個職能即是相互關聯的，每種職能都與其他職能有關，如此才能構成一個完整的整體，各職能之間方不致脫節，而各自獨立。是故，整個管理工作就是一套完整的程序。

3.**管理本身就是一項原則：**管理程序學派的人士認為依據管理職能可作理性分析，而推斷出管理原則。如管理活動自規劃開始，終於控制，乃是一項不變的原則。同時，管理過程中有許多原則，如責任絕對性原則、例外原則……，都是管理活動的一項指導。當然，所謂原則並非一成不變的，當某些原則已經不適用了，就必須予以放

表2-1　各學者所主張的管理職能

管理職能＼學者	費堯 Henri Fayol	亞爾伯斯 Henry H. Albers	戴爾 Ernest Dale	海曼及史考特 T. Haimann & William G. Scott	希克斯 Herbert G. Hicks	孔茲及歐登列爾 Harold Koontz & Cyril O'Donnell	西斯克 Henry L. Sisk	泰利 George Terry	佛伊區及倫恩 Dan Voich Jr., & D. A. Wren
規劃(planning)	✓	✓	✓	✓	✓	✓	✓	✓	✓
創造(creating)					✓				
組織(organizing)	✓	✓	✓	✓	✓	✓	✓	✓	✓
指揮(commanding)	✓								
選任(staffing)			✓	✓		✓			
激勵(motivating)					✓				
指導(directing)		✓	✓			✓			
影響(influencing)				✓					
推動(actuating)								✓	
溝通(communicating)					✓				
協調(coordinating)	✓								
控制(controlling)	✓	✓	✓	✓	✓	✓	✓	✓	✓
創新(innovating)			✓						
釋示(representing)			✓						
領導(leading)							✓		

棄。因此，原則並不是在任何時地均屬合用的。

4.**管理職能具有普遍性：**管理職能都適用於所有的管理階層，凡是身為主管，都必須做規劃、組織、指揮、協調、控制等活動。若有差異的話，只不過是各種職能的比重不同而已。例如，高層主管所從事的規劃工作，可能要比從事控制的工作，花較多的時間與精力，而低層主管則相反。然而，凡是從事管理工作者，都必須遂行各種管理職能。

5.**管理乃是一項哲學概念：**管理程序學派認為，管理人員所建立的一套基本信念和態度，都將影響其管理行動。當管理者有了一套法則，他的基本想法、概念和信念就會相互聯結，則其管理哲學就形成了。有了這項管理哲學，管理人員才能採行某些行動，用以尋求部屬的支持，共同為達成組織目標而努力。

總之，管理程序學派有它本身的特點，其最大的特色乃在管理上提供一套思想架構，據以作為管理活動的指標。然而，批評該學派的人士則認為它過於靜態或簡單化，很難適用於動態的管理活動。此外，有些人士認為，管理程序是一項不含人性的程序；再者，他們認為管理原則並不是普遍可用的，只適用於穩定的生產線上，不適用於專業性的組織。最後，管理程序學派的難題之一，乃是每位管理者是否具有完全相同的基本職能，是無法確定的。顯然地，管理性組織與專業性組織的管理職能，是大不相同的。

第三節 計量學派

計量學派（quantitative school），或稱為管理科學學派（management science school），是由早期的科學管理運動演變而來。該學派把管理視為一項數學模式所建立的系統，至少在管理上可運用數學程序幫助作決策。因此，計量學派所著重的重點是在管理決策上，他們主要的活動在目標的制定方面，且集中在與成就有關的項目上。

此外，計量學派特別著重在解決問題模型的建構上。該學派常常尋求有秩序且合邏輯的方法，去探求問題的解決。這些方法確實非常有效，尤其是以運用於解決存貨管制、生產管制以及物料管制方面的問題為然。通常從事計量工作者，都被稱之為管理科學家、管理分析家、作業研究家或系統分析家。他們共同的特性為：

1.將科學分析方法運用在解決管理方面的問題。
2.以增進管理者的決策能力為目標。
3.特別重視有關經濟效益的規範。
4.特別重視數學模式。
5.使用電子計算機。

凡是具有上述特質者，統歸之為計量學派人士。計量學派人士最感興趣的兩項課題，為「最適化」與「次適化」。所謂最適化（optimization），乃是管理者從事管理工作均求能獲致最大利潤而言，如生產的最適化，乃透過生產程序以求得到最大利潤，亦即將各項資源予以合併運用，以適求其獲得平衡。然而，這卻不是一件容易達成的目標。管理者若能達成一定滿足的水準，就已是相當不容易了。但計量學派人士卻希望事事都能達到最大目標，這就是最適化的概念。

其次，在達到最適化的過程中，必須先有次適化才行。所謂次適化（suboptimization），乃在最適化取得最大利潤之前，先對各項因素作適當的安排，以便求得其平衡的過程。例如，要求生產利潤的最適化，必須將「投入」、「加工」、「產出」三者分別予以次適化。「投入」的次適化，就是對原物料的需求作最佳的預測，如對存貨倉儲成本（inventory carrying cost）與訂單處理成本（order processing cost）等因素作最正確的核計。「加工」的次適化，就是必須審慎地研究生產能量，以及對每項產品的機械配置成本（machine set up cost）與加工成本（processing cost）作最適當的核計。「產出」的次適化，則必須對製成品需求作最正確的考量，並對運輸成本作最正確的核計。在生產上，必須對其所涉及的三項問題作次適化，才能達到生產的最適化。當然最適化之是否達成，仍在於次適化的過程是否確定。是故，生產程序中的每項步驟，都將受到各項次適化因素的影響。

計量學派為求最適化，常常藉著數學模式（mathematical model）來達成。數學模式有時只有一個方程式，有時則為若干個方程式，依情況的複雜程度與所牽涉的因素之多寡而定。此外，管理科學家在建立一套數學模式時，常運用微積分作為數學工具；此乃因微積分最能表達一個變數對另一個變數的相對變動率。依此，可以發現一項事實，即計量學派人士對各種數學工具與技術極為倚重。舉凡線性規劃（linear programming）、模擬技術（simulation technique）、蒙地卡羅理論（Monte Carlo theory）、等候線理論（queuing theory）、競賽理論（game theory）等，都可運用數學工具與技術。

近年來，計量學派有了更進一步的發展，乃是因電子計算機（computer）的使用日益普遍；更由於電腦不斷地改進，並運用許多複雜的數學模式，幫助解決組織上的複雜問題，更使計量學派在管理思想的發展中占有一席之地。計量學派在管理上的重要貢獻，就是能協助管理者以一種有條理的方式來解決問題，以便釐清與問題有關的各項因素及其關係。同時，它促成了吾人對「目標釐訂」與「績效測定」的重視。

然而，計量學派也有它本身的限制。畢竟管理是相當動態的活動，它絕不是一種數學模式與數學程序的系統，故不能概括整個管理問題。其次，所謂管理科學，只能算是一項工具或技術，而不能成為一門學派。此外，計量的概念並不能解決人性的問題，因為有關人性行為是無法套用一定的公式去尋求解決的。以上是計量學派的缺失。

第四節 行為學派

行為學派肇始於孟斯特堡、梅約、巴納德等人的研究。早期屬於人群關係運動的體系，後來逐漸發展為今日的行為學派。該學派所牽涉的領域極廣，可說具備了大部分社會科學的背景，諸如心理學、社會學、人類學、社會心理學，以及工業心理學等是。

行為學派最關心的，莫過於「人類行為」。他們認為，管理乃是經由眾人的努力以完成任務者，故一位有效的管理者必須瞭解需求、驅力、動機、領導、人格、行為、工作群體與變革的管理等因素的重要性。凡此種種因素，對管理者的能力都有直接的影響。然而，該學派的部分人士比較重視「個體」，有些較注重「群體」。依此，行為學派可包括兩大支派：一為人類行為支派（human behavior branch），一為社會系統支派（social system branch）。

首先，人類行為支派的重心，乃在研究「個人」和個人的「動機」。它對「人際關係」（interpersonal relations）特別感興趣，而致力於心理學與社會心理學的運用研究。他們認為心理學是管理者不可忽視的工具，可協助管理者去瞭解員工，以順應個人的需求與動機，俾求得人力資源的最大發揮。因此，個人和群體心理與行為的運用，乃是管理的重心。是故，管理者為求有效的管理，不僅需瞭解工作群體，尤需瞭解工作群體中的個人；其次，行為學派的另一支派，乃是社會系統支派。該支派認為，管理實是一個社會系統，或一種文化交互關係的集合。它在性質上，具有高度的社會學意義。蓋人類組織是一種相互依存的群體系統。雖然人類群體有初級群體（primary groups）與次級群體（secondary groups）之分，然而它們對組織都有相同的作用。因此，管理者必須與各種群體相互往來，並保持一種交互行為關係，才更容易達成其管理目標。

綜觀前述，雖然人類行為支派重視的是個人，而社會系統支派重視的是群體；然而，這兩個支派是很難劃分的。因為群體是由個人所組成，而個人行為也受到群體的影響。因此，即使該二支派所強調的重點不同，但心理學與社會學兩者對行為學派來說，都是同等重要的。

此外，行為學派所牽涉的內容，諸如組織、溝通、動機、領導等，都與管理程序學派相當。然而，管理程序學派較能提供一套思想的架構，較偏向於靜態的層面；而行為學派較為動態，可能會被認為缺乏思想架構。顯然地，管理程序學派是由職能出發，從而發展出管理的作業與原則；惟行為科學派則從人性行為的研究開始，然後建立起管理理念和重點。因此，行為學派的思想，不像管理程序學派的硬性，比較著重經驗法則的運用，用試驗方法來驗證，以建立實際管理政策或決策。

然而，行為學派亦有它本身的缺失。蓋管理工作並不僅限於人性行為，它還包括某些技術方面的知識，故而它也無法顧及整體層面。雖然在工作場所中，人是構成一項持續變動的社會系統；且在工作中有賴「非理性行為」，來彌補理性程序的不足，但它只能算是總體的一面而已。因此，行為學派的主張，在整體管理工作中，總是不完整的。

第五節 各學派的統合

在組織發展的過程中，為了改善工作情境與提高工作效率，以致有組織管理理論的出現。由於各個時代的背景不同，故有不同的思想產生。誠如第一章第二節所言，自科學管理運動以來，各種管理思想不斷地推陳出新，且一再經過許多學者的賡續研究發展，以至今日乃形成許多學派並立。雖然，它們在組織管理上的立論難免有些差異，然而其貢獻卻是不可抹煞的。因此，凡是從事管理的研究者或工作者，都有必要對各個學派的思想做深入的探討，並能加以統合，期使整個管理有一套完整的理論出現，同時兼籌並顧地完成管理工作的使命。

首先，管理程序已為管理思想提供一套完整的架構。許多行為學派的理念將可納入該項架構之中，而加以融合。即使是科學管理運動所建構的計量學派，雖然較著重技術層面，但同樣可依規劃、組織、控制等程序而完成。因此，管理程序、行為科學與計量技術的融合，應不是一件非常困難的事。凡是從事組織管理的工作者，都不能忽視這種整合的工作。

當然，由於組織管理所牽涉的範圍極廣，其所產生的問題多而複雜，盡個人一生的精力也會有「力有未逮」之感，以致難免產生分歧的現象。然而，這卻不能成為吾人不作整合的藉口。畢竟整個組織的整合是吾人的責任，也是一種世界的潮流。蓋前人已將可能影響工作效率的因素開發出來，且已建立起若干理論與原則，則後人將有責任將之作一個統合，庶能不辜負前人之貢獻。是故，本書乃力求採擷三大學派之論點，企圖作些整合的工作。

根據許多學者的看法，前述三種學派的管理思想確有合而為一的可能。就以管理程序而言，許多行為學派的主張與管理程序所強調的職能是不謀而合的；行為概念中的動機、組織、決策、領導、溝通、協調、控制，無一不可視為一種管理職能。因此，行為科學與管理程序的融合，當不是一件難事。再就計量學派的論點與管理程序的關係來看，計量學派主張運用數學方法來幫助管理者迅速作決策，這也正是管理程序所追求的目標之一。其次，計量學派力主最適化，亦為管理程序學派的理想與目標。

更有進者，若以行為學派與計量學派的關係來探討，當可發現兩者之間的關聯性。固然，行為學派較重視人類行為的探討，而計量學派較著重於技術層面的研究；然而需求的滿足，正是來自於技術精進的實現，而技術之精進正得自於人們滿足需求的願望。因此，人類需求與技術精進是相因相生、相輔相成的。

綜觀前述可知，管理思想三大學派的融合，是可預期的。它們之所以分立，只不過是因為時代背景的差異。惟今日的管理研究者和工作者卻不可偏廢一方，以免陷於泥淖之中，而產生偏頗的現象。當然要達成該項目標，必須解決語意（semantics）上的差異，對它們所用的關鍵語詞作統一的詮釋。其次，就是對管理的範圍必須有具體而明確的界定，以避免其間的分歧。對於一位研究組織管理的工作者而言，這是必須努力克服的難題。本書後續各章的討論，即已將這三大學派的主張融入其中。

Chapter 3

規劃程序

規劃的程序是所有管理程序的首要步驟，也是最基本的管理職能之一。管理者在處理任何事務時，均需以規劃為先。有了規劃，才能進行組織、領導、溝通、協調、指揮、控制等工作。所謂「凡事豫則立，不豫則廢」，若無完善的規劃則無法進行其他步驟。因此，規劃乃其他管理程序的基石。本章首先討論規劃的涵義和基礎，然後瞭解組織規劃的利益，以及規劃的類型，據以作為執行規劃的依據。此外，規劃的產物亦為吾人所必須探討的課題，唯有如此才能有完整的規劃理念。

第一節 規劃的意義

規劃是一切行事的基礎，人類一切活動都必須經過規劃的過程。就組織的立場而言，規劃是以組織目標為基準；亦即從組織未來的可能行動中作選擇，並決定此一行動應由誰來執行，以及如何去執行和完成。是故，規劃乃是具有未來導向的（future oriented）。一項成功的管理必須能描繪出未來的遠景，而此即為規劃所揭櫫的。俗謂：「未雨綢繆」或「謀定而後動」，即含有規劃的意義。它是組織內所有管理者所必須具備的基本管理職能。

至於，所謂規劃（planning），就是在設計以處理未來事務之謂。易言之，規劃就是一種對未來所想要採取的行動，預先設定目標，然後進行分析和設計的程序。它是組織機構於事先決定應做何事，以及如何去做的過程。規劃也是擬定未來目標以及如何達成該目標的動態過程。因此，規劃乃包括決定未來目標，以及達成這些目標的適當手段的所有管理活動。規劃的結果就是一項計畫，惟規劃與計畫並不完全相同，規劃乃為設計一些目標和活動的過程；而計畫則指企業機構為了達成目標及採取行動的過程之書面文件。前者是一種過程，後者則是一種結果。

一般而言，規劃的核心觀念在於「選擇」，而「選擇」又屬於決策的範圍，以致規劃和決策兩種觀念甚為接近。實則，規劃包含了決策的步驟，但決策的範圍並不限於規劃。蓋管理者從事其他管理活動時，也面臨了決策的問題，亦即決策不限於未來目標和行動計畫，有時所選擇者可能只是某些觀念，顯然此種決策與規劃無關。

綜觀前述，則規劃含有四項要素：即目標、行動、資源和執行。所謂目標（objectives），是指管理人所期望能達成的某些未來情況。而此種未來情況為任何規劃首先要訂定的。例如，企業機構訂定生產計畫時，其目標為在今年內生產一萬件產品，即為一項目標，這是需要經過規劃的。其次，所謂行動（actions），乃是達成目標的手段、方法或特定活動。不管是建立目標或選擇行動過程，都需要對未來作預測。管理者若未能考慮未來的情況，以及可能的影響因素，將無從作規劃。

至於資源（resources），乃是為了達成目標和支持或限制行動的變數。凡是一項計畫必定會指定所需資源的種類和數量，以及潛在資源和這些資源的分配。最後，規劃尚須考量執行（implementation）。執行乃所有行動的方式和手段，它包括了實現計畫的人員之指派和指導。

總之，規劃乃對未來事務的行動方案作設計，其必然包括目標、行動、資源和執行等事項。雖然這四項要素是分開的，但基本上卻是相互關聯的。蓋目標的擬定取決於擬定目標的可能性、對未來的預測，以及對資源的預算等；而資源的有效性則有賴於管理行動和執行效率的影響。因此，規劃總的來說包括目標、行動、資源以及執行，且指向改善未來的組織績效。

第二節 組織規劃的基礎

規劃活動在今日高度動態的環境中，已是組織機構一項持續性的管理程序。它是組織管理者執行管理活動的依據，其他管理活動都必須依規劃行事。然則，規劃產生的基礎為何？它應依據何種標準來訂定？一般而言，規劃乃用以決定組織機構的目標，且為期達成此一目標，必須釐訂各項政策和策略，以便能規範所需資源的取得、運用和處置。史田納（George A. Steiner）即認為規劃的基礎有三：第一，組織機構的基本社會經濟目標；第二，高層管理階層的價值觀；第三，組織外在和內在環境優勢和弱點的評估。

一、基本的社會經濟目標

所謂社會經濟目標，是指包括組織機構本身的生存需求，以及其所能提供社會的需求；前者為公司所追求的利潤，後者為公司能為社會所提供的服務與功能。基本上，組織機構之所以能生存，一方面在於它能賺取自身的利潤，另一方面則是它能對社會有所貢獻。因此，組織規劃應以能夠動用資源和謀取利潤為基礎，如此才能確定其經營使命，並滿足社會經濟目的。

就前述觀點而言，所有的組織機構都必須明訂其社會經濟目標，並在環境發生變動時能隨時配合修訂，才能確保其基本任務，其所訂定的計畫方不致窒礙難行。因此，為求能配合基本的社會經濟目標，並善用社會資源，規劃本身必須保持彈性，而不能淪於僵化。易言之，組織規劃必須依據彈性的基本社會經濟目標，才不致流為空談。

二、高層管理者的價值觀

高層管理者的價值觀和哲學觀念，也是釐訂規劃所必須重視的課題。蓋管理階層的價值和信念，乃塑造他們所經營的組織氣候及文化。此等因素對組織機構基本目標的選擇，以及與員工、顧客、同業、供應商和政府機關之間關係的建立，都有很深遠的影響。

今日社會企業倫理和社會責任的盛行，使得高層管理人員不能不重視其道德觀念和管理風格。此等價值觀念乃深深地注入企業經營理念之中，進而構成組織規劃的重要基礎。例如，高層管理者本身是屬於經濟人或行政人的特質，即影響其對社會責任的取捨。經濟人的特質在追求最大利潤，則組織規劃必多以此為基礎；而行政人的特質乃在追求滿足即可，則其規劃亦必以此為方向。凡此都顯示出，高層管理者的價值觀足以影響組織內部的運作，進而左右組織規劃的方向。

高層管理者的價值觀塑造組織氣候及文化

三、組織內外在環境優勢與弱點的評估

組織規劃的基本目的之一，乃在及早發掘組織機構未來可能遭遇的問題，以及可能面臨的發展機會，以便早作準備，俾求解決此等問題或把握此等機會。但同樣的客觀環境，對不同組織機構都有不同的問題和機會之內涵，此乃因各個組織機構本身的條件和狀況不同之故。因此，組織規劃宜合併考慮組織本身條件和外界環境的變化，以求釐訂未來的正確發展方向。易言之，組織規劃必須對環境評估作SWOT分析。所謂SWOT分析就是對組織機構的內部優勢（strength）和劣勢（weakness），以及外部機會（opportunity）和威脅（threat）進行分析而言。

在外在環境評估方面，組織機構大多採用預測方法。外在環境預測有多種不同的方法，其中究竟以何種方法為宜，需依管理階層期望知道什麼而定。可以確定的是，環境變動愈大，組織就越需要蒐集更多的資訊。這些預測包括經濟預測、技術預測、政府措施預測，以及銷售預測等。凡此等預測所得資料，皆可提供給組織作規劃時的重要資訊。

至於內在環境評估方面，組織機構可對本身物質資源和人力才幹作評估。此兩項評估可顯現出組織內在的優勢和弱點。就企業組織而言，物質資源包括公司的產能、現金、設備和存貨等，都是釐訂計畫的工具。例如公司的財務能力強、競爭能力大，則可訂定高度競爭規劃，以求勝過更多對手。另外，人力才幹是指組織內部人員在某種特定領域內的才能。此種才幹即為組織的實力，可提供作各種計畫的參考。

總之，任何規劃都必須評估組織本身的基本社會經濟目標，參考高層管理階層的價值觀和信念，並評估組織內在和外在環境的優勢與弱點，才能訂定切實可行的計畫，為組織機構爭取到更有效的績效；而管理人員也能據以推展各項管理工作，並對之作適宜的控制。

第三節 組織規劃的利益

規劃之所以為所有管理程序的先前步驟，乃因它具有先導性，此種先導性即具有許多優勢。蓋規劃是對所有的工作和活動預為打算，如此才能循序漸進，行事有據，而達成功之境。所謂「廟算多者勝，少者不勝」即是。因此，行事有規劃較易成功，否則將導致失敗。就組織管理而言，規劃至少有如下益處：

1.**規劃可提供努力的方向**：組織機構若有了規劃，當能提供具體的行動方案，讓相關人員瞭解目標的所在，進而知道應該做些什麼事，如此自可提供努力的方向，而不致浪費時間與資源，減少許多錯誤的決策。蓋組織規劃係針對組織目標訂定的各種可行方案，如此則讓組織成員有了努力的方向，更降低了許多不確定的情況。

2.**規劃可順應環境的變化**：組織機構若能在行事之前預作規劃，則可對任何環境的變化作預測，尤其是今日環境的變化甚速，有了事前的詳細規劃，較能適應環境的變遷。此乃因一般規劃工作的眼界都是延伸到未來的情境，因此比較能察覺到環境的可能改變，而謀求對策。反之，若不作事先的規劃，常易汲汲於眼前的事務，而無法顧及環境的變化。

3.**規劃可揭櫫全盤的目標**：組織機構透過規劃的運作，可促使組織內各個部門實施目標管理，而以整體組織機構的全盤性目標為共同努力的方向。亦即各部門和人員除各自努力於本身目標的達成之外，尚能顧及整體目標。蓋此種目標係依整體規劃而來，否則缺乏整體規劃和目標的指引，將使各個單位和人員只努力於自身目標的完成，容易各行其是，陷於四分五裂的狀態。

4.**規劃可貫徹目標的達成**：規劃既可揭櫫組織的目標，就等於做到了目標管理，則組織內部人員將能瞭解自我的工作目標，如此可使組織成員貫注於目標的達成上，而不致於分心在其他事務上。蓋規劃的過程既在以達成目標為考量，則一切活動自易於協調一致，以應對困難問題，從而調整或發展新的執行計畫。

5.**規劃可建立績效的標準**：組織機構若有了規劃，就能指出所需要達成的績效，從而建立一定的績效標準，這也是控制階段所不可或缺的環節。任何事務若沒有規劃，就沒有執行的依據，更無控制之可言。因此，有了規劃才能訂定績效標準，據以作為考核的依據。

6.**規劃可化解含混的情境**：組織機構有了規劃，將可使其內部的業務和目標，有了明確的規制和方向。一般而言，明確的工作環境，有助於員工士氣和工作效率的提高；相反地，不明確的環境不僅阻礙工作效率，更容易引發員工的焦慮情緒。而規劃既已確定了工作狀況，則可協助員工和管理人員在面臨含混的情況下，找尋出一套明確的行事準則。

7.**規劃可提振團隊的精神**：由於計畫指引了工作的目標與方向，且對組織內部的部門和人員作了工作分派，則各個部門和人員即可為達成其目標而奉獻心力，如此自可提高團隊精神和工作士氣，使得管理能據此而推動。管理人員亦可依此授權部屬，並考核部屬的工作績效。假如沒有規劃，則凡此種種都無法實現，更別說提升工作士氣和發揮團隊精神。因此，有了組織規劃，則可提振團隊工作精神，自是不容置疑的。

8.**規劃可增進成功的機會**：誠如前述，規劃乃為對組織機構未來的狀況預作評估。它乃在分析內外在環境中的有利和不利因素，於事先預作準備，然後掌握各種資源條件，作未雨綢繆的因應。根據研究結果顯示，凡是能對組織活動預作規劃的機構，其績效表現均較未作規劃者為優。即以資金的取得而言，有詳細規劃的公司，較易取得金融機構的支持與信任。凡此均增加了組織機構成功的機會。

9.**規劃可提升營運的順暢**：組織有了規劃，將使其運作有所遵循，且可使各個部門或單位能協同一致地進行分工合作的個別作業，則組織的營運將更為順暢。因為組織有了規劃，不僅可提供執行業務的標準，而且也可作管控活動的依據，從而降低重複與多餘的作為與活動。是故，規劃有助於組織營運的順暢。

10.**規劃可實現管理的功能**：規劃是管理工作的基石，許多管理職能皆有賴規劃作為其基礎。其中尤以控制所受的影響最深。如無規劃，則組織、指揮、領導、協調、控制等都將失去依據。因此，其他管理職能若無良好的規劃，將無以進行，甚或難以發生效果。

綜合前述，規劃工作對組織機構來說，是一切管理工作的開始。所有的管理活動若無規劃，則必無法進行。然而，有了規劃也並非即是成功的保證。蓋凡是計畫必須採用正確的資料，且能準確地預知未來的情況；而在執行過程中亦須不偏不倚，有良好的財務與人力支援，並能確切地執行，且能作充分的協調，如此才能確保計畫如期順利進行。

第四節 組織規劃的類型

組織機構所做的規劃以及所規劃出的計畫，可依各種不同的性質，作如下的分類：

一、依時間長短劃分

規劃依時間長短，可分為長期規劃、中期規劃和短期規劃。所謂長期規劃，又稱為長程規劃或策略規劃，通常多為十年以上的計畫，其目的乃在決定組織機構的基本目標，及其基本政策、策略，以及對資源的取得、運用和處置的準則。組織的其他計畫大多以此種規劃為依歸。亦即長期規劃乃是重點式和目標性的規劃。此有賴組織的高層主管來擬訂。

中期規劃之所以稱為「中期」，乃為其期間通常超過一年以上，而多數以五年為期之故。當然，所謂中期，每因行業和工作性質而有所不同。例如，對時裝而言五年可能已是長期，此乃因其款式變化甚速之故。不過，中期規劃係衍自於策略規劃，殆無疑義。中期規劃的內容較之長期規劃略為詳盡，且具有協調性的作用。此種規劃多依組織職能而作嚴密的策劃，且需與長、短期規劃相互協調配合。這是各中級主管所需擬訂的計畫。

短期規劃多以一年為期，年度預算即可視為短期計畫。此項規劃係依中期規劃而來，而在時間、預算、程序上作更進一步的設計，故短期規劃純屬於一種作業性規劃（operational planning）。它除了利潤、銷售、生產等目標之外，尚可能包括更具體的績效性目標，如每月的生產和銷售數量即是。一般而言，年度預算為短期規劃最主要的一部分，通常組織最基層主管需花大部分時間去執行此種規劃。

二、依職能性質劃分

計畫若依職能性質來劃分，則可分為生產計畫、行銷計畫、財務計畫、人事計畫等。生產計畫乃在擬定生產適量的產品，以滿足顧客的需求，並符合企業行銷的目標。其目標乃在取得、協調和維繫各項生產要素，如機器、原物料和人工等的順暢，估算原料、零件、物料、人工、裝備等的製造成本。是故，生產計畫應從生產數量開始，向後推算，從而決定所需的裝備和人力等。

行銷計畫的主要目標，乃在推銷現有產品和協助開發新產品。就前者而言，需訂定配銷額和市場占有率，而透過廣告預算、推銷人力、配額派定和產品訂價等手段，將這些目標轉化為作業計畫。此外，行銷計畫尚需考慮新產品的開發，蓋任何產品都有一定壽命週期，故有產品規劃（product planning）的必要。產品規劃的基礎，乃在激發新產品的構想。此種構想可由研究發展部門產生，有時也可能來自高層管理者、推銷員、顧客或顧問的建議。

財務計畫乃是提供生產和行銷活動的財務支援之計畫，此三者是相互關聯而相互影響的。通常財務計畫含有計畫資料，較易作為決策和控制的依據。一項作業計畫是否成功地執行，通常可自財務資料看出。如生產主管察看產品的單位生產成本，行銷主管注意著銷售曲線圖，即可在財務資料上察覺績效的好壞。

人事計畫乃是人力資源的開發、運用、維護等計畫，最主要包括人力規劃、人力需求、人力數量、人力結構、人員類別、人員素質等分析，以及工作分析等工作。當然人事計畫所涵蓋的範圍極廣，諸如員工甄選、測驗、任用、訓練、薪資、考核制度、福利措施、退休制度等等，都需要作更細部的計畫，凡此皆影響員工就業和工作的意願。組織必須有完整的人力資源計畫，才能建立起明確的制度，期其發揮組織績效。

三、依涵蓋範圍劃分

計畫若依其所涵蓋的範圍來劃分，則可分為綜合計畫、細部計畫、輔助計畫和專案計畫等。所謂綜合計畫又可稱之為總計畫、經營計畫或主計畫，係針對整體企業而設計的計畫。它必須綜合組織內各個部門的統合，使各部門目標及其上下單位目標能相互關聯。基本上，綜合計畫乃是一種概略性的計畫。

細部計畫或稱之為詳細計畫，係針對某個部門業務活動而設計的計畫，故又稱之為部門計畫。此種計畫係就綜合計畫的一部分內容而設定的。有時細部計畫的內容，仍無法令人瞭解時，所設定的補充說明，即可稱之為輔助計畫。

最後，所謂專案計畫，係指針對某種特定問題或事項設定的計畫。通常此種計畫是一種完整的計畫，只是它針對一種特殊專案而已，故常包含總計畫、細部計畫以及輔助計畫。

總之，計畫是組織作規劃所產生的具體內容，它可為書面文件，亦可為實質性的構想。計畫常因時間因素、職權關係和涵蓋範圍，而有不同的名稱和類型，組織管理必須重視這些計畫，才能使管理工作有所依據。

第五節 規劃的執行過程

組織機構內的規劃活動，究竟應由何人來擬定？由誰來執行？此常因組織的高層管理人之理念而異。有些組織機構的規劃係指定專人來擬定和執行；有些則設置規劃的組織，如規劃委員會或企劃室來負責擬定和推動規劃業務。不管擬訂計畫者為個人或團體，計畫的執行則是每個人共同的責任，尤其是各級主管人員更需負起執行規劃的責任，如此計畫的執行才能徹底，並成功地達成其目標。

就職務分工的立場而言，各級主管為負責各項業務的主要負責人，而規劃者應屬於幕僚作業人員。當然，任何規劃的擬定宜事先徵詢各有關人員的意見或建議，然後在執行過程中才不易招致困難或阻力。此乃為計畫的擬定與執行相互配合的問題。

一般而言，組織在執行規劃時，可以透過權威（authority）、勸說（persuasion）和政策（policy）等方法和工具來推動。(1)就權威而言，它是法定的權力形式，所實現的是職位，管理者在組織中的權威本質，即是決策的權力，並據此可合理地期望部屬去實現一項計畫。(2)勸說乃是向必須執行計畫的人去推銷該計畫的過程，以說服他人依計畫的績效標準來接受它，並非依據管理人的權威來接受。(3)政策是一些涉及長期性或永久性目標的書面文件，可反應計畫的基本目標，以及提供選擇行動的指導方針，以利目標的達成。一旦計畫已為大家所接受，則政策將成為執行計畫的重要工具。

至於規劃的過程至少可分為下列四個階段：

1.**準備階段**：在規劃有了初步構想之後，就必須完成規劃的準備。此時就必須籌設從事規劃有關的部門，或賦予某個個人有關規劃的任務，並瞭解和規劃有關的一般狀況，分析組織優點和缺點，界定所要規劃的使命，蒐集基本資料，甚或分配規劃的相關責任，以確定規劃的宗旨和目標。

2.**釐訂階段**：在規劃工作已經準備就緒之後，就開始釐訂初步計畫，確定宗旨與目標，並決定規劃的前提，分析內在和外在環境的影響。同時，要針對本身的資源條件，預測相關的環境因素，並釐訂可行的替代方案，評估可能的執行途徑，分析成本和利潤的關係，比較各項方案的優劣，以做好選擇最佳方案的準備。

3.**執行階段**：當擬訂好最佳的規劃方案之後，就必須將計畫付諸實施。計畫的執行既是各相關人員的共同責任，則彼此之間必須先確定責任，事權分明，然後才能協力合作，統一步伐；並能作有效的溝通，實施目標管理，設定利潤目標，依據工作進度，配合預算，務求徹底實現計畫。

4.**管制階段**：任何計畫都可一方面執行，一方面作管制的工作。在管制時，企劃部門或個人必須建立預算控制，督導計畫的執行，並評估計畫執行成果，甚或擬訂衍生計畫，與預期情況做比較，並採取必要的修正措施，以預為新階段規劃活動。

此外，計畫的擬訂、執行，甚或管制，最好能成立專責的企劃部門，如此則可履行對計畫的承諾，確保計畫的持續推展。且有了企劃部門，可提醒各階層主管人員都能保有規劃的念頭，而不致於辦起事來毫無章法。再者，成立專責規劃的組織，比較有充裕的人力和心力來從事規劃的工作。因此，有了專責的規劃部門，將有助於計畫的執行與推展。何況在整體規劃中，組織的規劃亦屬於重要的一環。

綜觀前述，在整個規劃過程中，都必須考慮到所需組織和人力的配合。若無適當而有效的組織，則再好的計畫亦將無法實行。當然，組織的建立乃為配合實施計畫的需要，而不是以計畫來遷就不合時宜的組織。這是吾人於推行計畫的過程中，所應具有的觀念。

最後，任何規劃的擬訂和執行，都必須作評估和檢討。凡是一項有效的計畫，都必須對其實施的結果作持續不斷的定期監督和檢討，如此才能瞭解實施狀況，並提供再規劃的基礎。倘規劃實施結果不符預期目標，則管理人員有責任發掘其原因，並採取因應對策。

第六節 組織規劃的結果

規劃不同於虛擬的構想，它不只是有構想而已，而且要考慮到如何將構想付諸實現。因此，規劃的結果就在於能夠有效地將之實現，此種規劃的結果包括了許多不同形式的計畫，諸如目標、政策、策略、方案、規定、日程、手續、預算等均屬之。如果規劃表示為一種程序，則這些計畫即代表著實質內容，為規劃的結果和產物：

1.目標（objectives）：以具體的文字或數據，來說明所欲達成的標的而言。具體的目標乃在估計所需的資源，進而評估和衡量日後的績效。因此，組織機構在設定目標時，必須依據預測的結果，參酌本身的資源和能力，來設定其目標，此即為一種計畫。易言之，計畫實施的目的，即在獲得預定的成果，此種成果即為目標。是故，目標殆為規劃的結果之一，自無疑義。

2.政策（policy）：政策為所有行動的總指導，它只是一種概述或一項協定，可用以引導部屬行動的方向。一般而言，政策只在指示行動的方向，而不能對細節作明確的規定。組織機構在擬定政策時，需以目標為準。亦即政策的釐訂，需有助於業務的推展和目標的達成。易言之，組織機構乃在釐訂目標之後，始行擬定政策。是故，政策亦屬於計畫之一。

3.策略（strategy）：策略為計畫中的骨幹，界於目標和具體行動之間，它是為達成某種特定目的所採行的手段，其表現為對重要資源的調配方式。如公司為達到快速成長的目的，而選擇併購其他公司的方式，即為一種策略。有效的策略必須不斷地反應環境的變化，故是最具動態性的計畫。此外，策略和政策有時很難明確劃分，有些策略具有政策性質，有些則只是實施和手續性質而已。然則，兩者皆屬於一種計畫，則是不容置疑的。

4.**方案**（program）：達成目標所採行的一種措施，其釐訂乃是依循政策的指引，主要在於規劃某種任務或目標的各項步驟，並訂定各項步驟的推展時間。在同一目標下，可以只有一套方案，也可以有許多方案並行，惟需選擇其中的最佳方案，以利目標的達成，凡此等方案皆為計畫之一。

5.**規定**（rule）：或稱規則，乃涵蓋著具體要求的涵義，限定了作為或不作為的情境，帶有命令的性質。它與政策相似之處，乃為均可重複應用，以配合經常出現的問題或狀況；相異之處，乃為規定較為具體，而政策較具彈性。易言之，規定多為具體而明確的規則。

6.**日程**（schedule）：也是一種計畫，亦可稱之為進度表或時間表，乃指將一系列的工作排定其先後的相互次序，以及進行或完成的時間。一般而言，此種工作甚為具體，所需時間可經過估計，故具有規定性質。但如果工作內容不甚明確，非本身所能控制，即使排上日程表，亦具有參考指導作用。

7.**手續**（procedure）：或稱之為程序，乃代表一種規定，是處理事務的標準順序或應採取的步驟，其目的在使用相同的工作時，應運用相同的方法來處理。在企業機構內，無論是行銷、生產、採購、財務或人事，都各有其工作的特定程序，這些程序都必須為各個領域內的人員所共同遵守，如「標準作業程序」（standard operation procedure）即為其例。

8.**預算**（budget）：也是一種計畫，且是一種數據化的計畫。此種計畫乃為運用數字來表示組織所期望的成果。預算係預計一定期間內收益和支出的總和，以金錢來表示。此種數字均需經過一定的程序獲得批准，具有高度權威性，其本身代表一種對未來情況的預期。預算不僅是一種計畫，也是執行計畫的主要工具，更是控制的手段和方法。

總之，規劃的結果不僅是一種計畫而已，舉凡組織機構的目標、政策、策略、方案、規定、日程、程序、預算等都是規劃的產物，而這些也各自成為一種獨立的計畫。

Chapter

4 組織結構

組織結構係組織成員據以行事的依據，乃在建構組織內部的通路，使工作、人員和職責之間，能發揮適當的分工與合作關係，據以有效地分擔和進行各項業務，卒能達成管理任務。本章基本上乃在追蹤組織的脈絡，蓋組織結構本是組織的產物，也是成員據以工作、活動而運作的基本架構。首先，吾人將探討組織結構的一般概念與影響變數，然後討論組織傳統的結構特性，並研析組織內部的部門劃分方式，且延伸出今日組織結構的設計。同時，直線與幕僚關係也是今日組織研究者所必須重視的課題。此外，在組織活動中所形成的非正式組織，更是必須關注的焦點。

第一節 組織結構的概念

在今日社會中，大部分工作和集體成員活動都有賴組織來推動。然則何謂組織？此處所謂組織，是一種動態過程，乃指由個人所組成的群體，在協調一致的努力下，共同致力於目標的實現之謂。在此所指的組織是一項過程，據以推動無法由個人完成的策略和目標，故是一種分工合作的程序。此外，組織作業的程序，則指將有關達成共同目標的各項作業，予以歸併成許多不同的群組（groups），分別為各群組作業指派一位管理人，以督導該群組成員實施作業的職權，故組織作業職能亦可視之為有關職權授予的程序。

至於組織作業常界定了組織的界限，俾使組織得以在界限內運作，此種架構即為組織的結構，亦即一般所謂的組織（organization）。通常組織結構是指一種正式組織的結構，但事實上，組織內尚存有一種「非正式組織」；後者係指在正式結構內，各個群組成員基於彼此接觸和互動，而作非正式的、意識性的交流而形成。此將在本章最後一節另行討論之。

根據前述，此處所指的組織乃在致力於達成工作任務結構的設計，以及各種職權關係的協調性而言。此則牽涉到設計和結構的問題。設計乃包含著管理者有意識的努力，以預先決定成員的工作方式；而結構則隱含著職權關係的協調性。組織程序乃為將整個工作任務分為若干個別職位，並授予這些職位職權，然後依據其一致性的基礎，將這些職位群集成一些單位或部門。易言之，組織程序乃在將工作任務分為若干職位、授予職權，並以部門化職位的適當基礎，來決定各部門內最適當的職位數目。

根據管理者對工作的分工、授予的職權，以及部門化職位的決策，乃決定了組織的結構。易言之，組織結構乃界定了工作任務的正式劃分、組合與協調的方式。工作可能專業化，職權可能相對地集權化或分權化，職位也可能依據不同的基礎與背景和規模而群集成許多不同的部門，諸如此類皆可能決定或改變了組織結構。這就牽涉到組織結構的設計問題。

總之，本章所謂的組織，乃指派定組織中全體成員的職責，和協調全體成員的工作，以期在達成目標時，得以確保最大的工作效率；而組織結構正是組織的產物和結果，也是組織成員據以活動的架構。在此種過程中，組織乃在致力於達成工作任務結構的分派與設計，故是一種動態性的程序，而不僅止於靜態的結構而已。

第二節 影響組織結構的變數

一般組織是以圖表來標示其結構的，它可使人一目瞭然。事實上，組織結構很難完全以簡單圖表來概括。蓋所謂結構就是指已構成一套行為準則的模式而言，它不僅止於靜態的結構型態。因此，就今日研究組織結構的觀點而言，組織已由過去僅重視正式結構，走向今日也同時注意非正式結構。話雖如此，組織結構至少也具有一定的型態，其影響變數可包括下列諸端：

一、組織大小

組織規模的大小，對組織結構具有決定性的影響。組織規模愈大，組織結構愈為複雜；亦即組織愈大，其水平分化（horizontal differentiation）、垂直分化（vertical differentiation）、空間分化（spatial differentiation）等也愈多而複雜。反之，組織規模愈小，組織結構愈簡單，而各種分化的程度也隨之愈小。

所謂水平分化，是指組織內各平行單位間分散的程度。凡是組織規模愈大，則組織愈需要分工專業化，乃導致水平分化的加大。此時，由於平行部門的增加，導致其間溝通愈為困難。組織為了解決此等困難，勢必要增設上級管理階層，如此就又增加了垂直分化。所謂垂直分化，是指組織層級的多寡程度。當組織規模愈大，層級愈多，從而將延伸空間分化。所謂空間分化，係指組織內設備和人員在地理位置上的分散程度。由以上三個向度看來，凡是組織愈大，各種分化程度也愈多，其複雜性愈高，組織結構也隨之複雜了。

此外，由於組織的複雜性增加，管理人員必須訂定正式規章和程序，以監督控制整個組織活動，於是組織結構便趨於形式化了。形式化的增加，又伴隨著新管理的增加，以求能用來協調這些增加的組織活動，故而垂直分化又增加了，隨著這種改變，上級管理人員距離下層操作人員就愈來愈遠，決策也益增困難，此時就只有又將整個組織的權力分化。由此可知，組織大小的改變將如何影響組織結構的變化。

二、工作技術

所謂技術（technology），係指一個組織將資源轉換成產品的過程。一個組織在將它的人力、物力、財力、資訊等資源轉換成產品或勞務時，常有好幾種技術。一般而言，技術的標準，都以工作重複性的程度表示之。技術性低的工作，多為重複性高的工作，如操作性或自動化的工作即是。技術性高的工作，多為變異性大的工作、與人員互動性高的工作，以及修護性的工作。

根據研究顯示，工作技術往往決定組織結構的建構。因為組織選擇了某種技術，以致決定了組織結構的方向，因而限制了經營者或管理階層作其他改變的可能性。例如，一個對顧客提供服裝設計的組織，絕不會使用大量生產的技術，故而很難有定型化的組織結構。又如實驗研究人員的工作形式化很低，而操作部門的形式化就很高了，這都是因為他們工作技術的重複性程度不同所造成。

此外，重複性技術的組織結構通常複雜性不高。如果一個組織內部都是重複性的工作，則它所擁有的職位種類一定不多。如果組織的工作技術複雜性增加，就必須面對多種問題；亦即工作的變化多，就需要有較多的管理單位來處理不同的問題。這種緊密的監督常導致較多的垂直分化。因此，變化較多的技術常造成組織結構的高度複雜性。

再者，技術和形式化的關係也很密切。不需太多技術的重複性工作，常有詳細的工作規範與工作說明，因此它的形式化也很高。又重複性高的工作技術也常使組織有集權的情形，不重複的工作則較依賴專業知識，權力自然較為分散，但兩者的關係並不明確，有時還要視組織的形式化程度而定。組織在管理員工時，形式化和集權常可相互替代。例如，一個高度形式化的組織，由於其重複性的工作只要有詳細的規則程序加以拘束即可，不一定要實施集權；但若形式化很低，員工作業程序則必須依賴管理人員的監督，此時組織就必須實施集權。因此只有組織形式化很低時，重複性高的技術才會導致集權。這些都顯示出，工作技術對組織結構的影響。

三、外在環境

一般而言，組織環境有內在環境與外在環境之分。此處的環境，係指組織本身以外的外在力量或措施。外在環境並無法控制組織，卻會影響組織的表現，如政府機關、社區、顧客、組織資源的供應等，都會影響組織結構的變化。由此可知，組織所處的環境和組織結構有很大的關係。

一個組織若要力求生存和成長，就必須對環境中的任何改變，做彈性的適應，因而必須調整其結構。組織為了容易管理，常需變更其結構成分，以減少環境的不穩定性。因此，環境不穩定的程度會決定組織結構。當環境不穩定性高時，組織為適應此種快速的變化，就要多作彈性的設計；而不穩定性降低時，組織為了要求最有效的管理控制，就必須要有高度的形式化、複雜性及集權化的結構。

此外，環境的不穩定性除了和組織結構的複雜程度呈相反的關係外，其與組織的形式化也是負相關的。蓋在穩定而沒有快速變化的環境下，使用標準化的制度比較符合經濟效益，因此形式化也較高。

就權力觀點而言，一個龐大而多變的組織在管理統籌上相當困難，因此就必須實施分權制。又如組織為順應外界不同顧客的需求，就必須分權，以便對顧客做出最快速的反應。總之，外在環境的變化隨時會影響到組織，組織必須做彈性的結構設計，尤其是以今日高度變化的社會環境為然。

四、控制權力

組織結構的變化，除了受組織大小、工作技術、外在環境等的影響之外，尚受到組織決策者的左右。通常組織決策者都擁有控制權力，以決定組織的結構。管理決策者常會選擇對自己最有利，而不一定對組織最有利的決策，組織大小、技術及環境的影響只是一個囿限而已。易言之，決策者常會選擇、維持，並增強自己權力的組織結構。因此，只有在新的權力關係介入時，組織結構才會有巨大的改變，惟此種情況並不常發生。傳統上，組織結構的改變多是循序漸進的，少有革命性的變動，除非組織解體後又改組為例外。

就控制權力（control power）的觀點來看組織結構，它與組織大小、技術及環境不同。它並不是一種連續性的向度，而是假設權力為穩定而少變動的。當決策者考量過組織大小、技術及環境等三項因素之後，常會選擇一個對自己最有利的結構。此種結構大多是複雜性低、形式化高及集權化的結構。

總之，組織結構的變數，主要為組織大小、工作技術、外在環境與控制權力等，而其中尤以決策者的控制權力最具影響力。此乃因決策者希望掌握組織之故。當然，組織結構的設計，常因組織或工作性質的不同而有所差異。

第三節 傳統的組織結構

傳統的組織結構基本上是相當正式化的，它是組織的系統圖（organizational chart），為組織程序的產物。組織內部的工作、人員、職權，和溝通、協調等，都是透過此種結構運行的。組織結構可以非常簡單，也可以非常複雜。在簡單的結構下，有關任務和職權的分配與協調，都十分單純。但在複雜的結構下，不但分工較細且層級也多，協調也隨之更形困難。然而，不管組織結構是簡單的或複雜的，其不外乎是垂直式的結構與水平式的結構兩個剖面，再加上綜合面。今分述如下：

一、垂直面的結構

組織垂直面的結構，是指其上下縱貫的權力關係而言。凡是組織必有上下階層之分，此種上下階層具有統屬關係，乃是為了行事的方便；亦即為了完成某些特定目標，由上級指揮下屬所構成。其涵蓋下列基本概念：

(一)層級節制

所謂層級節制（hierarvhy）是指在組織內部劃分為許多層級，並在不同層級之間，由較高層級統制較低層級，如此循序而下，且較低層級只受上一個層級所管轄之謂。如此，則組織始能井然有序，不致於職責不清，而造成混亂；且下層人員始能有所遵循，不致無所適從。此亦為一般組織的一大原則。

在層級節制下，組織常呈現金字塔型態，上級人數較少，愈至下級人數愈多。且辦事一律以公文為準據，公文都有一定程序。同時，員工辦事都依據一定的工作程序，由上而下，依權責行事，排除人情關係。

(二)職權與職責

在組織結構中，職權（authority）決定其職責。所謂職權，是指一種經由正式程序賦予某項職位（position）的權力。它不是某特定個人的權力，而是依組織程序而擁有的權力。藉由此種權力，居於其地位者可指揮、督導、控制，和作獎勵、懲罰、仲裁等工作。任何組織若缺乏此種職權的存在，必不能達成其任務。因此，組織結構的特性，主要就是在建立此種職權關係。

至於職權的來源，有許多不同的說法。傳統上所說的職權，乃屬於「形式理論」（formal theory），認為職權來自於組織的頂層。巴納德（Chester Barnard）則認為，職權來自於下層人員的接受，此稱之為「接受理論」（acceptance theory）。傅麗特（Mary Follett）則提出「情勢理論」（situational theory）的看法，認為職權的來源是情勢所造成的，無關乎授權與否。尚有一種「知識理論」（knowledge theory），認為職權來自於擁有更多知識之故。以上見解都各有見地，吾人如能做綜合觀察，較有助於對職權性質的瞭解。

此外，與職權具有密切關係者為「職責」。所謂職責（responsibility），乃指一種完成某種任務的責任。此種責任也是隨著職位而來，故稱之為職責；而這種任務，則稱之為職務。一個人為擔負此種職責，必須具有對等的職權，此即所謂的「職權相稱」原則。

(三)授權

職權固屬於組織職位上的權力，但有時此種權力若未能下授，常阻礙組織作業的運作，故有所謂「授權」（delegation）的問題。所謂授權，是指由上級對下屬分配工作的程序。它包括三項基本步驟：(1)指派部屬職責；(2)授予部屬遂行職責的職權；(3)激起部屬的義務，使部屬對主管負責，以期圓滿地完成任務。

授權依主管的個人喜好而定。惟一般主管多不願輕易授權，其原因為：(1)不太信賴部屬的能力；(2)害怕大權旁落，尾大不掉。事實上，授權時若能考慮部屬能力的強弱，明定授權範圍，並加以協助，適時給予讚賞，釐定考核辦法，建立互信互賴的關係，應不致有太大問題。

(四)直接職權與指揮鏈

在組織垂直結構的職權層面上，有一種職權乃是直線職權（line authority）。所謂直線職權，包括發布命令和執行決策的權力，常稱為「直接職權」（direct authority），是一種最基本的職權。凡是主管對其部屬都擁有直線職權。此種直線職權乃形成所謂的「指揮鏈」（chain of command），或稱之為「層級鏈」（scalar chain），由組織的項端而下，涵蓋了組織全部的職權和職責關係。

二、水平面的結構

組織水平面的結構，乃是由分工專業化而來，其不具上下從屬關係，而是由實現不同的功能或職能所構成的。其涵蓋有下列概念：

(一)分工專業化

組織結構的設計，首要考慮分工（dividion of labor）或工作專精（work specialization）的問題。此乃因組織的工作不可能由一人包辦，而必須分由多人負擔分攤，加以工作經過細分之後，可使個人就某部分發揮專長，熟練其技巧，而產生「專業化」（specialization）的效益。此種分工專業化原則為傳統管理理論所揭櫫的。由於分工專業化的結果，組織必須將整體任務區分為若干不同性質的具體工作，再將這些工作組織為特定單位或部門，此即為部門劃分的問題，將於下一節討論之。

(二)職能職權

依據前述分工專業化的結果，組織將一定職權和職責賦予某些單位或部門，即構成所謂的「職能職權」（functional authority），或稱之為功能職權，以致形成了部門化（departmentalization）。此種職權乃屬於某一部門或單位的職權，在此職權範圍內彼此的工作性質都很相近或相似，亦即此種職權多為事關某項特定的政策、實務或程序，而由某特定單位或部門所行使者。如行銷部門為行使有關行銷之職能，生產部門所行使的為生產職能等均屬之。凡此種職權多以專技為基礎，其目的在提高組織效率。

三、綜合面的結構

在組織結構中，同時牽涉到組織結構垂直面和水平面的型態者，尚有兩項概念，即分權化程度與控制幅度的問題。

(一)分權與集權

一般講到分權（decentralization），常與授權混淆不清。授權是由上級賦予下屬一定的權責，具有上下統屬關係。而分權固可由上級賦予一定的權限，但彼此常處於相對的關係。分權常與集權（centralization）相對運用。凡是分權愈多，則集權愈少；反之，分權愈少，則集權愈多。分權或集權的程度與授權一樣，常依管理者的價值觀與心態來決定。

在一般組織中，要判定分權程序的大小，可依下列標準而定：(1)凡是較低管理階層擔任決策較多者，分權程度愈大；(2)由較低管理階層所擔任的決策重要性較大者，分權程度較大；(3)較低管理階層所擔任的決策，其所影響的職能較大者，分權程度較大；(4)上級對決策的制衡較少者，分權程度較大。

至於決定分權程度大小的因素甚多，諸如財務金額、政策的一致性要求、組織規模的大小、管理階層的哲學、職能的類型等，都可能影響是否分權或集權。凡是支出金錢數額不大，政策一致性要求不高，組織規模太大，管理階層偏愛分權，喜於授權等，則分權的可能性愈大；反之，則實施集權的可能性較高。此外，組織內部職能，有些宜實施集權，有些則適於推展分權，此常因組織機構的性質而異。

(二)控制幅度

另一項可能影響組織結構的因素，為控制幅度的問題。所謂控制幅度（span of control），是指一位主管可能有效管轄多少部屬的範圍而言。凡是主管不能有效地掌握部屬表現的工作效率，且其人數甚多，均不屬於控制幅度的範圍。

至於控制幅度和組織結構的關係，乃取決於控制幅度的大小。凡控制幅度愈大，若在組織成員人數不變的原則下，組織結構就有可能形成扁平式的結構（flat structure）；此種結構看起來狹長，比較有利於部屬自由發揮其潛能。相反地，若控制幅度愈小，則將構成高聳式的結構（tall structure）；此種結構看起來高聳，主管管轄範圍小，易於作嚴密的控制。

決定控制幅度大小的因素甚多，有管理能力、員工技術純熟性、群體凝聚力強弱、工作複雜性、績效要求、環境壓力、任務關聯性、員工需求、領導技能等均是。此外，就銷售、利潤、士氣和管理才能等因素而論，控制幅度似乎可稍大；而就生產績效而言，則控制幅度可稍小。當然，這仍得依各項因素而定。

第四節 組織的部門劃分

組織結構是提供組織架構的活動基礎，而部門劃分則為組織結構的具體分工。所謂組織的部門劃分，就是組織依據一些標準將其內部劃分為若干部門而言。要研究組織的功能，就必須探討組織程序的機械面，而將工作和人力分成若干群體活動，這就是所謂的部門劃分。部門劃分通常有三種主要方式，即職能別部門劃分、產品別部門劃分，以及地區別部門劃分。其他尚有顧客別部門劃分、流程別部門劃分等。

一、職能別部門劃分

職能別部門劃分（functional departmentalization），係指依照組織內各主要業務的類別，而劃分為若干不同的部門。它是一種最普遍的部門劃分方式。例如，一家從事製造的產業，其主要職能可能包括生產、行銷、財務、人事等，則其組織系統如**圖4-1**所示。**圖4-1**中即顯示一個組織的各個部門及其相互關係。當然，各主要職能部門又可能再細分為若干衍生部門（derivative departments）。此種部門劃分可依企業機構大小，而繼續劃分為第三層級、第四層級，甚至第五層級等。

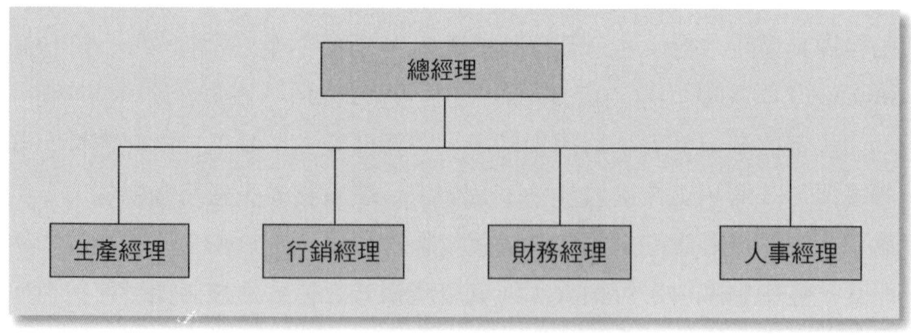

圖4-1　製造業的職能別組織

職能別部門劃分，係以基本業務為劃分重點，此種劃分方式便於專業化；凡是同一職能工作的規劃、執行、考核，均可歸於同一職能的主管來統一處理。此對於專業績效的提升和測度，極感方便。此外，工作人員滿足於其自己的專業領域，可產生對工作的滿足感和成就感。此可促進專業技術的進步，進而提高生產效率，增進企業的利潤。

然而，職能別部門劃分也有一些缺點。首先，專業化可能產生「隧道視線」（tunnel vision）。所謂隧道視線，即為職能別部門內的專技人員，除了對本身的技能之外，可能對其他專業無法通曉，以致有了「見樹不見林，知偏不知全」的弊病。另外，由於過於專業化的結果，不免產生本位主義，以致造成溝通的阻礙，很難達到和諧合作的效果。

二、產品別部門劃分

產品別部門劃分（product departmentalization），係指以產品的種類為劃分部門的依據。今日多產品線的大型企業，已逐漸採用此種劃分方式。例如，通用汽車公司、RCA、奇異電器公司等，都是採用產品別部門劃分的方式。**圖4-2**即為製造業產品別部門劃分之一例。

在**圖4-2**中，從組織結構上仍可看到行銷、採購、財務、人事等不同職能，但它所顯示的最重要部分，乃為各產品線的部門。凡有關同一產品的業務，均歸於同一部門。因此，該種組織的特色，乃為以產品的類別為劃分的標準。

此種部門劃分方式的組織，易於實施內部的分工專業化，較易進行協調，適於大規模多種產品的企業機構所採用。其對績效的測度與管制，尚稱便利，並可區分有效益和無效益的產品線。此外，產品別部門劃分方式，對直線主管是一種絕佳的訓練機會。蓋產品別部門劃分，無異於一個獨立的公司，可使主管歷練各項職能，包括生產、行銷、財務等能力，以作為未來升遷的準備。

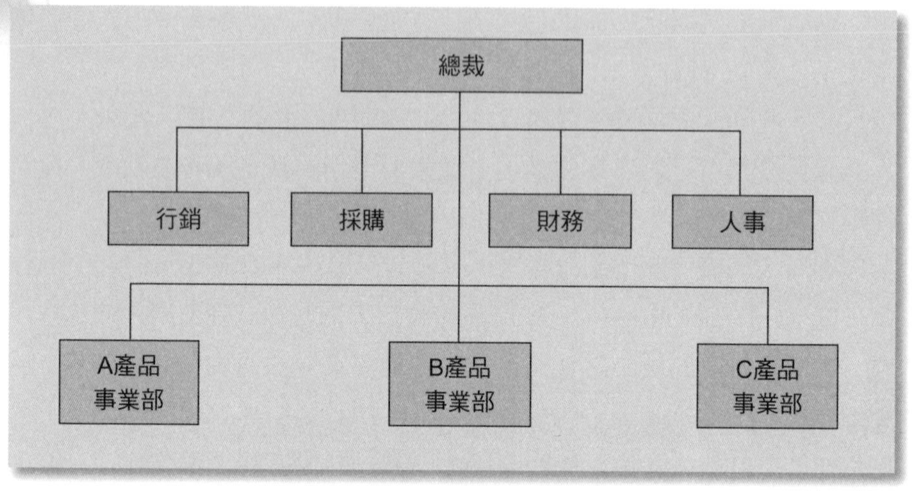

圖4-2　製造業的產品別組織

然而，產品別部門劃分方式也有一些限制：第一，由於過分自立，常帶給高階管理者控制上的困擾；第二，就整個事業機構而言，將使得生產設施與組織層級有重疊的現象，易形成浪費。

三、地區別部門劃分

地區別部門劃分（territorial departmentalization），乃依市場和顧客的地區性作為劃分標準。此適用於大型企業機構和連鎖商店。有些生產散裝而價格不高產品的企業機構，如水泥、飲料等，也常因工廠的分散而採用地區別部門劃分的方式。**圖4-3**即為地區別部門劃分的組織系統。

地區別部門劃分的主要優點，乃在便於當地營運。由於其對所負責的地區有充分的瞭解，較能配合地區性的需要。例如，製造業可就近取得原料供應，使單位生產成本降低。同時，建立了地區性的銷售網，更能瞭解當地的市場與顧客需求。此外，地區別部門的主管在處理業務時，可獨當一面，而得到充分訓練的機會。

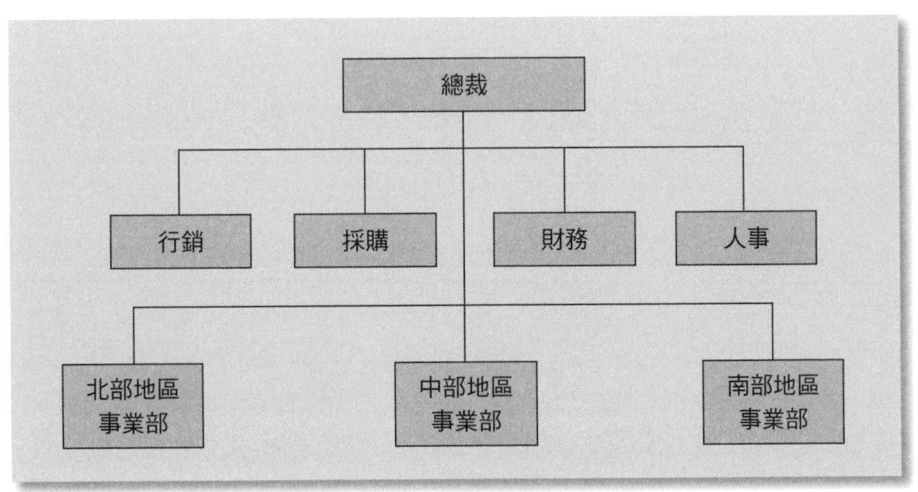

圖4-3 地區別部門劃分的組織

惟地區別部門劃分與產品別部門劃分相同，常以其自身目標為重，不免流於本位主義，而忽略了企業的整體目標。其次，業務設施與組織層級常有重複現象，難免在人力、物力等資源上有浪費的現象。同時，各地區業務分散，地區主管過於自主，使得高階層主管往往不易控制。

四、顧客別部門劃分

顧客別部門劃分（customer departmentalization），是根據組織所服務的顧客或所接觸到的對象為劃分部門的標準。以顧客別為劃分部門標準的組織，最常見於肉品包裝業、各種零售業，以及容器製造業。以肉品包裝業而言，通常設有乳製品、雞鴨、牛肉、羊肉、豬肉，以及副產品等部門；服飾零售業多分設男裝、女裝、童裝等部門；容器製造業則可分設藥物與化學品類容器、塑膠容器與飲料容器等。**圖4-4**即為顧客別部門劃分之一例。

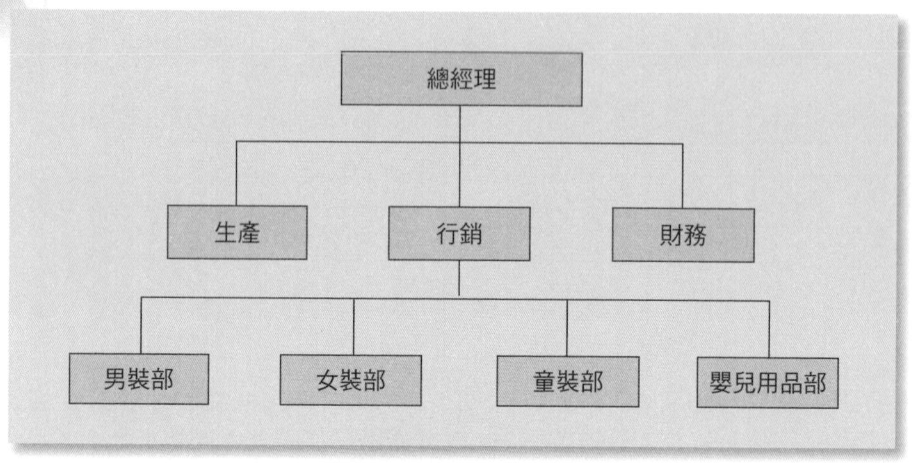

圖4-4　顧客別部門劃分的組織

顧客別部門劃分的組織，最能符合不同顧客的需求，且部門內作業較為簡單，易於協調，能夠對專門顧客作有計畫而周全的服務。但其缺點為劃分過細，對整個機構來說，犧牲了技術專門化所帶來的效果。

服飾零售業通常以男裝、女裝、童裝部進行劃分

五、流程別部門劃分

所謂流程別部門劃分（process departmentalization），係指按照某些工作流程，將組織劃分為若干部門而言。由於每個流程都分別使用不同的裝備，故又可稱之為裝備別部門劃分。此種方式最常見於製造業，如工廠中的車床部、壓床部、鑽床部、自動機械部等。又如金屬製造可分設打孔、熱處理、焊接、裝配、修飾等部門。

流程別部門劃分的特點，是把具有相同技術的人或裝備組成一個單位，其優點為較經濟，效率良好；且能充分利用專精的科技知識，勵行嚴密的分工；同時可培養員工的專業技能，發揮其潛能。惟其缺點是以流程為基礎，容易重技術而輕政策，崇尚手段而忽視目標；且分工太細，專技人員所知範圍有限，易犯「見樹不見林，知偏不知全」的弊病。

綜上所述，企業機構的部門劃分方式很多，這些都是常見的型態。在實務上，大型企業機構各個部門的劃分標準並不限於一種，而是同時兼採兩種、三種，甚至是五種。易言之，大部分企業機構都是採行混合式的組織設計。純粹的職能別、產品別、地區別、顧客別、流程別的組織，極為少見。本節所討論的分類，最主要在求易於瞭解或便於研究而已。

第五節 現代組織的設計

無論組織的結構如何，傳統的組織設計已不能適應今日急劇變化的社會。因此，今日組織必須採行權變設計，以求適存於現代社會。所謂權變設計的組織結構，乃是企業機構為因應內外在環境的變遷，而採用一種具有適應力和彈性的組織設計而言。亦即組織內部的職能設計，必須與組織任務的需求、科技和外在環境，以及組織成員的需求等相互結合。易言之，權變的組織設計是一種有機性的結構，其為主管、部屬、任務與環境交互作用的結果。至於，權變設計的組織結構型態，有專案組織、矩陣式組織，以及自由形式的組織等。

一、專案組織

專案組織（project organization）是為了順應組織的特定目標而設立的，專案一完成，該組織應予撤銷或解散。其乃附著於原有組織而設置的。所謂專案（project），就是集中最佳人才，在一定的時間、成本和品質的要求下，完成某種特定或複雜的任務而言。通常專案組織成立的條件，有下列五項：第一，需具有特定目的；第二，其任務不為現有組織所熟悉；第三，各項活動的互依性甚為複雜；第四，對盈餘或虧損的影響很大；第五，任務是屬於臨時性質者。

現有組織一旦決定設置專案組織，即應設定專案目標，釐訂所需工作人員，設計其結構和控制制度，並求能掌握其所能回饋的資料。專案組織可考慮其靈活性，但仍須將職權和責任一一加以確定。因此，專案組織仍應有相當程度的結構化，它必須有一位專案經理人，來負責綜理全盤任務，並配置相當數目的專案人員，參與專案的全部過程和內容。當然，專案人員的職責常因專案目標與原有組織結構而異。

一般而言，專案組織的結構型態，有的頗為簡單，有的則相當複雜。**圖4-5**是一種簡單的專案結構。在專案組織中，專案經理人負責全盤的任務，享有全權的指揮職權。他有權運用專案所需的資源。整個專案組織所設置的部門，與一般常設的職能式組織無異。此種專案組織設計，即稱之為純粹專案結構（pure project structure）或整體專案結構（aggregate project structure）。惟在此種型態下，組織的設施可能重複，以致形成浪費。因此，專案組織大多運用於完成較龐大的任務。

另外一種比較常見的型態，乃為設置一位專案經理人，作為總經理的顧問，而由總經理本人在原有職能式組織中，綜理整個專案的進行。如**圖4-6**所示。

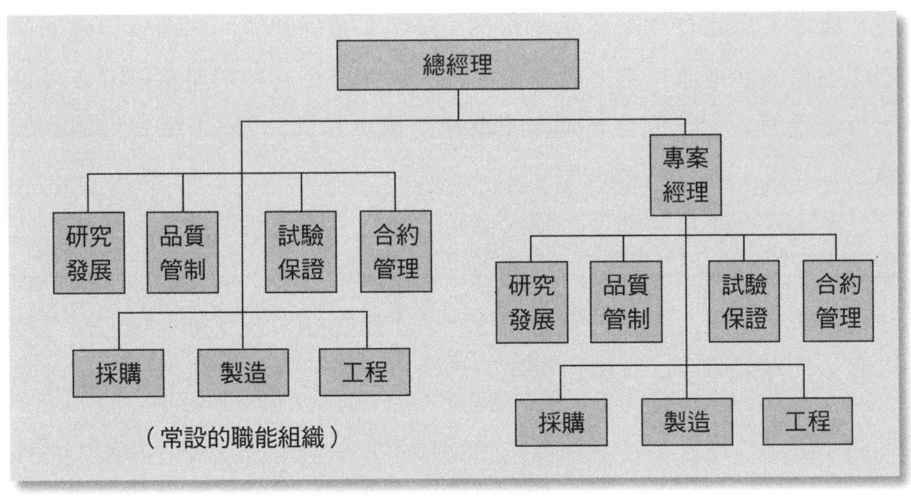

圖4-5　純粹專案組織

二、矩陣式組織

矩陣式組織（matrix organization）是一種合併職能式結構與專案結構的混合型態之組織。矩陣式組織與專案組織的差別，在於矩陣式結構並未特意設置專案人員，而是由職能式組織中的人員兼行專案職責，因

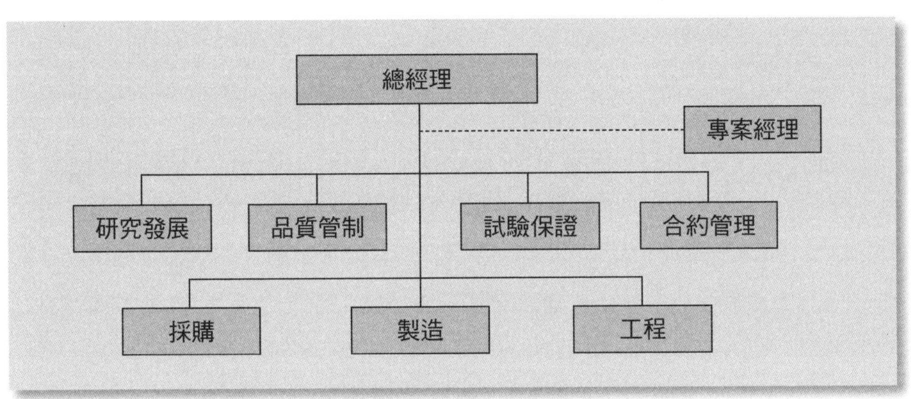

圖4-6　職能式組織中專案經理人的地位

此，專案人員都有雙重責任。首先，他們必須對職能部門負責；職能部門的主管，仍是他們的上級主管。其次，他們也必須對專案經理人負責，專案經理人對他們有一種專案職權。**圖4-7**即是一種矩陣式組織的型態。

矩陣式組織兼具垂直面與水平面的結構，垂直面結構是由主管至部屬的上下直線關係，其具備組織層級和指揮統一的原則。因此，專案經理人和職能經理人之間必須密切合作，才能提供人力支援，順利執行其專案。且專案經理人無權對專案人員給予獎懲或升遷，獎懲或升遷僅屬於職能經理人所專有。

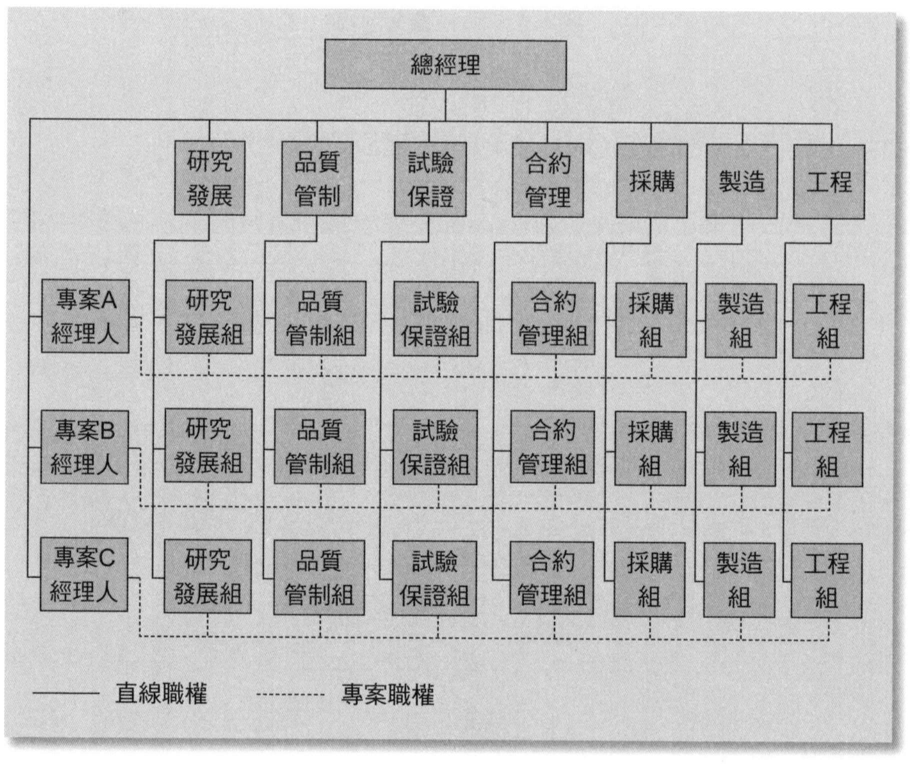

圖4-7　矩陣式組織

由此觀之，專案經理人並沒有完全的職權，僅擁有專案的職權；他必須保持與職能經理人的密切關係，說服職能經理人支持他的專案，以求在一定的時間、成本和品質要求下達成專案任務。因此，他必須保持良好的橫向關係，俾能與職能經理人協調。專案經理人最重要的領導條件，就是專案知能、談判能力、才幹，以及對他人的回報。易言之，專案經理人最主要必須運用人群關係來推動業務，而不是依賴正式職權來推動。

矩陣式組織的最大優點，乃在於便利管理階層對市場和技術的變化作最快速的因應。但它也有不少缺點：

1.由於職能經理與專案經理的雙頭指揮，極容易引發其間的權力爭奪。
2.每項專案均需經過一連串會議的討論，頗浪費時間。
3.若專案為數甚多，則可能形成許多疊床架屋的矩陣。
4.多一層結構較耗費成本，造成管理成本的增加。

由此觀之，並非每家公司都適宜採用矩陣式組織，若其實施代價太高，則不宜推行矩陣式結構。

三、有機性組織

有機性組織（organic organization），又稱為自由形式的組織結構（free-form organization structure）。所謂自由形式的結構，基本上並沒有一定的形式，但目標卻只有一個。它必須有助於最高主持人的權變管理，可不受部門劃分與職位說明的組織層級之束縛。其一切作為均予人有充分的自由為重點，不受枝枝節節的限制，甚而有人主張從根本上廢除傳統的主管部屬關係。

在自由形式的組織結構下，經理人可放手去做其所當做的事。它的運作並無一定形式的結構，完全基於共識的信賴，所採行的是雙向或面對面的溝通。在此種情況下，整個組織是一個團隊，各部門或單位均同心協力、共同作為，其結果要求總體效果大於各個單獨作業效果之總和。要達到此目標，組織的高階層必須先釐訂一套策略計畫，用以規劃資源的分配，以作為協調的基礎，期其獲致最大的協力效果。

自由形式組織之所以能有協力作用，主要因素為集中控制與分權營運。各部門經理人均自行營運，自冒風險，且以人性管理為基本信念，每個人都扮演兩種不同的角色：一方面自負責任的風險，另一方面具有高度的自律。一個人有多少任務，就有多少位上司，這是為了配合職位而有其結構，而不是為了配合結構而有其職位。

自由形式結構的最大挑戰，在於拋棄或降低對各項管理原則的重視；代替之以情勢的管理，鼓勵組織成員保持相互的交感與充分的合作。然而，此種結構似乎只是一種理想，缺乏一定形式的結構，常使人無所適從；其次，此種結構乃在適應變動或革新的管理工作而設計，並不一定所有的事業機構都有這樣的環境；最後，自由形式結構所要求的是，所有成員均需有極優異的表現，這是不容易辦到的。

不過，自由形式結構組織的形成，可能是未來的一個方向。其原因有下列幾點：第一，現代經理人為了適應未來的革新和挑戰，常希望有更具彈性的組織；第二，今日經理人比過去更為幹練，希望能運用這種組織結構；第三，由於科技的進步，組織必須走向更彈性化的設計；第四，過去官僚式結構已不能完全適用於今日急劇變化的環境，徒然依賴組織系統表和職位說明，將阻礙組織的成長與發展。因此，自由形式的組織結構乃應運而生。

第六節 直線與幕僚關係

組織結構所牽涉的另一項問題，乃是直線（line）與幕僚（staff）人員之間的關係。所謂直線人員（或稱業務人員），可以是個人，也可以是單位或部門，它是指直接負責完成組織目標的功能者。直線職權包括命令及執行決策的權力。直線職權形成了「指揮鏈」，又稱為「層級鏈」。指揮鏈或層級鏈由組織頂端而下，構成了涵蓋組織全部的職權責任關係。至於，所謂幕僚，是指一種協助直線工作，而提供輔助、建議、諮詢或服務性質的業務。它不包括指揮權，幕僚關係基本上是支援性質的。

在組織中，直線人員執行決策，並透過層級發布命令，直線主管與部屬之間，具有權力的指揮系統；而幕僚的工作僅限於建議，而非命令，其地位為顧問性、輔助性、服務性的。惟在實質上，由於組織不斷地擴大，幕僚人員身懷技術專長，使幕僚業務隨之發展，幕僚權力不斷地擴展，以致直線與幕僚權力糾纏不清，卒而產生了問題。

直線與幕僚之間的衝突，主要來自其間的差異，此種差異常源自於結構上、背景上和態度上的不同。結構上的差異乃為：直線人員是屬於組織層級節制體制內的，而幕僚則居於層級節制體制外的；直線人員所從事的是主要職能，而幕僚所從事的是輔助職能。其次，直線與幕僚在年齡、教育和社會背景上，都不相同。一般而言，幕僚要比直線人員年輕得多、教育程度高、地位升遷快、財富累積多而快速、社會地位高。凡此等差異都可能構成衝突的來源。此外，直線與幕僚所參與的專業領域與社會活動不同，常形成不同的態度。舉凡這些差異，都會造成角色運作的不同，卒而形成衝突的潛在來源。

直線與幕僚一旦發生衝突，常顯現在下列範圍上：

1.**地位上的衝突**：今日組織的不斷擴展與分工愈為專精，使得幕僚的專業知識與技術，逐漸受到重視，以致引發直線人員的顧忌。甚且，由於專業幕僚人員的不斷增加，其在組織中的地位也愈形提高。在社會活動方面，專業幕僚喜歡使用自己的獨特語言；且參加社會活動的機會較多，常依賴組織外的社會團體來肯定其地位，以致傾向於外在參照群體（referent groups）的認同。直線人員則透過組織職位的政治性運用，取得地位，認同於組織的內在群體。這些都是地位上的衝突。

2.**職能上的衝突**：今日組織規模的擴大，業務性質的繁複，使得直線人員難以承擔過多的任務，必須有某些專家的輔助與諮詢，以致引起直線與幕僚職能的劃分不清，甚而相互衝突。一般而言，組織很難明白地規定直線與幕僚的權責範圍，直線人員不免擔心幕僚人員侵犯其職權。許多組織的發展即顯示，幕僚職權的擴張，往往犧牲了直線人員的權威，凡此都極易造成其間的衝突。

3.**權力上的衝突**：在組織內部，直線人員常掌握各種形式的權力，亦即直線人員有充分的直接權力。相對地，幕僚人員所從事的是組織的間接任務，其權力遠不如直線人員來得直接。因此，專業幕僚常透過不同途徑或管道，企圖影響直線人員的決定，以致增加了直線人員的心理壓力和不安。是故，直線人員與專業幕僚在權力上的衝突，不僅表現在組織結構上，更常顯現在動態的權力運作上。

基於前述，欲改善直線與幕僚的關係，避免其間的衝突，在組織管理上可運用下列方法：

1.**增進彼此瞭解**：無論直線或幕僚都應相互瞭解彼此的職權關係。直線人員有制定決策及將決策付諸實施的最後責任，而專業幕僚則有提供建議或諮詢意見的義務。站在組織的立場，組織必須釐清直線與幕僚的權責範圍，並教導他們認清彼此的相互關係。唯有如此，雙方才能相互瞭解，從而建立良好關係。

2.**承認幕僚地位**：今日組織規模不斷地擴大，分工愈形專業化，專業幕僚地位日益提高；直線人員宜採取開放態度，接納幕僚的專業知識，尊重幕僚職權，隨時徵詢幕僚意見，以協助作更佳的決策。同時，凡與幕僚有關的業務，均應知會幕僚，尋求專業幕僚的見解，避免把幕僚視為行事的阻力。唯有讓幕僚瞭解全盤狀況，才能讓他們提出具體、客觀、可行的建議，方不致有相互歧視的態度和看法，以維持和諧的合作關係。

3.**幕僚開放胸襟**：幕僚工作係協助直線人員完成主要目標，故應瞭解自己的職責所在，才能提供良好的服務和協助，並為直線人員所接受。幕僚人員為了博取直線人員的信心與信任，應處處關心直線工作，而居於幕後，永不居功；否則將引起直線人員的不滿。再者，專業幕僚必須有接受失敗的心理準備，如果建議未蒙採納，應有忍讓的美德。蓋直線人員乃為擔負主要責任者。

4.**施行角色扮演**：實施角色扮演（role-playing），是增進直線與幕僚相互瞭解的方法。直線人員和幕僚人員之間，如能透過角色扮演，當會瞭解彼此的立場，據以改善雙方的關係。在實地「設身處地」扮演對方之後，當更能瞭解對方的想法與行為，此乃人格與環境綜合的結果。當然，角色扮演的實施，並非一蹴可幾的，它常牽涉到客觀環境與主觀人為因素。但角色扮演的實施，至少可促進彼此的瞭解，進而改善相互關係，培養和諧的氣氛。

5.**實施工作輪調**：改善直線與幕僚關係的途徑之一，乃為實施工作輪調制度。組織對直線人員與幕僚人員之間的互調制度，可增進彼此立場的瞭解，進而可熟悉對方的業務困難所在。一方面直線人員不再擁權自重，另一方面幕僚也可降低挫折感。甚至，在輪調制度下，直線人員與專業幕僚都能產生工作富有變化的感覺。此外，互調制度可降低認知上的不協調，增進彼此溝通的機會，使之能易地而處，獲致多方面的看法與觀感，從而改變彼此的態度。

6.**健全幕僚制度**：組織改善直線與幕僚關係的方法之一，乃為推行「完全幕僚」（completed staff）制度。所謂完全幕僚制度，是指凡屬於問題的研究和解決方案的釐訂，均由專業幕僚完成，直線主管只需批可或不可就行了。這樣的幕僚制度，不但為專業幕僚的存在建立了價值與基礎，而且可使專業幕僚有向直線人員表達意見的機會。不過，專業幕僚所作建議必須完善，使直線人員能簡單地作認可或否定，否則不但等於沒有建議，反而為直線人員帶來困擾。

總之，直線人員與專業幕僚關係的改善，是要多方面配合的。當然，這其中最重要的，乃必須出自於雙方的誠心與真誠的合作。同時，組織本身也必須健全其結構，並建立完整而有效的制度。只有如此，才能改善雙方關係，從而協助組織作正常的運作，以求達成管理目標。

第七節 非正式組織

一般組織除了有正式權力關係之外，尚存在著心理社會關係。此種非正式關係實貫穿了整個有形的組織，對生產效率與員工滿足感深具影響力，此即為非正式組織。一般而言，非正式組織乃是針對正式組織而來。非正式組織若無正式組織的結構，將很難單獨存在。其與正式組織的關係，正如同物體之兩面，對於整個組織結構的影響是相輔相成的。

然而，就非正式組織本身而言，它是由許多相互重疊的群體所構成的。此種群體的運作構成了整個非正式組織。因此，就組織內部而論，非正式組織只有一個，但群體卻相當繁多，且是相互重疊的（overlap）。有關群體部分，將在本書第六章中作詳細的討論。本節先行探討非正式組織的形成及其特性。

在一般情況下，非正式組織是補充或修訂正式組織而起的自然結合，它是看不見的，但卻是依附正式組織而存在。非正式組織起自於組織內部的社會互動關係，亦即由組織內部成員的交互關係所構成的。一九二七年西電公司所進行的霍桑研究即發現：非正式組織是整個工作情境的重要部分，是個人與社會的關係網；此種關係網並非經由正式權威所建立，係出自於員工自動自發的互助所形成。非正式組織即強調人們之間的關係，注重個人的特質。

非正式組織並不是組織系統表所能限定的，其權力非始自於授權，而係由群體成員容許（permissive）而得。因此，它並不附隨於組織的指揮鏈，也非源自於正式層級節制（hierarchy）的體系，係出自於同僚內在情感的交流，是成員面對面關係（face-to-face relationship）的聯合，一般社會學家即稱非正式組織為「初級群體」（primary groups），稱正式組織為「次級群體」（secondary groups）。

綜上言之，非正式組織具有下列特性：

1.非正式組織必然存在於任何有形的組織體系之中，亦即需依附於正式組織之中，始有存在的可能。

2.非正式組織的形成，乃是自然產生的，且具有堅實的情感。

3.非正式組織內部成員是相互影響、交互行為的。

4.非正式組織是一種面對面的關係，且有獨特的溝通系統，進行直接的意見交流。

5.由於有非正式溝通，而縮短了組織內部成員間的社會距離。

6.非正式組織比較具有民主導向（democratic orientation），其權力是經過相互認同的。

7.非正式組織內部呈現團體壓力（group pressure）的作用，即具有社會約束力（social control）或社會制裁力（social sanctions）。

8.在非正式組織內，向心力遠超過離心力，蓋群體的形成係出自於內心的誠意，而非外來的壓迫。

9.非正式組織係成員彼此關係的結合，是動態而非靜態的。

10.無形的非正式組織若運用不當，常足以改變或破壞有形組織的目標與特性。

總之，非正式組織的形成，大部分始自於組織內部管理的不當所形成的。其形成因素、功能、困擾及因應措施與工作群體相當，將留待第六章中討論之。

5 工作設計

組織結構是員工行事的規範和依據，工作設計則決定了員工的實際表現和互動關係。因此，工作設計在組織管理研究中，也是一項相當重要的課題。蓋工作設計的適當與否，不僅直接影響工作效率，更左右組織員工的工作行為與滿足感。本章即討論工作設計的意義、工作特性的模式，然後探討工作設計的步驟與方法，期使組織管理者善用權變模式，以提高工作績效，並完成組織目標。

第一節 工作設計的意義

所謂工作設計，就是將組織內各個成員所從事的任務，加以組合成完整的工作之過程。工作設計的有效運用程度，對組織績效的影響甚大。其目的乃在配合組織目標、個人職位和工作特性所進行的細部作業，以增進員工工作品質和提升生產力的設計。因此，工作設計乃為影響人力資源有效運用的最直接因素。

進而言之，工作設計是要使員工瞭解工作的性質與工作內涵，以便在組織所分派的職務和責任中盡力去達成其目標。是故，工作設計即包括：工作內容、工作時所使用的方法和技術、工作中的人際關係、工作本身的績效，以及工作應有的回饋等，以便能結合與工作有關的所有員工活動，俾能達成工作效果。因此，工作設計的要素至少包括下列各項：

1.**工作內容**：工作內容是指用來說明實際履行工作任務的內涵，一般都以某些和工作有關的特性來說明。譬如多樣性、自主性、複雜性、單一性、例行性、困難度等，都在告訴工作者有關本項工作的特性。

2.**工作技能**：工作技能是指完成每項工作所必須具備的技術、條件和方法，包括職權、責任、訊息、方法、程序、技術，以及協調、溝通能力等，這些都是屬於完成工作時所必備的技能。

3.**人際關係**：人際關係是指在工作中與別人互動或交往的程度，包括建構友誼的機會，以及團隊合作精神的要求等。因此，任何一項工作的完成，除了需要直接由工作者本身獨力完成之外，尚須取得他人的協助與合作。

4.**工作績效**：工作績效是指透過工作設計所獲致的成果。這可由兩方面確認：其一為達成任務的標準，如生產力、效能、效率等；其二為工作人員對工作反應的標準，如滿足感、缺勤率、流動率等。因此，工作效果必須兼具工作的實質效果與員工工作精神的表現。

5.**回饋作用**：工作內容、工作技能、人際關係為工作設計的主要因素，而工作績效則有賴回饋（feedback）作用，以調整其活動。因此，回饋作用亦為工作設計所應考慮的要素之一。工作設計時，可藉活動的回饋來作為修正工作的依據；亦可藉由同事、主管或屬員的回饋，來達成修正的目標。

由上述可知，工作設計應配合環境變遷與工作需要，來訂定其活動範圍，並擬定工作計畫，以及將工作指派給員工來達成。此時，組織需針對工作方式加以設計，以作為人力配置、授權指揮以及整合溝通的依據。因此，工作設計本質上即為組織設計的一環。在設計過程中，尤需特別顧及權力結構與人際關係的因素，方能在實際執行時，減少阻礙。

此外，當工作目標透過組織完成後，實質績效是否能順利達成，是組織極需檢討的事項。一般而言，組織欲達成實質績效，經常要對工作重新設計，藉以增進員工的工作經驗、品質和生產力。因此，工作設計與組織設計的關係相當密切而重要。

總之，工作設計是組織設計的一環，在將組織內員工的工作做最適當的組合，以求能圓滿地達成工作任務，用以增進工作效率，提升品質，進而完成組織的整體目標。

第二節 工作特性模式

一般而言，從事工作設計必須充分地瞭解工作要件，而工作要件的組合即構成該項工作的特性。哈克曼（J. Richard Hackman）與歐德漢（Grey R. Oldman）即曾提出所謂工作特性模式（job characteristics model），認為工作具有五種工作向度（job dimensions），與三種心理狀態，茲分述如下：

一、工作向度

所有的工作都可區分為五個最主要的層面，即：

1.**技能多樣性**（skill variety）：是指工作具有多樣性，包含各種不同的技術活動。工作者必須使用不同的技能，才能完成工作任務的程度。

2.**任務完整性**（task identity）：是指將整個工作視為一個完整的單位，而工作者負有整個工作單位成敗的責任之程度。

3.**任務重要性**（task significance）：係指工作對個人生活或其他人的影響程度。

4.**工作自主性**（autonomy）：係指工作者安排個人工作時間，以決定工作時所擁有的獨立自主，以及決定權力大小的程度。

5.**訊息回饋性**（feedback）：係指工作者對自身工作表現及效率所得到訊息的程度。

二、心理狀態

每個工作者所具有的心理狀態，至少包括三個層面：

1.**工作的意義性**：是指個人必須感受到工作具有意義，且是重要而有價值的，並值得去做的。

2.**成果的責任感**：是指個人必須感受到工作的成果，且是需要自己去負責的。

3.**活動的回饋性**：是指個人必須能瞭解到工作的效率，對工作結果如何，必須要接收到完整的回饋而言。

以上三種心理狀態在工作效果很高時，個人會感覺良好。相反地，在工作效果很低時，個人會設法努力工作，以便獲得內在增強的激勵。

三、兩者的關係

在工作向度與心理狀態的組合中，工作的意義性包括：技能多樣性、任務完整性以及任務重要性。成果的責任感即工作自主性，賦予員工對工作結果的責任感。活動的回饋性即為訊息回饋性，讓員工可以感受到他的工作效率。**圖5-1**即為工作特性模式之例。

由該模式看來，真正影響員工態度和行為的，並不是工作的客觀特性，而是員工的主觀經驗和感受。易言之，當個人瞭解了工作結果，且體認到工作的意義性，而覺得對工作結果有責任時，便能由工作中得到內在酬賞。因此，個人的內在心理狀態愈健全，個人對工作動機、工作績效與滿足感愈高，且其流動率與離職率愈降低。

此外，工作向度與工作結果之間的聯結，常受到個人成長需求強度（growth need strength）的影響。一個成長需求較高的員工比成長需求低的員工，在工作豐富化上會有較好的心理狀態。因此，員工心理狀態在工作特性模式中，實為決定工作績效的主要因素。組織管理者在設計工作時，必須注意此種因素的影響，而將之列入考慮。

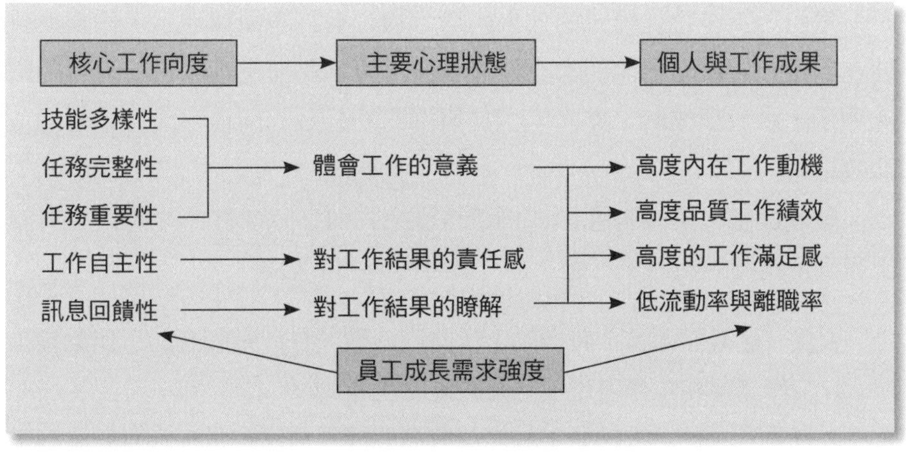

圖5-1　工作特性模式

四、工作特性模式的預測能力

員工內在激勵會影響工作績效，而激勵大小的程度如何？這可由動機潛在分數（Motivation Potential Score, MPS）測得，其公式如下：

$$動機潛在分數（MPS）= \frac{技能多樣性+任務完整性+任務重要性}{3} \times 自主性 \times 回饋性$$

由以上公式可看出，動機潛在分數的高低，取決於工作的三種向度之高低；且在自主性或回饋性中，任何一項接近零分，則整個「動機潛在分數」也趨於零。因此，在從事工作設計時，必須使這些工作向度獲得較高的分數，才能產生較大的激勵作用。

再者，工作特性對組織績效的影響和員工需求強度有關。易言之，對於需求較強的員工而言，擔任較高動機潛在分數的工作，其工作動機、工作績效和滿足感都較高，而曠職率和流動率較低。但對於需求較弱的員工而言，其間關係則不明顯。因此，工作設計應與人員特性相互配合。

然而，工作特性模式的效果尚待考驗。有許多證據顯示，任務完整性在此模式中沒有預測能力，技能多樣性可能和自主性重複。另有些研究顯示，將五個核心工作向度相加所得到的分數，同樣可獲得相同的預測效果。

整體而言，工作特性模式仍值得深入探討，以求在未來的研究方向上得到更精確的預測。不過，至今仍可得到如下結論：

1.就一般觀點而言，較多的工作向度分數，員工有較高的工作動機、工作滿足和工作表現，且有較高的生產力。
2.有強烈成長需求的員工較之僅有微弱成長需求的員工，有較高的工作動機，對工作的反應也較好。

3.工作向度最先影響到個人的內在心理狀態，然後再由心理狀態去影響工作結果。因此，工作向度對工作結果的影響是間接的，而不是直接的。

第三節 工作設計的步驟

工作設計的主要過程，可分為工作分析（job analysis）、工作說明（job description）、工作規範（job specification）、工作評價（job evaluation）等，凡此都可作為衡量工作績效的標準，如**圖5-2**所示：

一、工作分析

工作分析的研究，最早係始自於泰勒的時間研究；其後有吉爾伯斯夫婦的動作研究，而逐漸發揚光大。早期的工作研究，基本上著重在具有重複性工作的分析上。隨著企業管理的發展，今日所謂的工作分析無

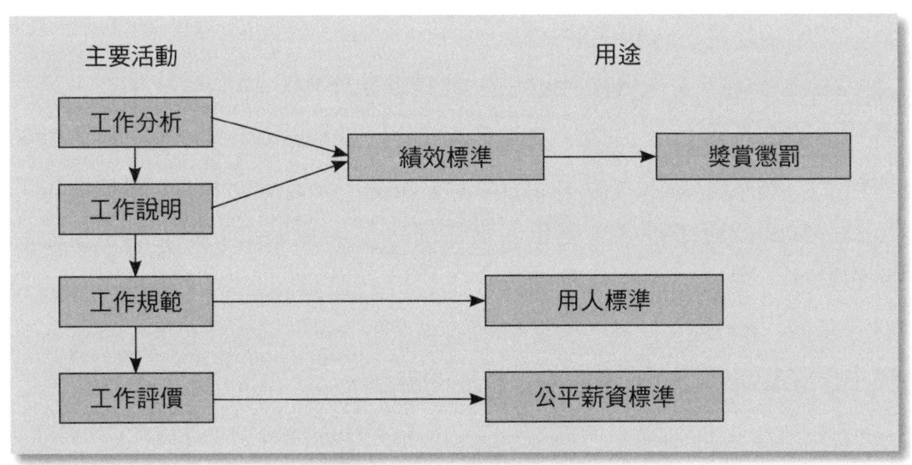

圖5-2 工作設計過程

論就範圍與應用上，已不同於往昔的動作與時間研究。

所謂工作分析，是指對某項工作加以觀察或與工作者會談的方式，獲知有關工作內容和相關資料，以製作為工作說明書，而便於研究、蒐集與應用的程序。組織管理者為了在科學基礎上僱用員工，就必須對員工素質先訂立標準，而為求建立員工的素質標準，就必須對工作的職務與責任加以研究。研究工作內容，用以決定用人的標準，就是工作分析。

任何一種工作分析，基本上必須包括：(1)工作必須有完整而正確的鑑定；(2)工作中包含的事項，必須有完全而正確的說明；(3)工作人員勝任該項工作所需的資格條件，必須予以指出。其中第二項為工作分析的最重要部分；缺少此部分，則其餘分析都將顯得毫無意義。

同時，一項完善的工作分析，必須獲得與提出四項性質的資料，此四項資料已成為衡量工作分析的規格，通稱為「工作分析公式」（job analysis formula）。此四項資料為：(1)工作人員做什麼？(2)工作人員如何做？(3)工作人員為何做？(4)有效的工作必須具備哪些技能？前三項就是說明各項工作的性質與範圍，也就是工作說明書所欲表達的內容。第四項是說明各類工作的困難程度，以及正確地確定工作所需技術的性質，這也是訂定工作規範的主體。

所謂「工作人員要做什麼」，就是就工作內容詳加分析工作人員的各項活動與任務，包括適任該工作的思想、知識與技能。「工作人員如何做」，就是對工作人員為完成工作所用的方法加以分析，包括使用的工具、設備及程序等。「工作人員為何做」，就是指工作人員工作的意願與動機，提供工作人員瞭解擔任工作的經驗背景，以及將來可能的發展。至於「有效的工作必須具備哪些技能」，乃在說明工作人員適任某項工作應具備的技能，並規定該技能的水準。

二、工作說明

工作分析所得的資料，可加以記載撰成工作說明書。工作說明書基本上是說明工作性質的文件，是由許多已有的工作相關事實所構成。工作說明書通常包括：(1)工作名稱；(2)工作地點；(3)工作概述；(4)工作職責；(5)所用的工具與設備；(6)所受或所授監督；(7)工作條件或其他各種有關的分析項目。工作說明書的詳盡程度或項目多寡，需視使用的目的而定。如果工作說明書是用來教導員工如何工作，就要對工作如何做，以及為何做這方面的內容加以解釋。如果工作分析的目的，是為了工作評價，則對如何做的部分，就不必作太詳盡的解說。另外，有些組織為了便於指派額外任務，避免引起員工的抗拒，而喜歡採用一般性的說明書。惟說明書內容含糊不清，常失去工作分析的意義。

事實上，工作說明書僅對工作性質予以說明是不夠的，它還應擴大到對工作者期望的行為模式。甚而不僅分析正式結構所決定的交互行為模式，而且要分析一個人工作所必要的感覺、價值和態度。例如，組織的領導哲學是民主的，就需要有說服的、歡愉的、諒解與自由討論的行為型態。雖然這些行為型態的重要性無法否定，但在員工僱用程序中，還是很少被提及。此時可透過面對面的晤談，來顯現這些行為型態，並注意與工作有關的每項活動與職責之間的角色關係，使工作分析的正確性大為增加。

至於，如何撰寫工作說明書，才能符合組織的要求，需注意下列事項：

1.工作說明書需能依使用目的，反映所需的工作內容。

2.工作說明書所需的項目，應能包羅無遺。

3.說明書的文字措辭在格調上，應與其他說明書保持一致。

4.有關文字敘述，應簡潔清晰。

5.工作職稱可表現出應有的意義與權責的高低，如需使用形容詞，其用法應保持一致。

6.說明書內各項工作項目的敘述，不應與其他項目內的敘述相抵觸。

7.應標明說明書的撰寫日期。

8.工作應予適當區分，使能迅速判明所在位置。

9.應包括核准人及核准日期。

10.說明書必須充分顯示工作的真正差異。

三、工作規範

工作分析的另一產物為工作規範，或稱為人事規範（personnel specification）。所謂工作規範，就是工作人員為適當執行工作，所應具備的最低條件之書面說明。換言之，工作規範是指工作表現有關的個人特性，此與工作說明書是根據對工作的研究，所獲得的事實報告不同：前者著重「人」的特性，後者注重「事」的特性。亦即工作規範記載的是工作條件，工作條件必須確實預測工作的效果與成敗，才能提供作為選用員工的取捨標準。

通常工作規範包括：(1)工作性質；(2)工作人員應具備的資格條件；(3)工作環境；(4)學習所需的時間；(5)發展速度與晉升機會；(6)任用期限。其中前兩項為最重要，列舉資格條件依組織和工作規範的使用而有所不同，不過教育與訓練是必要的。

一般工作規範可分為兩種類型：一為已受過訓練人員的規範，一為未受訓練人員的規範。前者所注重的是多種相關訓練的性質、時間長短、個人接受訓練的程度、個人教育程度，以及所要求的工作經驗等。此種工作規範，必須參照人員甄選的經驗，也要考慮勞力市場供需狀況。後者則需注意人員的特性，以求能在工作上發展最大的潛力。這些特性包括各種不同的性向、感覺能力、技巧、生理狀況、健康狀況、個性、價值系統、興趣與動機等。此時，工作規範不能只包括幾個基本要件而已，必須從各種角度來看工作要件。

工作規範的建立既在為某項工作甄選員工，則必須注意其方法與效度。一般而言，建立人事規範的方法有二：一為判斷法；一為統計分析法。判斷法是依據督導人員、人事人員、工作分析人員的判斷而來。此種判斷的資料可能以正式的文字記載，也可能非正式地存在督導人員的腦海中。顯然地，此種判斷是否正確，效度是否過高，受到情境的不同、個人判斷方法，以及個人特性的影響。通常推理性的判斷，如果分析者具備豐富的經驗，其所獲得的資料愈多，判斷的正確性也愈大。當然，採取「人與機器間配合」的方式，所建立的工作規範，其工作規範的效力也高。

倘若以統計分析法來擬定工作規範，就必須將工作者的條件視為獨立變數，而把工作者的作業成果當作依變數，分析兩者間的關係，以作為工作規範的依據。基本上，運用統計分析來建立工作規範時，要先決定個人特性和工作績效間的關係。雖然利用此種關係來說明工作規範，似嫌過於簡化；但唯有如此，才能把握工作要件的精髓。同時，以統計分析法來建立工作規範，是一種較為精密的方法，較能建立客觀的工作標準。

工作規範雖然可由判斷法與統計分析法加以擬定，但此兩種方法彼此並不相互衝突。組織為求對每項工作有深切的瞭解，似可以判斷法列出工作規範的各項條件，然後再以統計分析法鑑定其信度與效度。同時，在使用工作規範時，不能將某種工作規範，毫無保留地應用到每個情境裡面；而必須注意到各項工作的要件，且訂定不同的工作規範，才能真正達到人與工作配合的境地。

四、工作評價

工作分析是根據工作事實，分析其在執行工作時所應具備的知識、技能和經驗，以及所負責任的程度，從而訂定工作所需的資格條件。至於工作的難易程度與責任的大小，以及相對價值，則屬於工作評價的範圍。佛蘭西（Wendell French）即認為：工作評價是一項用以確定組織中各種工作間的相對價值，以使各種工作因價值的差異，而給付不同薪資的程度。事實上，工作評價乃是工作分析的延伸，亦即根據工作分析結果，評定工作的價值。兩者的相互關係，可以**圖5-3**表示之。

有系統的工作評價始於一九〇九年，由美國芝加哥文官委員會在芝加哥市政當局試行。工業界於一九一〇年後，首由美國國家愛迪生公司所採用，當時僅限於員工的選拔、遷調與安全維護而已。及至第一次世界大戰後，由於人事管理的發展，始用工作評價來決定薪資。由於第二次世界大戰期間，工作評價對薪資的安定具有重大的影響，才更為人們所注意。至今，企業界都已公認：工作評價是一種較合理的核薪方式。今日工業心理學家和人力資源管理專家即把工作評價視為一個組織將所有工作，利用科學判斷方法，找出其中的相關價值，以指數（indexes）表達出來，作為量工計酬的標準。

至於，工作評價的過程，至少包括下列步驟：

(一)設置評價機構

一家企業若欲實施工作評價，必先設置機構，把責任界定清楚。一般可先成立一個工作評價委員會。委員會的優點是擴大員工參與的機會，以求集思廣益增進員工對工作評價計畫的瞭解。若是公司規模很小，可以不必成立委員會，但工作評價是屬於一門專業技術，得委請工作分析專家負責。

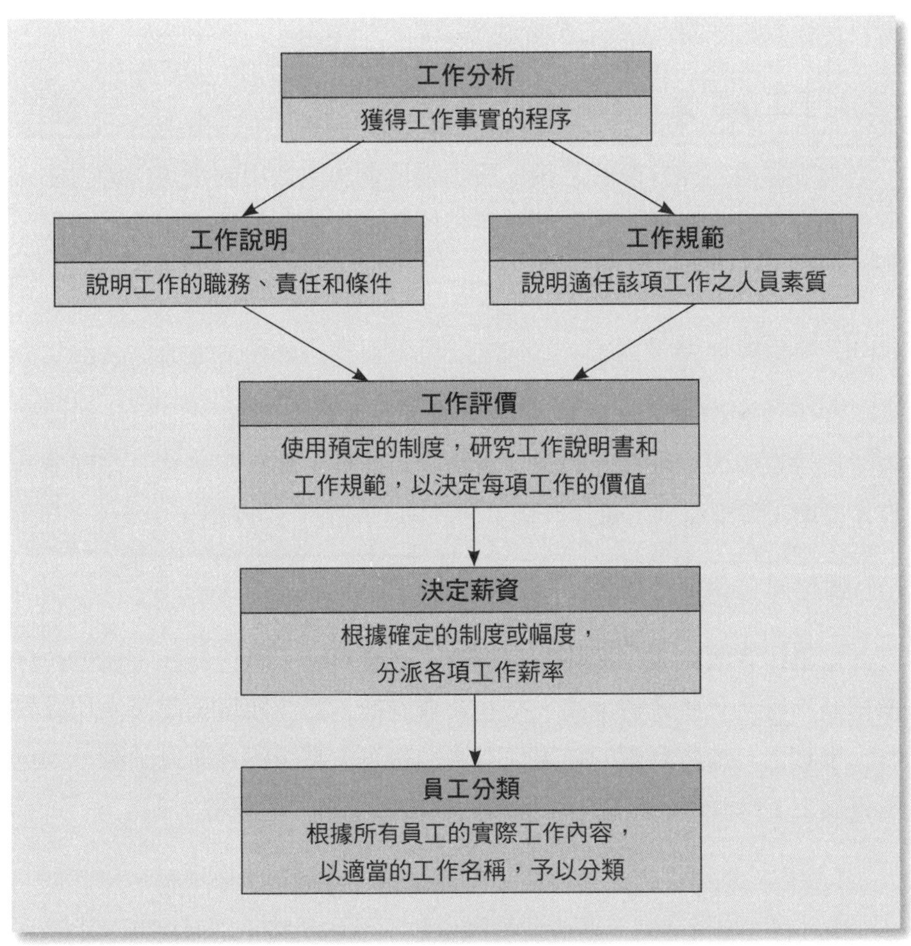

圖5-3　工作評價的因素

(二)準備工作說明

工作評價的第一步著手工作，乃為蒐集詳盡的工作說明。工作說明是依據科學的工作分析法，將每項工作的特性及條件予以書面規定。工作說明為制定人事規範的先決條件，是工作評價不可或缺的資料。經由工作說明可充分瞭解每項工作的特性，發展為一項工作評價規劃方案，據以作客觀的評價。

(三)給予工作評價

對工作說明充分瞭解之後，再由委員會決定採用評價工作的方法。評價的方法有很多種，可隨著組織規模、工作性質等因素，加以採擇，然後給予每項工作計點或評等。

(四)換算薪資標準

在工作評價後，要將評定結果換算為薪資。這個過程包括薪資調查，以決定勞力市場勞動力進入組織的可能性，然後再依據工作評價為核薪標準，俾求達到「量工計酬」、「同工同酬」的理想。

(五)調整部分薪資

當工作評價完成，換算為薪資時，必發現若干職位的薪資與工作評價積點不符。有些薪資過高，有些薪資過低，對此類現象應設法加以調整。事實上，工作評價的結果只有增加薪資，甚少貿然遽以削減，以免影響員工工作情緒。此時，可採取四項措施予以合理調整：

1.採取自然消失方式，俟原工作者離職，再重新予以核薪。
2.遇有增加待遇時，薪資偏高職位暫不予以調整，以保持齊一水準。
3.把薪資偏高職位人員調至其他工作，使薪資合理化。
4.加重薪資偏高者的職責，以增加其工作評價積分。

(六)繼續工作評價

由於工作評價本身是一種制度，亦是一項長期性的工作。加以近代企業組織與技術的不斷革新，工作和職位亦不斷地變動，勢必產生許多新工作，並淘汰許多舊工作。是故，工作評價計畫須不斷地繼續進行，才能做到正確而合理的新評價。

總之，工作設計始自於工作分析，依此而從事於工作規範的建立與工作說明書的撰寫，然後才能進行工作評價，以作為衡量工作績效的標準。任何工作的設計專家若能瞭解上項設計步驟，便能做好工作設計。然而，工作設計需因應時代的變遷與組織的發展趨勢，下面兩節的探討即含有此種意味。

第四節 科學管理的工作設計

由於組織理論的發展，每個階段所顯現的組織特性有所不同。因此，工作必須配合組織的發展，從事不同的設計。顯然地，科學管理時代的組織特性與人群關係時代的工作特性，是不相同的。為了因應組織的變遷與發展，整個工作設計的觀念和方法，是大異其趣的。本節首先將討論科學管理理念的工作設計，茲分述如下：

一、工作簡化

工作簡化（job simplification）是科學管理時代的工作設計觀念。其重點乃在工作專業化、標準化、重複性，以便追求工作效率。所謂工作簡化，就是將工作細分為若干單元，然後對工作內容採取不同的組合；或將某種組合分解成若干基本動作，再設計工作內容，儘量求其簡單化和專門化。每個員工所從事的工作，僅限於簡單化和專門化之後的一個工作單元或極少數單元而已。

工作簡化的目的，乃在尋求最經濟有效的工作方法，使操作標準化，用以訂定工作標準。所謂工作標準，乃涵蓋著操作方法標準化與工作時間標準化，這就是早期泰勒所提倡的科學化管理原則。其要點在於儘量減少不必要的時間與動作。在標準化過程中，首先要找出完成工作的最佳而有效的方法，然後將工作分成若干細小而簡單的工作單元，給予每位工作者完成每項工作單元的特殊指示。

傳統組織進行工作簡化時，常在直線的工業工程部門進行，其所使用的工具為工作流程圖（work flow chart）與動作經濟原理（principles of motion economy）。其步驟如下：(1)選擇一種工作，進行改良；(2)蒐集各種事實，編製圖表；(3)查明各項細節，如工作目的、方法、場地、所需時間、人員、工作方法等；(4)擬定一套最佳的工作方法；(5)實施改進計畫。由此，工作藉由工作簡化過程而得以專業化。

工作簡化的最大特色，乃為工作具重複性，單調而缺乏人性化，使人感到厭煩而覺得沒有挑戰性。由於每位員工只負責某一小單元的工作，常自覺自己只不過是大機械的一個小齒輪，因此常抱怨工作沒有意義性。

由於工作簡化所帶來的專精化，使得工作者產生了挫折感。許多心理學家、社會學家從事工作設計時，開始注意到人性的需要。畢竟人並不是機器，人有需求、有感情，工作設計若不能考慮到人的因素，則完善的工作設計所帶來的利益，都會因來自員工的不滿足而抵銷。由此可知，工作設計的焦點乃在於使工作較不令人厭煩，而能更富有意義性。

當然，工作簡化的結果是便利性。就某些方面而言，工作簡化在基層「員工士氣」和「工作激勵」兩方面，可得到良好的效果；亦即工作簡化的最大效用之一，就是可以直接應用，並快速完成工作。但工作簡化常引起高成長需求員工的抗拒。因此，在工作設計時，有時常使用工作輪調、工作擴大化與工作豐富化等方法，來改善工作簡化之不足。

二、工作標準化

科學管理途徑的第二種工作設計理念，就是工作標準化。所謂工作標準化（job standardization），是指所有工作的要求、內容與動作，都有一定的標準；員工很難依據自己的自由意識去操作工作，他必須按照既定的程序與方法，有如機械人式地去操作工作。此種工作的廣度甚窄，深度亦不深。它完全依據科學原理所建構的程序去工作，以致員工多持消極態度，可能引發對工作的不滿，工作品質的降低，甚至於導致遲延、缺席或怠工怠職等情況。然而，此種工作設計的優點，是工作有了標準，員工知所遵循，工作數量容易提高，重複性高，不必花費過多的精神與勞力，適宜於簡單勞力的工作。

三、工作專業化

在科學管理運動追求工作標準化和工作簡單化之後，有逐漸形成工作專業或專精化的趨勢。所謂工作專業化（job specialization），是指一些相類似的工作群組，由於工作性質的相同，而形成一個專業領域之謂。工作專業化在工作廣度上並不寬闊，但在工作深度上則非常深入。由於此種特性，工作專業化乃能沿用至今日。且工作專業化的工作深度，給從事此種工作的人員甚大的自主性，對某些員工來說，會具有一些挑戰性，故能激發員工的工作動機與內在的成就感，並產生創造性，引發工作興趣。惟此種工作設計途徑，容易產生「見樹不見林，知偏不知全」的弊病，且在需要溝通時，常造成障礙。

總之，科學管理理念的工作設計，主要著重工作本身的設計，亦即以「工作」為主的設計理念，其主要乃在建構工作目標的完成，發展工作指派，以求符合組織和技術性要求。其主要目的，乃在追求最大利潤，將工作依標準化、簡單化、專精化而設計，以求能產生最大的經濟效益。然而，此種經濟效益有時卻被員工的不滿所抵銷，以致有人性化的工作設計出現。

第五節 人性化管理的工作設計

組織內部的工作設計，除了必須考量自身的工作性質、生產類別與數量等因素之外，尚需依據人性化的觀點來設計其工作。蓋科學管理途徑所促成的高度專精化，固可提高工作效率，卻也造成員工工作精神與行為的若干困擾，如低度的滿足感、高度的流動率與缺勤率。因此，工作設計乃出現了工作輪調、工作延伸、工作擴展和工作豐富化等較具人性化的理念。

一、工作輪調

所謂工作輪調（job rotation），是指讓員工有輪換工作的機會，主要目的是為了減少對工作的厭倦、疏離、單調、乏味的感覺。由於工作的輪換，可使員工有機會從事多種工作，因而增進員工的其他技術。由於輪調制度的實施，一旦員工曠職或離職，容易補缺，不致發生太大困難。另外，有些工作的勞逸程度不同，易引起紛爭和不平；唯有實施輪調制度，才能解決這方面的問題。

輪調制度若引用到管理階層上，可視之為管理發展的一部分。管理發展的目的，是要培養個人的多種能力，使他更能勝任某種高階職位。輪調制度有時可用來評鑑個人未來的潛力，因而可視為對未來人力需求的一種規劃。

工作輪調在積極的意義上，乃為增加技能的多樣性，增進工作經驗與歷練；在消極方面，則可防止弊端的發生。當一項工作已失去挑戰性時，則可實施工作輪調，如此固會增加訓練成本的負擔，但就長期利益而言是可行的。不過，工作輪調只是一種「工作與員工組合」的改變，並未實質地改變工作內容。工作設計上亦應注意新員工與舊同事之間的適應問題，並避免引起主管對新部屬監督上的困擾。

此外，在動機潛在分數很低的工作中，輪調制度對提高員工動機並沒有實質的幫助。原因是工作輪調並未改變工作本身的成分，工作者即使做了再多的工作，也不能體會到較大的工作意義，因此動機潛在分數並不會提高。

二、工作延伸

所謂工作延伸（job extention），是指將員工工作範圍加以擴大而言，此為工作廣度的延伸，亦即增加員工工作的項目，故其工作深度尚淺。工作延伸制度起自於一九六〇年代的一種工作設計，可增進員工的工作經驗，磨練其處理更廣泛工作的能力，對具有高度成就動機的員工而言，是一種良好的工作設計。但對低成就動機的員工來說，可能會造成煩擾，引發其不滿，而認為增加工作負擔。

工作延伸可將本身工作範圍伸展，而得以學習更廣泛的工作技能，此亦可增進員工接受挑戰的機會，降低單調疲乏感，增進工作經驗與歷練。對培養基層主管人才來說，工作延伸也是一種良好的工作設計途徑。然而，它與其他人性化工作設計途徑一樣，只適用於高度動機或想獨立自主的員工工作上。

三、工作擴大化

工作擴大化或工作擴展（job enlargement）是指對水平工作量、工作範圍的擴大。例如，增加工作者的工作項目或提高工作目標，是一種工作多樣化的提升。但此種方式在實質上，並未改變工作上的實質內涵，對某些人而言，未具有實際挑戰意義，只是增加工作負荷而已。

一般而言，工作擴大化只適用於具有高度成長需求的員工身上。如果一個高成就動機的員工在從事固定性、重複性工作時，會讓他感受到與其他工作隔離，而成為一個不能獨立自主、不成熟與低生產率的工作者。此時，可實施工作擴大化，以挑起他的責任慾望。蓋擴大工作領域的結果，對高度成長需求的員工，具有下列意義：(1)賦予較大的自由，可自行控制所從事的工作；(2)對所處環境能發揮更多的影響力；(3)對自己的未來計畫，享有較大的主動機會。

工作擴大化原則引起普遍研究興趣者，首推一九四四年美國國際商業機器公司（IBM）安地柯（Endicoh）零件製造廠，將原來四項不同工作合而為一，此四項工作為：機械操作員、配置工、工具磨利工、檢查員。自從該項工作設計完成後，一位機械操作員不但要操作機械，還要使用其他工具，安裝所需的設備，同時要檢查他所製成的成品。

自該廠實施工作擴大化後，工作者的滿足感增加了，生產成本也降低了，且產品品質也提高了。從工作方面看，凡實施該項計畫的單位，幾乎全部改觀，原來的監督制度也取消了，工人的責任與權力也大為提高。

由於工作擴大化提供工作的重新組合，改進了較低階層的工作內容，鼓勵員工承擔較大責任，可使員工獲得社會與自我需求的滿足之機會，減少了工作的單調與挫折感，對士氣的提升有卓著的作用。但另一方面，由於新增加了檢驗設備和提高了工資，某些製造成本也隨之上升，且實施工作擴大化之後，裁減了監督人員的數目或權力，也容易引起其抗拒行動。

四、工作豐富化

工作豐富化（job enrichment）不僅增加工作的水平層面，更增加了工作的垂直層面，亦即提升工作層次，擴大員工對整個工作的規劃、執行、控制與評估的參與機會，並加重其責任。組織在實施工作豐富化之後，員工擁有較完整的工作，有較為獨立的自主性與責任感，且工作有了回饋，可以評估和改進自己的工作表現。據此，工作豐富化可提升員工的工作滿足感，降低離職率和缺勤率，從而可提升生產力。由於工作豐富化可提高工作特性模式中所謂的內在動機，故在工作設計中占有非常重要的地位。

所謂工作豐富化，是指工作最具變化、個人擔負的責任最大、個人最有發展的機會。一般而言，工作豐富化的策略，可就三部分加以討論：(1)工作單位；(2)工作單位的控制；(3)個人工作結果的回饋。

在工作豐富化的過程中，首先應把工作單位的界限劃分清楚，否則員工將無所適從，不曉得自己的職責所在，其工作績效自然就降低了。不過，在劃分工作界限的同時，應將許多相關枝節性的工作合併，由一個人獨力完成。亦即擴大個人工作的垂直範圍，加重個人的權責，方不致有單調枯燥的感覺；且由於工作單位的大小適度，而能產生「該工作為我個人獨力完成」的成就感。

其次，隨著員工工作經驗的增加，管理者必須慢慢地把工作責任移交給員工，直到員工能完全掌握工作為止，此種過程為工作單位的控制。所謂把工作責任移交給下屬，就是要員工自己訂定工作目標，決定工作時限，並完成自己的工作。

工作結果的回饋，乃為讓員工知道自己努力的結果，由自己做檢查的工作。工作成果需有回饋的過程，員工才能知道工作缺點，研究改進工作的方法，並作適切的修正與調整。員工在作自我檢視時，必須記錄每天的工作產量和品質，同時繪出統計圖表來比較每天的成果與缺失，據此而獲知產量的高低與品質的好壞，並找出可能錯誤的原因，以免重蹈覆轍。如此，管理人員也可省掉許多查考的工作。

工作豐富化除了可用於擴展個人的工作範圍外，尚可用於整個群體內的工作結合。在工作過程中，將兩個工作結合起來，往往會變成一個具有意義的工作單位，如此可發展出歸屬感和認同感，激發出高昂的士氣，並提高工作表現。因此，近代行為科學家為了使個人能從工作中獲得滿足，乃不惜去改變工作設計，使之適合個人的生理與心理需求。工作豐富化即為依據此種理念而設計的。

不過，工作豐富化的實施，其先決條件必須員工具有高度成長需求，才有成功的可能。且工作豐富化往往剝奪了員工相互交往的機會，扼止了更多的互動關係反而產生不良的後果。

總之，組織的工作設計，必須因應其本身的結構與工作性質，而選擇不同的方式。唯有因應組織結構特性與工作性質，才是最適當的工作設計方法。組織管理者可針對本身企業性質，考量各種因素，選擇最適合組織狀況的工作設計，如此才能發揮工作績效，達成組織目標。

第六節 現代權變的工作設計

工作設計固有許多步驟和方法，但卻沒有一項工作設計完全適合於組織的各種情況。因此，工作設計的模式仍在繼續發展中，甚而有學者主張採取權變式的工作設計。本節討論一些權變式的工作設計，其中有些只是一種概念，有些則為具有實務性的工作設計。茲分項說明如下：

一、社會技術系統

社會技術系統（sociotechnical systems）是一九六〇年代工作設計的新概念。它和工作擴展與工作豐富化一樣，是因應科學化管理中工作設計的缺點而產生的。

社會技術系統在工作設計中，較偏重於哲學的理念層面，而較不偏重實作層面。它認為工作設計必須兼顧組織技術與社會文化兩個層面，才能真正提高員工生產量以及對組織的滿意程度。蓋每個工作皆有其技術層面，但也受到組織文化價值觀，亦即組織中社會人際層面的影響。因此，工作設計不能只注意到技術層面，同時也應重視員工工作表現和滿足感的重要文化因素。

在社會技術系統中，包括兩大分支系統：其一為社會系統，係由個人或群體互動的工作設計概念而來，強調工作特性與人際關係的和諧性，偏重於「軟體」層面。另一則為技術系統，就是顧及生產程序、工作環境、生產複雜性、原材料性質及時間壓力，偏重於「硬體」層面。

質言之，在社會技術系統中，一方面要考慮工作設計的效率性，另一方面則要考量執行工作時的和諧性；但其中是否能作有效的整合，需視三項中介變數的影響而定。首先工作角色要明確，使工作技術條件的需求和執行工作人員的素質能搭配，以建立良好的工作關係；其次，工作目標要明確，以使工作團隊的權責分明，能夠自主決策；最後，個人技術能力要達到所要求的水準，如此才能克竟全功。如**圖5-4**所示。

由**圖5-4**可知，社會技術系統的重點在於團體導向，亦即以工作團隊作為工作設計的基本內涵。其基本理念是，工作設計除了應注意技術設計之外，也應該考慮到組織內的社會因素層面，因為這些因素同樣會影

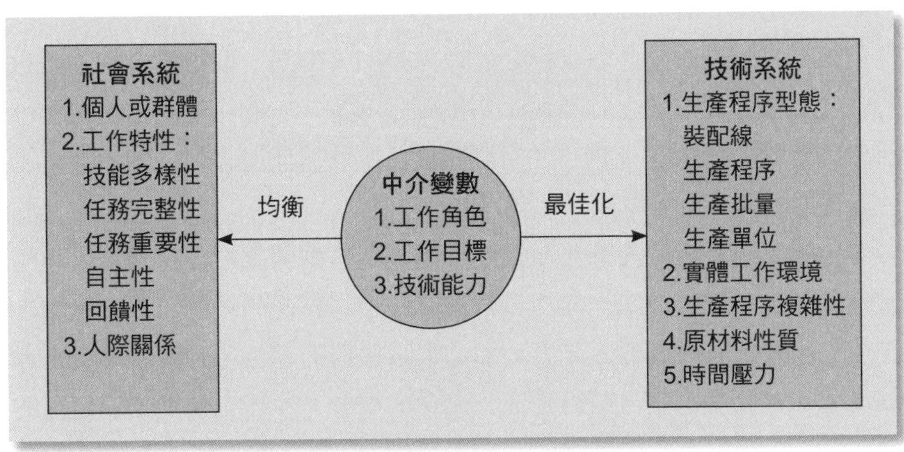

圖5-4　社會技術的工作設計模式

響到工作績效的良窳。是故，今日工作設計的概念，實宜兼顧技術與社會文化層面。

二、整合工作小組

整合工作小組（integrated teams）是將工作擴大化運用在一個群體上。此種工作小組的最大特性，就是當需要團隊工作或合作時，可增加群體中各個成員工作的多樣性。

基本上，整合工作小組執行的工作，並不是單件的任務，而是許多件的工作。在工作過程中，由群體根據工作的需要來決定哪個成員應擔任哪部分的責任，且可視需要加以輪調 。不過，通常工作計畫與督導需要有一位主管來負責監督。只是一般主管都會讓工作小組內的成員自行決定工作分配。一般而言，工程建築的作業常運用此種方式，此為只有任務小組的性質。

三、自主工作小組

自主工作小組（autonomous work teams）是一種將工作豐富化運用到群體上的工作設計。此種工作設計首先是給予群體一個目標，由群體自行決定工作分派、休息時間與工作檢查程序等。一個完善的自主工作小組會讓群體自行遴選成員，並由群體成員評估彼此的表現。此種垂直工作職權的授與，並不需要有太多的主管監督。

自主工作小組的設計，可促使成員更為自由開放，具有團結合作的工作精神，並能發揮工作潛力。根據許多公司實施的結果顯示，實施自主工作小組可有較高的生產力，並降低呆廢料的產生，且減少了員工的缺勤率。該制度可使員工得到充分溝通的機會，並能充分地支配自己的工作。

四、品管圈運動

品管圈（quality circles）是近代頗為盛行的工作設計方法之一。它發紉於美國，於一九五〇年代引進日本，然後又傳回美國。在日本品管圈的實施比美國更有成就的，就是以最低成本獲得了最佳品質的產品，據估計，約有九分之一的日本員工曾參與此制度的實施。

品管圈是由戴明（Deming）博士的全面品質管理概念發展而來。它是指由一群志願員工所組成的群體，每週聚會一次，以公司的目標為前提，來討論產品的品質問題，探討問題發生的原因，找出解決方案，並且對自己的工作成果加以回饋、評估。

在實施品管圈的概念時，主管要教導員工群體溝通技巧，以及分析問題的不同策略，用以培養員工品管圈的責任和能力。由於品管圈的推行，可以增加員工的參與度，是改善品質和生產力的良方。從工作特性模式來看，品管圈確實增加了工作的技能多樣性、任務重要性、自主性與工作的回饋性。

五、濃縮工作週

濃縮工作週（condensed workweek）是另一種新的工作設計，就是把每週的工作天數加以縮短之意。在濃縮工作週制度下，每天的工作時數可增長，但每週的工作天數則減少。通常員工每週的工作天數，可由六天或五天，改為五天或四天。以每週工作四十小時計，若每週工作四天，則每天要工作十小時，此在美國有些州已推行，即為著名的4/40制。其他濃縮工作週的變型，尚可將每週工作時間降為三十六或三十八小時等。

濃縮工作週的制度可增加員工休閒娛樂的天數，可提高員工士氣。此外，它可增進員工對群體的承諾和工作熱忱，可降低曠職率、遲到和加班等。再者，該制度也可使員工避開交通尖峰期的擁擠，降低開工的前置作業與次數。還有，此制度可讓員工有較多的時間來處理自己的事務。就組織機構來說，實施濃縮工作週也可提高員工的工作滿足感、生產力，增進產量和節省成本。

然而，有些研究也指出，濃縮工作週固可提高員工的自我成長、社會性情誼以及工作安全，但此種制度實施久了之後，也會使員工抱怨每日工作時間太長且緊湊，因而對工作感到疲倦、困難，終於降低了工作效率；且一旦員工將休閒視為理所當然的事時，將失去激勵作用。此外，有些員工寧可有較長的時間工作，以求能賺取較多的工資。再者，對某些企業機構而言，實施該制度可能須增僱更多的人手，反而增加了經濟成本。

六、彈性工時制

所謂彈性工時制（flextime），就是在每天上班或工作時間內，規定所有員工在核心時段都必須到班或工作，其餘時段則可自行斟酌提早或延遲上下班，只要每天或每週達到到班所規定的工作總時數即可。該制度乃在增進員工自主性而設定工作時程的一種安排，亦即給予員工在工作時間上有較多的自主性。易言之，彈性工時制容許員工在某種限度內，選擇開始和結束工作的時間。當然，該制度的實施必須視工作性質而定。

此制度的優點是，可使員工適應自己的生活方式，並可避開交通尖峰的擁擠，因而降低缺勤率或遲延，提升生產力，增進員工士氣，對員工態度與行為有正面效果；不過，其缺點是會產生工作單位或個人之間溝通和協調上的困難。同時，對管理階層來說，此舉極易造成人員調配與指揮上的困難，進而加深工作計畫及考評的難度。此外，並非所有的工作都適合推行彈性工時制，而若一旦實施則會形成其他單位間員工的不平。

七、工作分擔制

工作分擔制（job sharing）是相當新穎的工作設計概念，是由兩位或兩位以上的兼職員工，來執行一位專職人員所做的工作。此種制度適合於勞工短缺的環境，其優點是有利於不須全職上班的人，讓他們有充裕的時間一方面處理自己的事務，另一方面可避免失業之虞。但此制度的缺點是容易造成工作交接或接續上的問題，甚或彼此推諉責任。再者，組織可能要增派人員監督工作上的銜接，而增加了人事管理費用的負擔。至於，有關應如何處理福利分配上的問題，也可能形成組織的紛擾。

八、變形工時制

所謂變形工時制（change-time）就是將正常工作時間或天數加以變更之謂。此種工時的變動隨著工作時數、天數、週數、季節等的變動而變動。許多企業機構常採用此種變形工時制，係因生產常隨著產量需求而增減，以致必須隨機上班之故。此種制度的最大優點就是工作時間深具彈性，可酌予延長或縮短，極具機動性。然而，它的最大缺點，則為在安排上極為費時費事，頗費周章；且員工的收入常忽多忽少，以致影響其生活的安定性，故宜採用較固定的薪資制，以為補救。

九、部分工時制

所謂部分工時制（part-time），就是工作時間少於法定工作時間或企業所訂的工作時間，而加以縮短時數之意。美國加州科學院即規定每週工作四十小時者為全職時間，而未滿二十小時者為部分工作時間。推行此制的原因，有適應業務上的需要者，也有為了迎合從業人員的意願者。根據研究顯示，此制因每天工作時間短，故生產力高、忠誠度也高、缺席率低，但其工資低、工作時間不固定。

十、重疊工時制

所謂重疊工時制（overlap-time）就是將員工分為二組或二組以上，於工作最繁忙時刻，兩組或多組的工作時間相互重疊之意。此種制度乃在順應業務需要，如商店生意較佳時段，因所需人手較多，可採用此制，至於在較清淡時，則可輪流放假。

十一、電傳通勤制

所謂電傳通勤制（telecommuting），就是利用電腦終端機與文字處理機在家工作，為公司代打文件、書信、會議紀錄、合約、統計資料等的制度。此亦可由公司在適當地點設置電子通訊中心，員工可就近上班。此種制度的優點，是員工較有彈性分配時間，省略交通往返時間，並可就近照顧家人。缺點是缺乏人際交往與溝通的機會。此外，此制必須員工能獨當一面，具有自動自發的精神。且企業主與員工之間能互信互賴，否則將不易推行成功。

總之，處於今日變化多端的時代，組織內部的工作設計不能一成不變；它必須隨著組織性質、工作內容、工作特性以及時間配置，而採取各種不同的權變模式。如此才能有助於工作目標的達成。因此，彈性的工作設計，乃是今日組織管理上所必須深思的課題。

Chapter

6 群體動態

組織基本上是由工作職位和人員活動所構成，吾人不僅要注意組織的結構和工作設計，更要重視成員的群體活動，這就涉及群體動態的問題。所謂群體動態（group dynamics），係指群體成員透過不斷的交互行為而建構成一套無形的結構，以規制彼此行為的組合體；此種組合體是富多變化性的，並無一定的規則可循。由於此種群體存在於組織的結構之中，對組織造成相當的影響，使得吾人不能忽視它的存在。因此，研究組織管理不應輕忽組織內此種動態力量的運作。本章首先討論群體的意義及形成因素，分析其類型及可能的溝通網路，然後探討它對組織的可能影響，並尋求適當的管理之道。

第一節 群體的意義

群體（groups）一詞，在社會學、社會心理學及相關領域中討論甚多，其運用在管理上亦甚廣。在現代社會中，每個人隨時都可能成為若干群體的一員，此種「群體」的名稱相當紛雜。本章所謂的「群體」，專指組織內的小團體（small group）或心理團體（psychological group）而言。然而，何謂群體？所謂群體，乃是員工們的一種群集，他們有共同的規範，且透過共同目標的達成，來滿足其需求。亦即群體是以某種方式透過某種過程，使具有相同利益或情感的人，相互結合在一起的集合體。

不過，此處所謂的群體，特別強調成員間的交互行為與心靈交往，而不是集合體的構成而已。蓋單純的集合體所構成的行為，只能說是一

群體

種集體行為，這種集結的人員不得稱之為群體。因為他們之間並沒有相互認知與心靈溝通，並進而產生共同意識與意見，如街道上的群眾、客機上的旅客等是。雪恩（Edgar H. Schein）曾說：「群體乃是由：(1)交互行為；(2)心理上相互認知；(3)體會到他們為一個群體的許多人員所組成的。」易言之，群體的構成必須是其成員有直接的心理動向，相互坦誠的心理關係，其行為與性格對群體內其他成員有相互的影響力。因此，群體的組成強調相互認知與心靈溝通的程度與交互作用的結果。

此外，群體都有某些形式的結構，有些依正式組織結構而形成，有些則依人員交互關係而形成。群體成員依據此種結構而顯現其地位，扮演著他的角色，進而產生對其他成員的影響力。由於這些關係的運作，群體才能顯現其功能，並構成一套嚴密的規範，用以限制成員的行為。顯然地，群體都有一定的結構，具有特定的持續性目的，如此才稱得上是群體；而偶然的、一時的和無組織性的個人集合體，只能稱之為群眾。

再者，群體的形成常基於成員間的共同意識，且經過相當時期的相互認知，卒而產生共同的行動。依此，構成群體的兩個要件為：(1)成員關係必須具備相互依賴性；(2)成員具有共同的意識、信仰、價值與各種規範，用以控制相互行為。亦即群體成員必須經過一段時期的認同與整合，透過面對面（face-to-face）的交往，才能自成為一個群體，而有別於其他群體。換言之，群體成員常常進行直接的接觸與溝通，如無這些關係存在，必不能成為群體。

基於上述觀點，群體的形成係基於成員的共同目標、規範、意識，以及堅強的凝結力、制約力等而構成的。總之，群體是指兩個或兩個以上但非太多的成員，在一定的組織結構中，經過相當時期的交互行為，在心理上相互認同，產生共同的意識與強固的凝結力，基於共同的行為規範，而欲達成共同目標的組合體。

第二節 群體的形成因素

在組織中，成員常基於多種原因而形成群體，此種群體是自然形成的，並不是刻意去製造的。然而，群體既存在於組織內部，必有其形成的背景，這有來自於組織本身因素者，也有源自於外在環境因素者，更有始於成員心理需求的因素以及社會文化的因素。本節即依這些因素，分述如下：

一、組織本身因素

群體既是依附於組織內部的，則群體產生與成長的原因，部分乃繫於組織內部的因素。亦即組織本身某些措施或特性造成工作者的結合而形成心理群體。這些因素包括組織政策、領導特質、技術革新、分工制度、工作位置等。當然，組織本身的因素甚多，不僅止於這些，本節只提到幾點加以說明之。

就組織政策而言，許多組織政策都是在反映高層管理者的價值觀，並不能完全滿足所有成員的需求，此時成員乃轉而追求政策以外的利益。若組織政策只顧及組織目標，而忽略了與員工的相互利益，則員工可能自組群體，而產生勞資對立的情況。此外，領導者的特質若是孤僻自傲、剛愎自用、獨裁專制、只想掌握權力而缺乏能力等，都可能忽略員工的人格尊嚴、動機及需求，在這些情況下很容易產生抵制性的群體。

在科學技術不斷更新的組織中，由於任用新技術人員之故，常使新進人員和舊有人員之間各自組成他們的群體，而相互對壘，形成組織內的紛爭。再加上其利害關係的運作，諸如由於地位的相同、薪級的類似等，使得同樣經濟地位的人經常接觸和溝通，於是自成一個群體，而區隔於與他們不同經濟地位的群體。

另外，工作地點相同或工作位置接近的員工，也很容易自成一個群體。在各類組織之中，被安排在一起工作的員工，由於不斷地接觸與交談，有了頻繁的面對面溝通的機會，故常產生彼此的聯合。此種工作地點的同異與工作位置的遠近，將各自形成不同的群體。雖然這並不是形成群體的主要原因，但往往是非常重要的條件。

當然，組織的每個正式部門或單位也可能因工作性質相似、技術相同，而自成一個群體，此乃組織分工專業化的自然結果。因此，在不同的部門或單位之間，也都各自構成不同的群體，如技術單位的人員可能自成一個群體，而生產單位的人員則自成另一個群體。

總之，組織本身因素是造成群體組合的主要原因，這些原因甚多，不是本節所能概括。在此，僅能略述幾項可能的因素加以說明。另外，吾人所應注意的是，群體的形成可能只出自於單一因素，也可能來自多重因素，故個人可能只是一個群體的成員，也可能是多個群體的成員。換言之，群體本身可能是具有重疊性的。

二、外在環境因素

組織機構的外在環境因素，也可能影響組織內部成員組成群體。蓋組織是存在於整個大環境中的，它不可能獨立存在。故外在的一切價值與社會規範，無時無刻地影響著組織成員的行為。最顯著的例子是同學、同鄉、同宗、同等社會階級、同等資格等，都可能促成群體的組合。

就交互作為的觀點而言，一個組織內部凡具有外在同一關係的人員，其互動次數較多，互動內容也深，彼此瞭解也夠，自然容易組成一個群體。至於不同互動的人員之間，就構成了不同的群體。因此，組織外在環境與組織內部群體的形成，是具有關聯性的。

三、個人心理因素

個人之所以要參加群體，有時是基於一種心理需求，由此可獲致友誼、榮譽、安全、尊敬和自我實現。就馬斯洛的需求層級論中的安全需求而言，組織成員在工作群體內有較大的安全感，可以保護他免於受到外界的壓力。由於個人參加了群體，有了群體做靠山，使他勇於向管理者或其他人員提出不同意見或要求。再就社會需求而言，群體可讓個人有歸屬感、認同感和隸屬感，個人可從中得到友誼、尋求支持，並有較多的接觸和溝通，而產生群體意識，使社會性需求得到最大的滿足。

再就尊重需求而言，個人的尊嚴和威望往往在群體中才得以顯現出來；在群體中，個人的自尊和被尊重的需求，也可得到最大的滿足。最後，個人在正式組織中常受限於規章制度，而無法發揮長處；但在工作群體中，基於共有的認同，而可以有實現自我的機會，終使自我實現得到最大的發揮。基於上述的心理需求，使得個人願意參加工作群體。

四、社會文化因素

通常在組織中，具有相同文化價值的人，易於結合在一起。組織成員若具有共同信仰、共同習慣、共同語言、同樣服飾、共同道德觀念等，常在不知不覺中建立起深厚的情感，有著休戚相關、榮辱與共的意識。甚至於在對抽象觀念、符號標幟一致的成員之間，常能產生好感。因此，凡是文化特質相當的人們，常會經由認同作用（identification）而形成共同的群體。

總而言之，組織內群體的形成因素甚多，有出自於組織因素者，有來自外在環境者，有始於心理需求者，亦有源自於文化概念者。組織內群體的形成或出自於單一因素，或來自於多重因素，以致群體之間可能相互重疊；且各項因素可能相互影響，但又互相排斥，真可謂錯綜複雜，不一而足。

第三節 群體的分類

群體類型的分類方法甚多，在社會學上的分類尤為紛雜。有以成員關係親密的程度來劃分者，有以成員組合時間的長短來劃分者，有以成員是否能自由加入來區分者，也有以群體組成人數的多寡來區分者，也有以成員是否具有一致性特質來區分者，也有以成員在組織階層的縱橫關係來區分者，更有以群體所附類屬來區分者，其種類甚雜，差異甚大，不一而足。本節僅就與本章題旨相近者研討之。

一、依正式程序與否的分類

每個組織都有達成其目標的技術條件，這些目標的實現需區分為若干部門或單位來達成其任務，於是構成了許多不同的群體；然而，有些群體並不是精心設計的結果，而是成員自然交互來往所構成的。依此，組織內部常存在兩種不同性質的群體，一為正式群體，另一為非正式群體。此種群體的分類，係依成員是否為自然組合而形成的區分，如**表6-1**。

所謂正式群體（formal group），乃是依組織特意設計的部門、單位而組成的，其目的在完成組織所賦予的特定任務。所有的員工都屬於

表6-1　依正式程序與否而組成的群體比較

類型	組成因素	特性
正式群體	1.依正式程序而組成 2.以正式結構為本，而產生心理認同	1.結構單一性 2.領導者常具主管身分 3.主要目標為達成工作任務
非正式群體	1.依人員自然交往而形成 2.由心靈組合為本，而產生無形結構	1.結構具重疊性、多變性 2.不具一定結構形式 3.領導者不一定為主管 4.主要目標為滿足成員需求

某些正式的工作群體，此乃為依據組織的分工專業化所構成的。此種正式群體係為執行組織的任務而形成的，但其成員間的交往才是構成群體的真正原因。在此種群體內部，成員間的交往常依組織的地位職權而運行，領導者往往是該部門或單位的主管，且多以權力為行事的基礎。此種群體包括組織的工作部門、委員會、管理小組等。基本上，此種群體固係依正式結構或規章而組成，但其成員仍有以共同的意識與相互的認同為基礎，只是其構成係透過正式程序組成而已。

至於非正式群體（informal group），純為員工交互行為所構成的，當然此種群體也可能以正式部門或單位為其基本架構，但卻不限於正式單位或部門內的活動。例如，某個正式單位內即可能存在數個非正式群體；又如某正式單位或部門的非正式群體成員，可能包括跨越不同單位或部門的人員即是。此即意味著整個組織內部的情境或組織外界環境因素，都可能因為人們的自由交往，而組成非正式群體。此種群體成員的關係可能是重疊的，它並不是來自於精心設計的結果，而是自然開展的。此種群體的基本目標，乃在滿足成員的需求；群體的領袖乃源自於滿足成員需求者，其常運用群體規範和社會制約力來規範成員的行為。

由此可知，非正式群體是一種自然的結合，而不必依據任何正式程序來組合，係基於交互行為、人際吸引與個人需求而形成的。分子間的關係既無成文的規定，其組織也無一定的形式；這種群體有的是暫時性的，有的是永久性的；其分子間的關係可能是緊密的，也可能是偶然的。其成員在非正式結構中，常顯現出非正式規範，有忠貞合作的基本態度，接受「社會控制」與非正式權威。這是順應人類心理需求而產生，並不是實現某種任務而形成，此可證之於友誼關係與非正式聯絡。

二、依群體動態關係的分類

李維斯（Elton T. Reeves）為當代美國群體動態（group dynamics）關

係的知名學者，他將工作群體分為五種，即友誼型、同好型、工作型、自衛型和互利型，如**表6-2**。

(一)友誼型群體

人類自出生以來，大部分活動都屬於友誼型群體（friendship groups）。它是人類在群體生活中最初接觸與最早形成的，此種群體的組成分子間，多具有相同的興趣和利益，但這並不意味著這些因素是形成此種群體的必要條件；惟其中分子多具有情感上的維繫與共鳴。一般而言，組織本有很多友誼型的工作結合，且扮演著非正式溝通的角色，其可消除工作者的寂寞與猜忌，此對正式工作技巧的達成，實不容忽視。

(二)同好型群體

同好型群體（hobby groups），人們由於富有追求或熱衷於某種嗜好的習慣，而形成群體的密切關係。例如，對網球的熱衷往往形成一個群體，這些分子可能包括管理者和工人，此種嗜好使他們有別於其他群體。一般而言，在組織中此種活動常成為他們愉快生活的主要部分，並

表6-2　依群體動態關係而組成的群體比較

類型	組成因素	特性
友誼型	基於情誼的自然結合	1.產生密切的情感，解除寂寞與猜忌 2.每個人都可能是非正式領袖
同好型	基於共同興趣的結合	1.享受愉快生活，消除單調乏味感 2.每個人都可能成為非正式領袖
工作型	基於工作關係的結合	1.工作上有利害關係，結構上是正式的，但心理上是非正式的 2.出現單一非正式領袖
自衛型	基於共同防衛的結合	1.對管理階層不滿，而產生聯合抵制 2.有一位強而有力的非正式領袖
互利型	基於相互利益的結合	1.基於互助關係的結果，可相互照應 2.沒有明顯的非正式的領袖

藉此消除工作的單調乏味感，促進工作間的溝通聯繫。

(三)工作型群體

在工作中，若舊有成員表達歡迎新進人員的誠意，有時也可能形成工作型群體（informal work groups）。此種類型的群體架構基本上是正式的，但在心理上是非正式的，可視為友誼型的擴大，但它與工作的關聯性遠大於友誼型。此種群體成員之間的關係，帶有工作上利害關係的結合，同時出現工作上的非正式領袖。正式管理者將會發現在工作任務的達成上，此種工作群體處於很重要的地位，扮演著很重要的角色；他若能透過非正式領袖的協助，實有助於工作任務的貫徹執行，並可產生與管理當局的合作關係與行動。

(四)自衛型群體

在正式組織中，一旦管理者的態度過分強硬專制，很容易導致部屬的聯合抵制，以反抗此種壓力而形成自衛型群體（self-protective groups）。此種群體會表現對正式管理措施的一種反抗，它是自然形成的。通常它會阻撓正式工作的達成，為管理者帶來一些困擾，只要處理不當，常事事抵制管理者，這是出自於對群體成員的自我保護心理。

(五)互利型群體

互利型群體（convenience groups）是來自於成員的相互幫助而形成的。如「汽車共乘」（car pool）就是此種類型的明顯例子。在今日工作生活中，汽車共乘制是相當普遍而常見的。例如，有五個人共乘一部車子上班，則每個人在一星期中只有一次輪流開車的機會，如此自可免除他人四天開車的勞累，且可節省五分之四的汽油。此種互利關係的結合，不僅存在於工作關係的組織中，也存在於日常生活之中。

汽車共乘可說是日常生活中的互利型群體

三、依管理關係良窳的分類

美國著名的管理學家沙利士（Leonard Sayles），以群體成員與管理階層能否維持良好關係為基礎，將組織內的群體分為四種，即冷漠型、乖僻型、策略型以及保守型等，如**表6-3**。

(一)冷漠型群體

冷漠型群體（apathetic type groups）的成員之間，常有一些共同難以解決的問題存在，以致他們時常顯現出極端被抑制的不滿和內在衝突與摩擦的徵象。一般而言，他們所擔任的大多是技術性較低，而待遇較微薄的工作，以致其滿足感較低、工作態度上較為馬虎，且表現出冷漠的情感。同時，他們的工作場所大多被安排在一條很長的裝配線上，或安排在極少與他人作互動的工作情境中，以致在他們之間似乎很難發現可以辨別得出的非正式領袖。因此，此種類型的成員對組織的向心力很低，也很難對管理階層構成壓力或威脅。

表6-3　依與管理關係良窳而組成的群體比較

類型	組成因素	特性
冷漠型	1.從事技術性較低的工作 2.處於很長的工作線	1.具不滿情緒與內在衝突和摩擦 2.向心力低，對管理不構成壓力 3.無明顯的非正式領袖
乖僻型	1.從事半技術性工作 2.處於短裝配線上	1.成員行為在合作與不合作兩端 2.有非常明顯的非正式領袖
策略型	1.從事於判斷性工作 2.以分開操作工作為多	1.有良好的計畫與團隊精神 2.具高度向心力，對管理者構成很大壓力 3.非正式領袖很強勢
保守型	1.懷有重要而稀有的技術 2.擔任重要工作	1.成員對生活無憂無慮，且擁有相當權力 2.成員具穩定性與自信心 3.除非必要，不會對管理者施壓

(二)乖僻型群體

乖僻型群體（erratic type groups）常表露出前後未必協調一致的行為，此種行為範圍包括與管理階層保持良好的合作關係，到突然爆炸性的反叛。該類型的組成分子多半是從事於相互依賴的半技術性工作，大多被安排在一條對工作者較易做控制的短裝配線上，做一些相同性質的工作。其工作性質大多是呆板的，以致容易形成煩躁的性格。他們之間比冷漠型群體，更容易出現相當明顯的非正式領袖；不過，此種非正式領袖也比較傾向於獨斷。

(三)策略型群體

策略型群體（strategic type groups）的成員間，常有良好的計畫與高昂的團隊精神，這些成員大多擔任較具判斷性的工作。至於他們的工作性質，亦是以分開個別操作的比較多，同時他們的待遇亦較前兩種類型群體為高。他們往往對管理階層方面施加連續而持久的壓力，且行動都相當一致，故較容易達成他們所期欲的目標。此種群體具有高度的向心力與凝結力，其領袖是由成員中行事較積極，且具有影響力的核心分子所擔任。

(四)保守型群體

保守型群體（conservative type groups）的成員，大多懷有很重要而稀有的技術在身，他們是生活無憂無慮、具有權力的一群。他們在組織中，往往擔任相當重要的操作工作。在此四種類型的群體中，此一類型的組成分子最具穩定性和自信心，管理當局對他們亦往往難於應付，但他們除非為了某種很特殊的目的，通常不會對管理者施加壓力。

根據上面分析，吾人可發現沙利士的分類，著重在群體分子與管理階層方面能否保持良好的基礎為重心，並企圖藉此種分類來瞭解不同類型的組成分子，其與管理階層方面所劃分的工作類別和工作位置的排列有關。

第四節 群體的溝通網路

在群體動態關係中，成員之間的溝通網路往往決定成員的互動關係，並構成某些形式的結構型態。蓋群體動態的中心乃是成員的交互行為，而交互行為乃指成員不拘形式的溝通。因此溝通網路在群體動態中扮演著極為重要的角色。群體成員之間的關係常受彼此溝通的限制，經由群體溝通可能改變成員的彼此行為，終使群體的各個成員行為趨於一致，而產生群體的凝結力與規範。此種溝通網路正可告訴我們一個群體是如何聯繫在一起的。一般群體的溝通網路，可有五種代表類型（如**圖6-1**）。

圖6-1是假定有五種群體，均由五人所構成，其中線段代表溝通路線

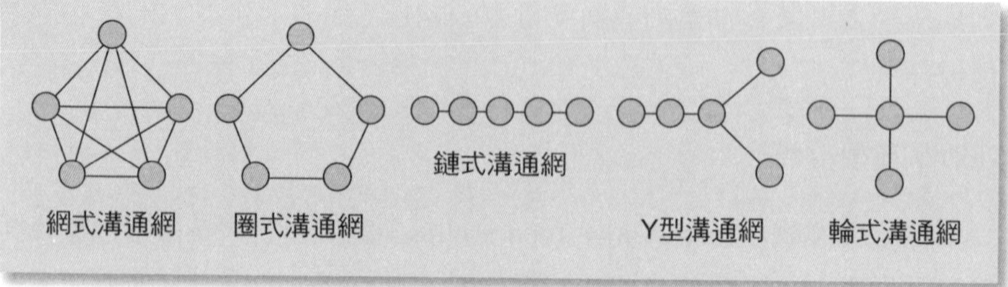

圖6-1　群體溝通網路

，則各個群體溝通路線的安排與數目均不相同。因此，各個群體的成員地位各異，解決問題的效率自然也不相同，各個群體的凝結力也有所差異。茲分述如下：（如**表6-4**）

一、網式溝通網

網式溝通網是指群體成員都直接與其他成員溝通；亦即每位成員的地位相當，角色運作相同，其影響力相等。此種群體溝通網路對解決問題的時效較慢，但處理問題較為周延；其成員溝通士氣最高，處事最熱忱；在群體結構上沒有比較明確的程序。實際上，此種群體溝通網路較不易存在，因為群體中的每個成員很難同時與其他所有成員作相互對等互動的關係，尤其是群體成員愈多，其存在的可能性愈小；只有群體成員最小時，才有存在的可能。且此種群體溝通網路，沒有明顯的群體領袖出現。

二、圈式溝通網

圈式溝通網是指群體成員都只與兩位成員進行溝通，致形成圓圈式的溝通網路。此種群體溝通網路，正如網式溝通網路一樣，每位成員的地位、角色、勢力的運作都相同，且沒有足以領導該群體的領袖出現。每位

表6-4 各類群體溝通網路比較

溝通類型	主要特色	成員士氣	工作績效	領導方向	存在可能性
網式溝通網	群體成員均能與其他成員直接溝通	所有成員士氣相當，處事同等熱忱	決策緩慢，但處事周延	沒有明顯的領袖出現	小
圈式溝通網	群體成員均只與兩位成員進行溝通	所有成員士氣相當，滿足感相同	解決問題迂迴緩慢	沒有明顯的領袖出現	小
鏈式溝通網	群體成員易形成無形的層級節制體系	處於中心地位人員較具滿足感，最末端成員士氣最低	解決問題較具時效，溝通有一定結構程序	有明顯的領袖出現	大
Y型溝通網	群體成員形成一定結構體系	處於中心地位成員滿足感較高，邊緣地位成員士氣最低	解決問題較具時效	有明顯的功能性領袖	大
輪式溝通網	為一個有秩序的群體	群體領袖最具滿足感，其他成員滿足感較低	解決問題最具時效，但易出錯	有強而有力的領袖	大

成員在群體中的滿足感相同，但在解決問題的時效上較為迂迴緩慢。在實務上，此種群體溝通網路較少有存在的可能，因為每位成員很難只固定與其他兩位成員溝通。不過，較常與某些固定成員溝通是可能的。

三、鏈式溝通網

鏈式溝通網構成了群體的無形層級節制體系，有了明顯的中心領導人物，也有一些群體的追隨分子（follower）。通常，處於鏈式結構中心的成員，是一位領導分子；他在群體中地位最高，權力最大，最具滿足感。至於，處於鏈式結構兩端的成員，其地位在群體中最低，權力最小，較少有滿足感。在解決問題方面，此種溝通網路的群體較具時效性；此乃因成員在溝通過程中有一定的程序，避免一些訊息的迂迴之故；且領導人物處於中心位置，可優先得到訊息，掌握決策的先機。一般而言，此種群體溝通網路較有存在的可能。

四、Y型溝通網

Y型溝通網和鏈式溝通網一樣，在結構上有一位群體領袖。處於交叉點位置的領袖分子，比其他成員較早掌握訊息，所負的責任較重，擁有較多的權力，最具獨立感和滿足感，有可能成為功能上的領袖；而其他成員則不然，其中尤以處於各頂端位置的成員為最。此種溝通網形成成員不同的地位、權力與滿足感；但對解決問題方面較具時效性。此種溝通網路的群體，在實務上較有可能存在。此乃基於人類自然劃分階級的本能，以及長期互動的結果所形成的。

五、輪式溝通網

輪式溝通網是一個有秩序的群體，每位成員都只與中心人物溝通，可避免不必要的訊息傳達。此種群體在解決問題方面，最具時效。群體領袖處於群體的中心位置，最優先得到訊息；他在群體中地位最高，角色運作最多，是一位最具影響力和權力的人物。在個人滿足感方面，群體領袖最具滿足感，其他成員較低。此種溝通網路的群體，在各種群體中較可能存在，此乃因群體成員常自限溝通對象的結果。

總之，各種類型的群體溝通網路不同，其間溝通的效率也不相同。一般而言，網式與圈式溝通群體的溝通時效較差，但所有成員的滿足感相當。鏈式、Y型、輪式溝通群體的溝通時效較佳，但彼此成員間的地位不相同，其成員滿足感也不甚一致。惟群體的溝通型態並不是固定的，通常群體成員都會自限溝通對象，且群體中都會有某位具相當特質或影響力的人出面領導群體，加上群體成員的溝通，也有可能受到環境的限制，以致很難出現網式或圈式的溝通網，尤其是群體愈大，此種溝通網愈難存在。

第五節 群體的正面功能

群體不管是依據正式組織結構而成，或是依成員交互行為自然形成，其基本特性都是一種心理上的結合。此種群體絕不能像正式組織一樣，採取控制管理的方式，實宜多採取自動激勵的法則。組織管理者必須認識它的存在，並與之共同工作，蓋群體在組織內部實負有相當的功能。易言之，群體之所以能夠興起且維持長久，主要係因它具有滿足成員個別願望，與幫助組織實現管理目標的雙重功能，茲敘述如下：

一、維持傳統價值

群體的存在常能維持組織的傳統習慣與風格。群體既是存在於組織內部的，其形成往往會依循組織的部分規章而建立其本身的規範；且由於群體是由成員交互行為所構成，以致能培養出固有的相同價值與意識，而在組織發生變革時，保有組織的部分規範；舉凡對組織內部的傳統與文化價值，對群體都將盡力加以維護。如此不僅維持了群體的活動，更有助於組織的穩定。蓋許多傳統價值與規範，乃是不成文和非正式存在的；而此種非正式規範常由成員的交互行為中不知不覺地保留下來。因此，群體實有維持組織傳統價值的作用。

二、建立溝通管道

群體常為組織發展出一套良好的溝通系統與孔道。在組織中，群體實有疏通溝通管道的作用。蓋群體乃係面對面的溝通系統，其成員可自由自在、無拘無束地交互溝通，此種溝通關係係建立在員工社會性交互行為上。此種溝通能滿足工作者的好奇心，也可發洩情緒上的不滿。假如工作者感到不快活或挨了官腔，只能藉由相互的傾吐而得以發洩其不滿情緒。因此，群體實為平衡員工身心的「安全活塞」（safety valve）。

三、滿足成員需求

群體可使其成員滿足親善需求，給予個人地位上的承認與尊重，使工作者產生同屬感與安全感。由於群體中每個分子都可保持親密關係，彼此地位相若，可感受到被重視。群體成員在群體中，藉著相互交往與共同瞭解，而建立深厚的友誼；並藉著相互幫助，彼此關懷與照顧，進而尋求相互支持與鼓勵。此種功能足以使工作者個人尊嚴與人格得以保持完整，並助其身心的健全發展。由於組織成員在工作中宛如機器的小螺絲釘，難以看出自己的工作價值，但在參與群體而獲得相互認同時，則此種感覺自然消失。

四、形成社會控制

所謂社會控制（social control），乃是用以規制或影響員工行為的力量。就內在控制而言，每個群體皆有其行為標準，其成員既自動自發地組成群體，必然會遵守群體的要求與準則，否則群體必無法存續或發展。亦即群體依據此種準則，來控制成員的行為，使其產生從眾傾向，故群體有社會控制的作用。再就外在控制而言，組織管理者若能善用群體，將可運用群體的社會控制來協助組織，使其成為內部安定與團結力量的一部分。

五、輔助管理系統

組織的正式計畫與政策是預先建立的，故常固定不變，難以順應動態環境中的每項問題；而群體是動態的，具有伸縮性與自動自發性，有時常有輔助正式系統不足的作用。至少，群體可彌補正式決策所帶來的某些限制與缺陷。蓋群體可提供具有彈性而快捷的資訊，使決策資料更為充實，且顯現事態的全貌與真相。此外，群體能刺激組織管理者作更謹慎的規劃與小心的行動，一旦發現決策有了偏差，可做適時的修正，以遏阻不當計畫的實施。組織管理者若能重視群體的存在，將可化阻力為助力，化破壞為建設，否則一旦引發群體的聯合抵制，必致管理計畫無疾而終。

六、解除焦慮冷漠

依據心理學家的解釋，焦慮是一種痛苦的情緒，是許多病態行為的根源。通常來說，引起焦慮的情況，是曖昧不明、含糊不清的。在一般組織活動中，引起焦慮的原因甚多，諸如工作的困難與挫折、管理不合理的對待與壓力、工作環境的不穩定、組織內部的衝突等，都足以導致工作者焦慮冷漠行為的發生。一旦此種焦慮冷漠情緒無法得到解除，將可能產生身心性疾病，並引發病態性行為。然而，在群體中工作者可藉由相互交談，而發抒不滿情緒，使得身心獲致調劑，並消除猜忌與冷漠。甚且，工作的困難與挫折以及種種的衝突，皆可藉著群體成員的相互關懷而得到解除或減輕。

總之，群體的存在是具有正面功能的。任何組織都無法避免群體存在的事實，而許多管理者或許並不喜歡群體的存在，但卻不可不加以正視。畢竟，群體並非都是不好的，管理者可視它為組織的一部分，從而妥善加以因勢利導，此將能化阻力為助力，變破壞為建設，使共同為組織目標而努力。當然，群體亦可能基於本身因素或其他情勢，而造成對組織的困擾，此將於下節繼續討論之。

第六節　群體的負面困擾

任何事物都各有其優劣利弊，群體在組織中固有它的許多功能，但同時也顯現一些負面困擾。管理者究應如何去權衡得失，以求趨利避害，端視管理技巧的運用與發揮而定。本節即將研討群體在組織管理上的困擾，茲分述如下：

一、抗拒變革

現代組織是一個開放的社會體系，無時無刻不受外在環境的衝擊，以致引發需要不斷變革的要求，用以適應外界環境的變遷，並維持組織內部的平衡。惟組織本身常保有傳統的習慣與文化，而舉凡與傳統習慣和文化有所變異的事物，往往受到一種保持現狀的願望所抵制。此種抵制心理常因群體的存在，而逐漸形成一股力量。群體會認為組織的變革，將破壞既有的社會關係與體系，影響成員的既得利益，而堅強地凝聚在一起，以致採取不合作的態度，產生抗拒變革的行動。

二、傳播謠言

組織內部訊息透過群體的散播，固然較為迅速，但群體的特性常使訊息歪曲，而形成謠言耳語。當訊息在非正式場合中流傳時，如果基於傳播者的故意曲解，或因為個人的愛憎或出自主觀意識，常在工作人員情緒不甚穩定的狀況中穿鑿附會，以訛傳訛，化偽為真，如此自是影響工作人員的士氣與組織內部的和諧，導致員工的不安和組織秩序的破壞。此種謠言對組織的破壞就如同颱風一樣，將帶來嚴重的損害。管理者欲消除此種謠言的最佳方式，就是立即追查其原因，且公開事實真相，但應避免重複其散布。

三、角色衝突

群體固能提供員工社會需求之滿足，但如此亦可能導致員工背離組織目標。個人在組織中除了係組織的成員之外，也是群體內的一分子，倘兩種目標或需求不一致時，常使員工在群體要求與組織目標之間難以作抉擇，以致引發角色混淆或衝突。通常，在組織中的成員既須迎合雇主的要求，又要採取與群體一致的行動，以致常陷入進退兩難的境地。因此，解決角色衝突的方法，只有儘量去調和正式組織與群體間的相互差異；對兩者的目標、工作方法與評估系統愈能整合，則生產效率和滿足感愈能同時實現。

四、消極順從

所謂消極順從（conformity），係指群體成員屈從於群體規範或其領導者的命令，而沒有建設性的個人意見而言。由於群體具有社會控制作用，若其領導者或具有權力者為逞個人私慾，常強令成員順從，且群體常為領導者或具權力者所把持，而不能發揮其獨立創造性。此時常會產生三種弊病，即：(1)抹煞人員的創造才能與創新性；(2)抹煞個人的個性和獨特性；(3)使工作人員脫離組織所需要的行為型態。凡此等弊病將限制成員與組織的共同發展。

五、徇私不公

群體如受到組織管理者的重視，固可減輕管理階層的負擔，輔助正式管理系統的不足；但其間若過於親密，往往會造成上級偏袒部屬，予以特別的照顧，終而徇私枉法，甚或相互勾結，以飽私利的弊病。甚且群體中的成員亦可能藉其本身的關係，向主管作非分的要求，或對他人狐假虎威，謀求特殊利益，以私害公。因此，學者尼格洛（Felix A. Nigro）曾說：「非正式關係的結合，往往會袒護他們所偏愛的人或事，以致破壞了其他工作者的士氣，並造成屬員對管理階層的偏見。」因此，管理階層若欲與群體成員建立關係，也必須保持適當的距離，如此才能得到良好的效果。

六、工作抵制

著名的霍桑研究業已證實：組織管理者對員工生產的要求不應太嚴，也不應太鬆，否則將引起群體成員的抵制。蓋群體成員生產量太高或太低，往往會受到他人的責難，社會壓力會使其恢復到群體所訂的標準生產量，否則他將會受到其他成員排斥。因此，個人過高的生產量，有使其他人失去工作之虞；而過低的生產量，會使他人同受責難，如此極易造成成員的焦慮感。在霍桑研究中發現生產量最高和最低的，往往是群體外的孤立者；而群體一般都以「普通生產量」來作為維護內部和諧發展的手段。因此，管理者若與群體交惡，群體成員的最佳武器乃為工作抵制。

總之，群體有時會對組織管理階層造成一些困擾，身為管理者不能對群體毫無感情或漠不關心，否則有朝一日需要員工發揮高度忠誠，或啟迪其創造性的心智時，一切棘手的問題將一一浮現。尤其是當工作者組成堅強的群體並進行抗拒時，最明顯的報復行動即為工作的抵制。無疑地，如此將使組織受到更大的打擊和損害，此等問題自是構成管理上最嚴重、最應注意的重大課題之一。

第七節 組織對群體的管理

在一般組織中，由於種種因素的存在，群體的產生是無法避免的。凡是有人類存在的地方，就會有群體的存在。因此，管理者必須採取適當的因應措施，此舉不僅可力求避免不必要的群體出現，甚或即使出現，也不致產生太大的抗拒或阻力。其管理措施如下：

一、培養革新氣氛

一個正常發展的組織，必須不斷地適應外界環境的變遷，以調適內部的平衡與成長。為此，組織必須有革新的措施。為求革新，組織必須適當而有效地吸收組織內、外的資訊，避免變革所可能引發對群體的威脅和恐懼，以影響其既得權益。其次，儘量讓員工充分參與興革計畫，使其瞭解興革計畫的內容，分享改革成敗的榮辱，則群體成員在心理上有被尊重的感覺，較易與管理者合作，甚或自願犧牲個人的權益。

此外，組織的興革計畫要逐步行之，不可操之過急，以免破壞傳統的風俗和習慣，以及工作群體的關係。如有必要，仍應適當地透過非正式領袖，以合作的方式採行疏導與漸進的手段，千萬不可斷然行之，使人有措手不及之感。易言之，管理者務必在平時多培養員工的研究發展精神，不斷地作管理訓練，加強員工技能和工作知識，直接適應技術的改革，免於威脅員工的利害關係和群體關係，甚而可間接維護其權益。

二、疏通溝通管道

任何組織的溝通管道若能暢通，就比較能有健全的發展，組織氣氛也比較良好。須知工作者在組織內有安全感、工作情緒穩定，並瞭解整個工作情境，則意見溝通將更為順暢，且謠言較不易產生。因此，所有的企業組織均宜建立起健全的溝通管道。為此，則組織應該推行公共關係，加強意見的交流。就公共關係而言，管理者與工作者若有了溝通的橋樑，可使上情下達，下情也可上達，如此自可化解各種誤解。

至於，在加強意見溝通方面，有時可不必經由正式管道，仍然可發布正確而必要的訊息，以適時地破解謠言或防止其發生，流言閒語自可自然消失。同時，管理者若能提供有力的事實來證明謠言的荒謬，並給予相關人員參與決定事務的權利，將可促使員工因對自己有關事務的參與和瞭解，使謠言不致發生，或一旦發生而能有破解的機會。

三、調和角色衝突

任何個人在組織或社會中都不可能只扮演一種角色，他往往會扮演兩個或兩個以上的角色，若一旦這些角色的期望或目標相互違背，就會產生所謂的角色衝突（role conflict）。在組織中，員工常處於組織目標與個人需求或群體利益的衝突之下，此時只要管理者能將之調和，就無角色衝突的存在。易言之，避免角色衝突的方法，就是在貫徹組織目標實現的同時，亦能滿足群體中個人的社會與心理需求，亦即使兩者的目標不相衝突。

在現今組織逐漸走向高度控制化與正式化的過程中，工作者更需要從事於一些非正式活動，在培養組織活力方面也許被認為是一種無形的浪費；但此對員工精神的形塑，則具有相當的調劑作用。固然，組織和群體常導致員工個人的角色衝突，但如能有效地加以調和，將可避免組織的僵化與癱瘓；而個人與群體的社會和心理需求，亦將不會被抹煞，如此應有助於組織的成長與發展。

四、善用社會控制

群體的產生乃因群體善於運用社會控制作用，迫使成員遵守群體的規範與準則。然而，它也嚴重地限制了工作組織「全才」發展的要求。由此觀之，群體的社會控制作用乃是積極與消極並存的，它可產生積極的合作，加以改造或影響個人，以協助由上而下的訊息傳達，並使個人獲得且保持群體的穩定性。因此，社會控制作用未嘗不是直接或間接地有助於正式組織的運作。

準此，群體的社會控制，對正式組織來講，可以導致破壞，也可以產生合作；可以消極地順從，也可以成為積極進取，端視管理者如何化阻力為助力的巧妙運用。管理者可藉非正式領袖的合作，幫助提高工作士氣，尋求群體意識與組織目標的融合。甚而，管理者在任命各階層正式主管時，亦可從非正式領袖中挑選，此舉有助於組織與群體的融合。

五、力求公正公開

群體既是一種人員自然交往而形成的組合體，其內部必然會基於私人情感和共同利益而運作，於是產生徇私不公的現象。惟站在組織管理的立場而言，此種在管理上所造成的偏袒情況，不免破壞一切既有的正式制度，間接地影響到其他工作者的工作情緒。若管理者未能及時採取公平而客觀的解決途徑，員工自會對管理者消失信心，甚或再聯合其他不滿的工作者，另外再形成一股反對的力量以謀對抗，如此則容易產生惡性循環的現象，造成組織更大的困擾。

在管理方面，吾人總認為正常而有效的組織，實宜透過公平、公正、公開而客觀的程序，建立「成就取向」（achievement orientation）而力排「關係取向」（relation orientation）的人才選拔標準。固然，吾人不能否定群體會形成其成員更加團結的傾向，然而一旦群體威脅或影響到正式目標的達成時，管理者應在處事上將關係正式化，並做到對事不對人或破除情面的境地，保持相當的非私人（non-personal）關係。同時，為了避免某些人情壓力，宜擇派專人或組成特別委員會，以超然的立場處理人事問題，免除人情困擾，則徇私不公的現象或可減輕或消除。

六、擴展工作意義

組織為了排除群體對工作的抵制，可採取擴展工作意義的措施。今日組織的規模龐大，員工不免自覺其地位的相對渺小；加以工作單調乏味，常使工作者感受到工作的無意義性。一旦管理者要求更高的生產力時，就益增加工作的困難，致引起情緒上的緊張和不安，增加工作者對管理當局的抱怨與不滿，甚而形成消極的工作態度與抵制。此時，管理者必須進行工作擴展或工作豐富化，找出一個工作者實際所能從事的工作，擴展其工作範圍，提高其動機，增進工作的意義性，並激發其自動自發的精神。

此外，工作抵制常自群體中散發出來，則管理者必須瞭解群體的特性，培養工作者的團體意識，發展群體合作與和諧的工作精神，並適度地去滿足工作者的經濟、安全、自我表現與創造發明的動機。因為凡是生產力較高的組織，不僅是其工作效率會提高，更是工作者愉快效率的展現。當工作者對其工作夥伴、監督者，及其所擔任的職務等，全然抱持樂觀的態度，且認為組織與自己為唇齒相依的組合時，就會表現高度的參與和關切。如此，則群體所可能引起的工作抵制，當不多見。

總之，群體的組合是人類社會的一種自然現象，任何組織都不免有內在群體的存在。管理者不僅要瞭解它、承認它、面對它，更要重視它；且在管理上宜多培養開明的領導作風，疏通意見交流的管道，調和成員需求與組織目標，善用社會控制作用；在行事上能公正、公平、公開，並擴展工作的意義性，可遏止群體的抗拒，化阻力為助力，轉破壞而為建設。

Chapter 7

組織決策

組織決策是組織管理的重要步驟之一，蓋決策的良窳常左右管理工作是否能順利進行。基本上，決策是一種選擇的過程。亦即組織在面臨各項問題時，每項問題都有多種解決方案，此時管理者就必須作一選擇，且能選取一個最佳方案，才能真正地解決問題。因此，吾人探討組織決策，必須瞭解何謂決策，組織何以需要決策，構成決策的要素與過程為何，組織決策的類型和情況如何，以及決策的方法和對組織績效的影響。凡此都是本章所擬探討的問題。

第一節 組織決策的意義與需要

決策（decision-making）是組織的重要課題之一，更是管理工作者最重要的例行事務。在組織運作的過程中，幾乎所有的工作都需要依靠決策的引導而完成。易言之，組織為了達成工作任務，常在實際的活動過程中，就若干可能的行動和方案作最佳的抉擇，這就是決策。決策就是一種對不同行動途徑的選擇。一般而言，不論個人或組織在作決策之前，就必須先有一些選擇的標準或規範，以供作決策的依據。是故，決策是以某些規範為基礎的一種選擇；也就是從若干種可供選擇的方案或事件中，決定一個最適宜的方案之過程。

由於決策是一種相當複雜的程序，常牽涉到事實的瞭解與蒐集、價值的分析與判斷，更要顧及未來可能的發展。因此，組織有必要集合許多個人的智慧，以求能集思廣益、博採周諮地作出完整的決策。此種透過組織群體力量的運作，以便在諸多方案中選取最佳方案的行動過程，就是組織決策。任何組織都存在著若干問題等待解決，管理者必須依其所期望達成的目標，就現有的環境、資源，作出數種可行的解決途徑，以便採擇實施。管理的成敗，往往取決於該種決策的成功與否。當然，決策的最後權力固然操之在最高管理者手中，然而決策的運作實為全體組織人員共同努力的結果。

決策固為在數種方案中，選擇其一。然而，組織決策則為涉及組織事務的領域，此種領域更包含著寬廣的範圍與複雜的環境。因此，組織決策實比其他決策繁複得多。管理者在作出組織決策前，必須自複雜的環境中找尋問題，以確定問題的本質，從中尋求解決問題的方案，最後才能做出正確的抉擇。根據賽蒙（Herbert A. Simon）的看法，決策具有三大步驟：(1)自環境中發掘有待決策的情況；(2)思考可行的行動方向，並予以推演及分析；(3)就各種行動方向作一選擇。換言之，組織決策的第一項步驟為智慧活動，第二項步驟為設計活動，第三項步驟為選擇活動。依時間架構的程序而言，過去可謂是認定問題和診斷問題，現在是列舉解決方案與選擇方案，將來則為決策的實驗和實際成果的檢討。這些都有賴組織管理者和組織成員的共同互動。

綜上觀之，組織決策是組織成員就各項問題尋求解決方案，並從中作最適宜選擇的過程，此種決策實有存在的必要，且與個人決策作比較，常有許多優勢。其理由不外乎：

1.**組織決策較個人決策正確**：通常組織決策是透過多人相互激盪的結果，故有較好的判斷與周全的思考；尤其是當組織變得複雜，問題牽涉較廣，具有不確定性，且複雜性不斷增加時，個人決策很難運作自如。此時，組織決策是必要的。蓋一群人在知識、經驗與技能上的交換，總比個人作決策來得周全，從而提供了改正錯誤的機能。

2.**組織決策較個人決策更具創造性**：當組織面臨複雜決策時，需要有創造性的解決方法，而組織決策是由一群背景或經驗不同的人，共同尋求解決問題，增進彼此的創造力。因此，組織決策為孕育創造力與想像力的一個群體過程。

3.**組織決策可提升個人參與意願**：組織若推動組織決策，可促使個人在執行決策時，投入更多的努力。組織決策是一種提高員工對決策的參與感、關心及承諾的有效方法。因此，組織決策可提供員工參與的機會，成員較易接受決策；同時，由於對決策結果的理解，較能順利地執行決策，提高成員的工作績效。

4.**組織決策可共享權力分擔責任**：組織決策不僅可提供員工參與的機會，而且組織成員可透過決策分享其權力，並負擔責任。在組織決策過程中，個人的意見或提議若能為決策群體所認同，必會在心理上產生滿足感，且有發展權力關係的機會。在這種情況下，組織成員不僅會樂於參與，且會竭盡心力貢獻於組織。

5.**組織決策比個人決策較不具成見**：組織決策是經過一群人共同討論的結果，個人的偏見常在組織的互動過程中被稀釋掉，以致組織決策中不易出現個人的偏見和喜好。是故，組織決策常存在著合理的決定，而能為大家所接受。

6.**組織決策可提供個人的社會支持**：當個人有了強力的主張，在經過組織成員的認同時，可得到他人的支持和肯定。易言之，當個人發表意見並得到他人認同時，得從而能滿足自我需求，並從中建立起堅定的團隊精神。

基於上述觀點，組織決策在組織行為中是必要的。然而，組織決策也非萬靈丹，它也有一些限制。諸如組織決策較為迂迴緩慢，個人的獨特見解易被抹煞，討論冗長，易使人疲倦、厭煩和感覺沒效率。話雖如此，組織決策乃是現代急劇變化社會中的必然趨勢。吾人很難在複雜多變的社會中，單獨作出理想的決策，此時只有選擇組織決策一途，以力求決策的完整性和周延性。總之，任何組織決策對大多數情況來說，都有其相同的好處和壞處，就是較為準確的答案、較少的錯誤和較慢的決策速度。

第二節 組織決策的要素

決策固然為選擇最佳可行方案的一種過程，但它涉及事實的蒐集與瞭解，以及價值的分析和判斷，更要顧及未來的發展，故其程序是複雜的。蓋任何決策都會牽涉到環境、資源、解決問題的方法，以及全體員工共同努力的程度。因此，影響組織決策的要素甚多，主要可包括五大要素，即決策者、問題、環境、過程，以及決策本身的特性。除了決策過程將於下節討論之外，本節將先研討其餘四項。

一、決策者的特性

決策者往往左右了決策的過程，並決定了決策本身的特性。因此，決策者是決策的一大要素，且是決策的重心。決策者對決策的影響，主要有兩方面：一為決策者的一般行為傾向；一為決策者的個人特性。

就一般行為傾向而言，不同的決策者可能選擇不同的決策型態。最典型的例子為經濟人（economic man）和行政人（administrative man）模型。該兩種模型都認為：決策是一種理性的活動，但經濟人模型要求完美的資訊，期望決策的效果為最大；而行政人在決策上並不追求最大價值，只要求滿足即可。顯然地，行政人模型較能切合實際，蓋任何決策大部分都著重於發掘並選取滿意的方案；只有在例外情況下，才會去發掘和選取最佳的方案。

此外，史賓格（E. Spranger）將個人依價值觀念，而將決策者分為六大類型：

1.**理論人**（theoretical man）：重視推理和思考，追求事物的異同，不大重視美醜和實用。
2.**經濟人**（economic man）：重視實務和效用，追求財富的累積和經濟資源的使用。
3.**審美人**（aesthetic man）：重視生命的藝術與和諧，追求生活情趣。
4.**社會人**（social man）：重視人類的價值，追求利他，施展仁慈、同情和無我。
5.**政治人**（political man）：喜好權力，具權力性向，追求個人聲望、影響力和地位。
6.**宗教人**（religious man）：傾心於最高和絕對的價值，有悲天憫人的胸懷。

以上都各自代表一種行為傾向，隨著不同的價值結構，而作出不同的決策。當然，在實務上並沒有一個人只純屬於一種類型，以致於個人所作出的決策，往往是多種價值感的組合，只是這些類型的比例有些不同而已。至於組織決策更是複雜，其又是組織成員相互交感與交互行為的綜合結果。

再就個人特性而言，不同的個人特性自然會作出不同的決策。此種特性甚多，如人格特質、生理因素等均屬之。在人格特質中，最能影響決策的特質有信心、自尊和獨斷性等。通常具有信心和高度自尊的人，處理訊息較為明快。至於獨斷性是指堅持己見，甚至在面對相反證據時，仍然如此。獨斷性強的個人，似乎較易接受權威，傾向於接受新資料；而獨斷性較低的個人，則傾向於拒絕專家的意見。

另外，性別和年齡也影響決策行為。根據研究顯示，個人的判斷、推理以及決策能力，在五十歲以上即有顯著的退化現象。在性別上，女性由於洞察力較強，且具同理心和同情心，決策能力並不輸男性。不過，男女兩性在同理心和同情心上的差異，常隨著年齡的增長而減少；在超過六十歲以後，兩性在解決問題能力上的差異就很少了。

至於生理因素方面，疲勞的問題會影響到決策的行為。個人在疲勞狀態下，較難處理決策問題，尤其是複雜的決策。適度的運動可提高主要由短期記憶所控制的注意力，而過度的疲勞則會傷害到注意力。研究證據認為，運動可提高警覺性，而警覺性有助於心理活動；但太高的警覺性則會干擾心理活動，進而妨礙到決策工作。

由上可知，決策者是影響決策的最主要因素。對組織決策而言，它是組織內部成員，包括管理者與員工的思想組合，此種組合正表現出所有成員的價值觀與群體特性。惟組織管理者，尤其是最高管理者的人格特性，往往對組織決策最具有決定性的作用和影響。

二、問題特性

所有決策都是源自於問題的發生，問題可能是相當特定的，也可能是較為籠統的。就決策觀點而言，所謂問題乃達成目標途中的障礙。此種觀點能幫助決策者區辨徵候與問題，也可提供效標給決策者評估解決方案的有效性，並提供多項可能的解決方案，以避免只考慮某些方案而已。

通常，問題的新奇性、不確定性以及複雜性，對決策本身以及決策方式，都有重大的影響。問題的新奇性與否，常影響決策的過程，如有些決策非常的例行化，且深為組織所熟悉，較容易發展出一套成功且可能性較高的計畫、經驗法則或決策過程。倘若問題的新奇性高，或有急劇性的變化，則需要有全新的觀念，亦即問題充滿著新奇性可能導致決策過程的不確定性與遲緩。當新奇問題產生時，組織必須驗證例行的程序或方式，如果驗證失敗，就必須尋求其他驗證，直到尋找出新方案為止。

問題的風險與不確定性，也是決策上的重要變數。通常對組織較不重要的決策，組織較願意冒風險，且決策的後果也會影響所冒風險的大小。根據研究顯示，當決策後的正負效果同時發生時，對組織而言，決策的負效果較具重要性，而受到重視。此外，問題的不確定性也影響組織所願冒風險的大小。當面臨的決策不確定性很高時，組織決策者會投入更多的金錢與時間，來尋求減少不確定性的發生。

最後，決策問題的複雜性或難度，具有一些可預期的影響效果。人們對複雜的決策，總是會花費更多的時間與精力。其原因為：(1)作決策時需處理的資訊較多；(2)人們對複雜的決策常感到較沒有把握。是故，決策問題的複雜性或困難度顯然會影響決策的過程或決策品質。

時間壓力常導致決策的改變

三、決策環境的特性

決策往往發生在複雜的環境之中，而環境與行為過程以及行為後果之間，都是相互影響的。一般而言，環境可分為物理環境和社會環境。物理環境因素包括時間壓力、噪音或溫度等，這些都可能協助或干擾決策的因素。如時間壓力常導致決策的改變；蓋決策者在感受到強大的時間壓力時，常將不利的資訊看得比較重要，而忽略了有利的資訊。至於很少或完全沒有時間壓力的決策者，則無此現象。

此外，決策時間與信心也會相互影響。當決策的時間很短，決策者只能評價可用情報資料的一部分，以致對自己的決策較沒有信心。假如沒有時間壓力，則缺乏信心的人在決策時會拖延決策，以尋求和評價新的情報資料；其目的即在期望某些事情發生，以求使正確的方案更為明顯。易言之，決策時的信心常隨著可用資料的增加，以及決策時間的增加而增加。

在建築工地施工附近工作所產生的噪音，會造成員工身體的不舒適和分神

再者，在有噪音的環境中工作，常使人造成身體的不舒適感和分神，以致決策者疏忽了有關的情報資料，終而妨害到決策行為。同時，噪音及振動太大，也會造成心理壓力或過度亢奮，而妨礙到決策。其中，複雜性的決策遠較簡單者所受的影響更大。無怪乎有人認為，人類只有有限的能力可用來處理資訊，如果部分能力消耗在不斷的焦慮中，則能留下來處理工作的能力就更少了。

當然，決策時的環境不僅是物理性質的，而且也是具有社會性的。社會環境在許多方面可改變、協助或妨害決策。在決策者所擬定的諸多方案中，有些會受到社會環境的限制，諸如法律、道德、規則，以及規範等，都是決策時所應遵守的；而且社會往往期望決策者能遵守一定的理性原則，凡此都會影響到決策。

就連社會所回饋的資訊，都會使決策者改變其原來的決策。當個人在設定目標時，往往會受到先前決策的成敗所影響。失敗的結果，將使個人降低先前的決策目標；而成功的結果，則會使他維持先前的目標，或提高未來目標的難度。

不過，社會對個人決策的影響，並不限於提供績效的回饋而已。正如其他行為一樣，決策也會受到社會增強物（social reinforcers）的影響。他人的讚賞或批評，都會直接影響到決策者的決策。對大多數人來說，批評會造成壓力；如果壓力太大，則會干擾到某些行為。又決策也會受到某些社會影響過程所控制，如模仿或仿效即是。一般而言，類似的決策常具有模仿或仿效的特性。

四、決策本身的特性

決策對組織或個人來說，何種特性是最重要的呢？一般評定決策的效標，可分為與效率（efficiency）有關者，以及與效力（effectiveness）有關者兩項。效率是指組織為決策所投入與相對產出的衡量，決策的成本與時間即是效率的兩個主要效標。成本可能包括花費在作決策上的時間、人力及資料處理與分配等。今日組織的決策成本花費很大。一旦成本花費很大，而其成效彰明，仍然有益於組織績效。倘若成本花費太大，而所獲得的成果不多，則不合成本效益。至於時間，是指從發掘問題到決定如何處理的時間差距。若費時太多，則會妨害組織績效，且可能需要更多的決策人員，這樣是不合乎經濟效益的。

決策的效力是指決策能夠解決問題的程度。最常用來評價決策效力的效標，是決策的準確性。準確性包括決策者是否能正確地評估各項資料或資訊、各種方案的成本與效益，以及最適當的方案。一般言之，此可用數學或邏輯方法來驗證決策，其準確性往往高於其他方法，這些包括存量管制、財務、會計等問題。其次，評價決策效力的第二個重要效標，是可行性（feasibility）。如果組織無法執行決策，則即使最正確的決策也是毫無用處的。最後，大部分的組織決策必須能爭取大家的支持，才能發揮真正的效力。在執行決策時，必須有他人的合作，才能做到相當的準確性，並使可行性大增。

第三節 組織決策的過程

決策是一種邏輯思考的合理化過程。管理者在規劃任何管理程序時，都必須遵循決策的理性觀點和經驗，以尋求組織目標的達成。因此，所有的組織決策都必然有一些相同的過程，這種過程可包括下列步驟：

1.**認定問題**：組織之所以要決策，係因為組織內部產生了某項問題。易言之，決策乃是因為組織產生了問題而來。因此，決策的第一個步驟就是在發掘和確認問題的存在。所謂問題，是指任何對組織目標和運作產生了障礙而言。凡是對組織目標和作業的干擾，或內部員工的不滿足……在在都屬於問題之列。但是問題之所以為問題，必須加以發掘和認定；凡是未加確認或認定的問題，都不會是問題。是故，組織決策的目標，就是希望能解決已發生的問題。當然，有些問題可能不需要解決，就可自然消失；但有些問題卻必須尋求解決。只有需要加以解決的問題，才需要作決策。

2.**診斷情況**：當組織內部發生問題時，除了需認定問題的存在之外，尚需審視與問題有關的各種情況，這些情況都可能影響問題解決的途徑與方法。因此，只有對與問題有關的各種情況加以診斷，才能尋找出各種可能的解決方案，並擬定解決問題的目標。

3.**擬具目標**：組織在決策過程中，一旦發現待解決的問題，且診斷各種問題情況之後，接著就必須擬定解決問題的目標。組織決策的目的若為解決所存在的問題，則建立目標乃在使組織的各個階層能脈絡相承，此時唯有擬具明確的目標，才有助於決策過程的進行。因為解決問題的目標明確，才能使人認清作決策的時間，且提供評價方案的標準。因此，擬具目標實為組織決策過程的重要步驟。

4.**搜尋資料**：在決策過程中，組織管理者已擬妥解決問題的目標之後，就可著手搜尋相關的資料，並尋找各種可能的解決方案。在資料搜尋過程中，首先必須從與問題有關的資料下手，然後才找尋各項可行解決方案的資料，考慮各種方案可能的決策效果以及各項需要與之配合的條件。

5.**分析方案**：組織在蒐集與問題有關的資料，並尋找各種可行解決方案的資料之後，就必須提出和分析各種解決方案的優劣利弊。對各項方案的分析，意在探討其可能的後果，並加以比較。在一般情況下，各項方案究竟會產生何種結果，是相當不確定的，故而有詳加分析和比較的必要。

6.**選擇方案**：在對各項方案作過分析和比較之後，乃為評估和選擇最佳的可行方案，然後才能付諸實施。此時所選取的方案，乃期望其能解決所發生的問題。蓋任何問題發生後，必有多種不同的解決對策，且每種對策都會有各種可能的結果。此時，決策者必須認清每個方案或對策的正負價值，並自各項對策中決定最佳的方案，此為決策過程中真正屬於決策的部分。

7.**尋求解答**：決策者在評估和選定最佳可行方案之後，必須對此方案所能解決問題的答案加以研究，並分析各種解答，這是在方案付諸實施的過程中所必須重視的步驟。

8.**評估成果**：決策的最後步驟就是評估成果。管理者不但要將決策付諸實施，而且要監視執行結果的好壞，或檢視決策是否需要加以修正，甚至需要改弦易轍。評估成果乃是將組織所選擇的可行方案，試驗其效果，以作為重新決策的準據。此即為組織將目標達成程度與決策者的目標加以比較，然後再作為重新決策時的參考，並將不適用的方案予以剔除。管理者在評估成果時，需以明確和廣博的各種計畫作為架構，始能進行最佳的選擇，從而能訂定良好的決策。

總之，決策是一種選擇最佳解決方案的過程。在所有的管理活動中，都不可缺乏決策。只有決策才能推動管理的活動。因此，有人常把決策視為「管理」的同義詞，固然管理不應僅限於決策而已，但由此亦可看出「決策」運用之廣。

第四節 組織決策的類型

在組織管理上，管理者所作決策的機會甚多，且決策類型可能因各種角度而有不同的分類。為了對組織決策有更清楚的概念性瞭解，本節將討論決策的類型。惟欲對組織決策作適當的分類，並不是件容易的事。本節主要是依相對性的概念，將組織決策細分為規範性決策與描述性決策、基本決策與例行性決策、程式決策與非程式決策。茲分述如下：

一、規範性決策與描述性決策

所謂規範性決策（normative decisions），基本上是屬於理性的決策，為以組織規範為主所建立的決策。它是以「應該如何決策」為準，牽涉到的是「應然」（ought to be）的問題。易言之，在規範的觀點下，所作的決策乃為在眾多可能的方案中，選取一項最佳的方案。此種決策乃在選取最佳解決問題的方案，這是科學管理所採取的論點。

至於描述性決策（descriptive decisions），雖也牽涉到理性的觀點，但卻是以事實為依據的決策。它是屬於「實際上如何決策」的問題，亦即為「實然」（what is fact）的問題。此為在真實情況下來做決策，其可能是可行的決策，卻不見得是最佳的決策，這是行為科學所最感興趣的重點。

二、基本決策與例行性決策

所謂基本決策（basic decisions），乃是涉及組織機構的重大承諾以及長期策略的決策。它牽涉到較大經費的支出，而一旦有了重大錯誤，將造成嚴重的損失。因此，基本決策包含著目標、政策、策略等的規範，不僅是對行動的指導，且是思考的指向方針。這是高層管理者所要花費大量時間、精力來做的決策，其影響涵蓋了整個組織的層面。

至於例行性決策（routine decisions），通常多為重複性（repetitive）的經常性決策，是每天都要處理的例行性事務，其對整個組織機構的影響較小，對各個單位或部門的影響較大。一旦發生錯誤，對整個組織不會有太大的影響。因此，例行性決策在基本上僅屬於一種程序、規則，其大部分是屬於低層管理者的決策，可作為管理人處理業務之準則。

三、程式決策與非程式決策

所謂程式決策（programmed decisions），係以既定的程序為主幹所作的決策。該名詞，係借用電腦的名詞而來，為賽蒙所用的一種決策分類。所謂程式與否，乃為一條連續帶上的兩端，一端為程式的，另一端為非程式的。程式乃代表一定的結構，甚少有創新的要求，其類似於上述的例行性決策。

至於所謂非程式決策（nonprogrammed decisions），為沒有既定的程式，亦即為無一定結構、具有高度創新要求的決策，故可稱之為創意式決策。在此類決策中，政策扮演了重要的角色，其類似於上述的基本決策，故對組織機構有重大的影響。

雖然組織決策可有上述的分類方法，然而基本上只有兩種主要型態，一為例行性決策或稱為程式決策，另一為創意性決策或稱為非程式決策。前者具有穩定性，易於掌握足夠的資訊，此可運用科學的計量方法（quantitative method）來作決策。惟計量方法的決策範圍很廣，不只牽涉到管理本身的問題，尚且涉及經濟學、理財學與會計學方面的決策方法。

此外，組織的部分決策固可運用例行性的方式，惟組織的環境大多是變化的，此時例行性決策無法解決問題，就必須改用創意性決策。換言之，組織若無法預知變局，則可能運用創意性決策。此種決策是極具高度變動的非經常性決策，必須依賴經驗法則（rules of thumb），訴諸主觀的判斷力。組織系統中原有的程序，若不足以適應外界的變動情況，組織就必須採用創意性的改革方法來適應一切，否則就不能維持原有的平衡狀態。當然，組織也無法長期採用創意性決策，蓋組織為了表現其適應的能力，需有一套固定的規章與步驟，始能運用來順利地解決例行性問題。只是有時根據事實難以作成完全正確的決策，則只好訴諸於決策者的想像力和判斷力了。

第五節 組織決策的情況

在組織管理上，管理者在做決策時，往往需考慮各種情況。蓋管理者在決策時的情境，常會影響決策效果。例如，資訊的充足與否，即決定了決策的快慢和正確性。是故，管理者在做任何決策時，都必須注意到各種決策情境的變化。一般而言，所有的決策常會遭遇到下列情況：

一、確定性情況

所謂確定性情況（certainty）是指決策者在做決策時，即可確知該項決策可能出現的某些情況而言。在確定性情況下，決策者能精確地掌握各項抉擇方案所可能產生的後果。不過，確定性決策在所有決策中，所占比率不高，只是它確實存在。決策者只要依據自身所訂的標準，找出能導致最佳結果的一項方案，加以選擇即可。例如，管理者選擇購買公債，由於年利率是固定的，只要他決定要購買，則所得利息便是已確知的事了。

二、風險性情況

所謂風險性情況（risk），就是決策者雖已掌握了某些決策的資訊，但對決策結果仍無法預知的情況。在所有的決策中，大部分的決策都屬於風險性的情況。此種決策需估計成功的機率，而機率的估計以決策者的經驗為準。他必須依據過去同類事件的情況，來判斷今後出現的可能性，此稱之為「機率認定」。

在機率認定時，決策者需估計出各項方案的期望價值（expected value）。期望價值乃為條件價值（conditional value）乘以機率的結果。所謂條件價值，是指組織採行某項策略成功後所帶來的利潤。至於每項策略的機率，則為該項策略獲致成功的可能性。今列**表7-1**用以說明其關係：

表7-1　策略甲、乙、丙的期望價值

策略	條件價值	成功機率	期望價值
甲	900,000	0.2	180,000
乙	850,000	0.3	255,000
丙	680,000	0.5	340,000

由**表7-1**可知，顯然決策者應採取丙策略，因該策略的期望價值最高。雖然丙策略的條件價值最低，但成功機率最高，所得期望價值也最大，終將成為決策者所應採取的策略。

此外，風險性情況尚可能涉及主、客觀機率的認定，以及個人對風險的偏好。所謂客觀機率，係指依憑過去經驗而決定的機率，而主觀機率則為「想當然耳」的機率認定。當客觀機率無法認定時，決策者常採取主觀機率的認定。此時，決策常因決策者對風險性的態度而有所不同。一般而言，風險性愈大，愈會遲疑不定；風險性愈小，大多比較願意冒險。但這也取決於個人的人格特性，此已於第二節中討論過。

三、不確定情況

不確定情況（uncertainty），是指決策者無法有效掌握有關決策的資訊， 致不能估計各項方案成功可能性的情況而言。然而，此種不確定性也非完全無法估計，有時需依憑經驗主觀地去估計其機率，此也常因決策者的個性和價值觀之不同而有所差異。一般而言，決策者可能依循三種途徑去做決策，即樂觀準則、悲觀準則和拉普略斯準則。

所謂樂觀準則（optimism criterion），又稱為大中取大準則（maximax criterion），是指在所有可能產生的最佳方案中選擇最佳結果的方案之謂。此乃為樂觀決策者比較可能選取的策略。今以**表7-2**設定甲、乙、丙等三項策略的條件價值，則樂觀決策者顯然將選取甲策略。蓋甲策略的條件價值800,000為大，乙策略以500,000為大，而丙策略以700,000為大，此時由大中取大，則採甲策略。

表7-2　各項策略的條件價值

策略	情況一	情況二
甲	-120,000	800,000
乙	400,000	500,000
丙	700,000	300,000

其次，所謂悲觀準則（pessimism criterion），又稱為小中取大準則（maximin criterion），此乃為悲觀決策者所可能選擇的策略；亦即在比

較各項策略較壞的情況之後，從中選取最好的一項策略而言。悲觀的決策者無論決定採取那種策略，都認為那是最壞的結果。因此，只好從中選擇最好的方案（如**表7-2**）。則此種悲觀的決策者將選擇乙策略。此乃因甲策略的最壞情況是-120,000，乙策略為500,000，丙策略為300,000，則其中最佳策略為乙策略的500,000。

最後，所謂拉普略斯準則（Laplace criterion），是指決策者對任何事件發生的好壞機率，都做相同的估計之謂。亦即決策者以各種策略所發生好壞的機率都各以0.5來估計，則依**表7-2**的情況，將出現為**表7-3**的情況，此時決策者將選擇丙策略。因為該策略的加權價值（weighted value）為最高。

表7-3　各項決策的加權價值

策略	情況一的期望價值	情況二的期望價值	加權價值
甲	-60,000	400,000	340,000
乙	200,000	250,000	450,000
丙	350,000	150,000	500,000

總之，不確定性情況的決策並不是一件容易的事。決策者必須取得充分資訊，以決定各項策略的條件價值，認定其機率，並衡量各項策略，而做最後的抉擇。

第六節　組織決策的方法

組織決策有時是由組織管理者所專斷作成的，但在大多數情況下，往往是群體交互行為的傑作，亦即為管理階層所共同作成的，此即為群體決策。所謂群體決策，是指透過群體成員的交互作用，而就數項方案中選取最佳方案的過程。因此，決策是一群人智慧相互激盪的結果之顯現。惟群體決策在透過群體成員智慧的相激相盪之後，必須能選擇最佳方案，並將之付諸實施。此種群體智慧的顯現，即為群體決策的方法。到目前為止，此種群體決策的方法至少有下列三種：

一、腦力激盪術

腦力激盪術（brain-storming technique）是由奧斯朋（Alex F. Osborn）於一九三九年發明的。腦力激盪術的目的，乃在透過群體的討論，以產生很多創意或可行方案來提高創造力。為了增進自由思考，及消除可能妨害創造力的群體過程，乃設定一些規則，這些規則如下：

1.鼓勵輕鬆的態度。任何想法都不會被人認為是離題太遠。
2.利用別人的想法加以發揮，會得到別人的支持。沒有一項想法或創造是個人所私有的，各種主意都是屬於群體的。
3.沒有任何批評。任何成員都可將構想予以衍生或利用，但不得作任何評價和質疑。

由於腦力激盪術的運用，使得群體活動深具創造潛力。不過，有些研究指出：群體中成員單獨的構想之總和比群體成員共同構想，更富有創意且品質較佳。此乃因群體有專注於單一領域或思維的傾向。亦即群體中的個人獨霸解決問題的歷程之故。話雖如此，當群體不能擁有解決問題的所有訊息或資源時，某些群體創造性的活動是不可或缺的。因此，腦力激盪術至今仍為許多組織所沿用。

二、德爾菲技術

德爾菲技術（Delphi technique）是由蘭德（Rand）公司所發展出來的，為一項群體決策展望頗大的特殊技術。其目的一方面在探求更多可供群體使用的訊息、經驗及批評性的評價；另一方面則在降低面對面交互作用的潛在不良效果。德爾菲技術是對一群專家的意見加以融合的方法，其過程如下：

1. 約請一群和問題有相關的專家，請他們以某項問題為主，就將來可能發生的重大結果，分別以不記名的傳送方式進行預測，並記下對問題的批評、建議和解答，送交給主持人。
2. 由該問題主持人將所有專家的看法抄寫和複製，然後分送給每位專家，使其瞭解別人的批評、解答和看法。
3. 每位專家再就別人的建議和看法加以評論，並提出因別人看法而來的新建議，將該建議送回主持人。
4. 主持人反覆對各位專家作若干回合的徵詢，直到達成一致見解為止。

德爾菲技術雖不是一種面對面的直接群體，然而透過一再反覆的思考活動，可針對某項問題集合許多人的專長、經驗與評價，將相關的價值組合起來，以激發解決問題的新構想。同時，由於該項技術採用郵寄或傳送的方式，故可節省許多成本，而仍能達成參與解決問題的目標，此種成本包括：交通費、時間成本以及其他雜項成本等。

當然，德爾菲技術也有它的缺點。首先，由於不斷重複地徵詢，行事較為迂緩，且時間可能拉長。其次，由於抄寫、複印，以及傳送給每位專家，都將增加工作的繁複性。再者，由於沒有面對面溝通，將失去對努力決策的壓力，使得某些人拖延提出評價和解答的時間。

三、名義群體技術

名義群體技術（nominal group technique），是融合了腦力激盪術與德爾菲技術的群體決策法。基本上，它和腦力激盪術一樣，將一群人集合在一起，共同討論有關問題，從而加以決策，以求共同處理問題。在做法上，它也和德爾菲技術法相同，只是名義群體法的成員直接作面對面的接觸，而德爾菲技術法則不作面對面決策而已。

名義群體技術法的實施步驟如下：

1.在群體成員相互討論之前，個人先將自己對問題的看法寫下來。
2.每個人依次向群體提出一個想法，但先不討論，直到所有想法都提出為止。
3.整個群體的所有成員對每個想法，加以討論、解釋，並加以評價。
4.每個成員獨自將所有想法加以排名。
5.總評價最高的想法，即為群體的決策。

根據研究結果顯示，名義群體技術和德爾菲技術在激發創造量上的效果，以及在成員的滿足感方面，很顯然地優於傳統的方法。但對於群體成員的滿足感方面，名義群體技術法顯著地高於德爾菲技術與傳統的方法。

總之，德爾菲技術法和名義群體技術法是最近發展出來的群體決策方法，其與傳統的群體法不同。過去的群體法，諸如：敏感性群體訓練（sensitivity group training）主要乃在運用群體關係，訓練群體成員的敏銳性，培養對他人和自己的觀感，用以改善人際關係。不管在實施的方法和目的上，傳統方法和群體決策法都是不相同的。因此，到目前為止，腦力激盪術、德爾菲技術和名義群體技術，仍為群體決策的最佳方法。

第七節 組織決策與組織績效

現代組織的決策很難由個人來做決策，大部分都是屬於群體決策，只有少數為個人決策。蓋群體決策較為完備，且符合民主精神。然而群體決策也不是萬靈丹，它多少也有一些限制。本節即將從正、反兩方面來分析群體決策對組織績效的影響，其中尤以群體決策過程為最。底下將分為群體決策過程對決策的影響，以及群體決策過程對成員的影響兩大部分陳述之。

一、群體過程對決策的影響

群體決策在正確性、判斷力和解決問題、創造性、風險，以及文化價值的效果上，都顯現出對決策的不同影響。換言之，決策透過群體成員的討論，常顯現出較高的品質，但在其他方面也可能有不良的影響。就決策的正確性而言，由於群體可用的訊息與經驗，比各個成員的個人決策為多，且群體具有潛在的批判與評價力量，故群體可能犯的錯誤比個人為少。根據研究顯示，在邏輯性與判斷性問題的解決上，群體的正確性為個人的五、六倍之多。不過，群體對問題的經驗，並不保證能夠解決問題。因為錯誤的經驗只會妨礙決策與問題的解決；除非經驗是正確而成功的，才有助於群體的決策。

此外，就判斷與問題解決方面來說，由於群體可資運用的訊息、經驗、看法、批判性的評價較多，因此群體的判斷常優於個人。不過，群體對判斷問題的優越性也不是絕對的。當問題很複雜，且成員在技術或訊息的取得具有互補性時，這種群體解決問題的優越性愈高。此乃因成員間共享訊息、經驗與技術之故。相反地，若決策情境必須分成若干階段，或決策問題不容易分割成獨立部分，或答案的正確性難以證實時，群體的決策過程反而會干擾決策和問題的解決。此時，群體決策不見得比個人決策為佳。

就創造性來說，群體集合了較多成員的構想、想像力、訊息與經驗，產生較佳的品質、較多的數量，故群體比個人更富有創造性。此乃由於腦力激盪的結果。無怪乎懷特（William H. Whyte, Jr.）會說，將群體視為創造的工具，乃為大勢之所趨。然而，根據某些研究顯示，有些群體過程也會妨害創造性的產生。此乃因群體中某個成員獨控討論方式，或獨占解決問題的方法，以致引導群體走向單一領域或偏離主題和目標的思維方向之故。

就冒險性而言，群體比較沒有冒險的膽識與意願。此乃因群體有將責任分散給成員的傾向。惟事實上，有些研究顯示，當群體成員對他們的決定，比個人決策者覺得較沒有責任時，反而會冒更大的風險；亦即在決策上，群體比個人願冒更大的風險，此乃為風險轉移（risky-shift）的現象。所謂風險轉移，就是由於個人的冒險性透過群體的討論，而引導群體趨向於冒更大的風險，且由所有成員共同承擔責任。風險轉移的原因與特性有：群體決策使成員分擔責任，群體領袖富有冒險性，而影響其他成員；群體決策會向成員最極端的決策轉移；以及強迫個人在決策上使用與群體相同的時間，會造成風險轉移的情形等。

就文化價值的效果而言，群體從事決策所受文化價值的影響，比個人決策為大。此乃因決策在群體動態力量運作的過程中，常受到群體壓力的影響。因此，群體決策和文化價值有相當一致的傾向。根據研究顯示，決策期望值的大小會影響群體的相對冒險性。如果決策期望值是正的，則群體會冒更大的風險；如果決策期望值是負的，則群體只會冒更小的風險。因此，群體決策謹慎與否，端視決策方案的價值而定。

總之，群體決策過程對決策本身的影響，需依各種情況而定。群體決策在正確性、問題的解決、方案的判斷、創造性等方面，由於博採周諮、集思廣益的效果，通常比個人決策受到較佳的評價。然而，群體決策也有它的限制，吾人必須考量各項因素，才能使群體決策發揮它的效果。

二、群體過程對成員的影響

群體決策過程對群體成員的影響，至少會使成員產生較佳的瞭解；

且由於成員的參與，可使其對決策有了承諾，減少疏離感或冷漠感等。

由於群體成員參與了決策過程，在執行時較能瞭解決策的內容。此乃因雙向溝通減少了誤解的機會之故。此外，群體決策的參與感，使個人有機會貢獻自己的訊息、經驗和想法，說出自己對決策的評價，可增進個人對執行決策的承諾，減少對執行決策的抗拒。同時，由於群體成員的參與決策，可使彼此間對決策有了相同的瞭解與認同，因而降低彼此之間的疏離感。凡此都有助於提高員工士氣，增進組織的工作績效。

然而，群體決策有時也會形成群體內部成員的地位差異。此種差異會影響到群體思考的內容與評價，即群體可能接受地位較高者的建議與批評，而不接受地位低者的建議與批評，由此而形成成員間的對抗與競爭。假如群體成員分享的酬賞相同，則競爭較少；相反地，若酬賞是依據個人對決策的貢獻來分配，則競爭會較多而激烈。

再者，群體決策固可由成員共同分擔責任，然而正因為責任的分散，也使得群體成員缺乏責任。同時，由於決策時間的拖延與成本的耗費，使得群體決策過程不為個人所喜歡。加以群體決策常由個人或少數人所單獨決定，相對地使其他成員產生了疏離感，終導致個人的專斷。因此，在先天上，群體決策比個人決策好的說法，也受到了質疑。

總之，群體決策過程對群體成員都具有正、負面的影響，沒有任何一種群體決策者都是有益或有害的。吾人必須善加利用其正面價值，而降低其負面價值的影響。

Chapter 8

組織領導

領導行為是組織管理的重心之一，任何組織若缺乏有效的領導，則不易展現其經營效率。因此，領導行為是自有人類社會以來，即已存在的古老課題。學者對領導行為的研究，可謂多如牛毛，但有關領導的完整理論，卻是不可多得。此乃因領導所牽涉的因素甚為複雜，非為一項通則所可概括。本章只擇其要者論列領導的意義、領導產生的權力基礎、領導權的形成，以及影響領導的特質論、行為論、情境論等觀點，然後研討有效領導的途徑。

第一節 領導的意義

領導是一個人言人殊的主題，早期學者對「領導」一詞的涵義，較偏向靜態的解說，甚而將領導與管理不分。今日學者採取比較動態的觀點來分析「領導」，把領導看作是一種影響力，而不是一種強制力。一家企業組織是否能群策群力以竟事功，領導的作用甚是重要。然而，何謂領導？所謂領導（leadership），是指一種行為及其影響作用而言，亦即是一種能引導他人或一群人朝向某種目標邁進的影響力。它是一種改變他人行為的力量，但促使他人行為的改變並不是出自於強迫的，而是某種推力使之自然改變的。因此，領導是自然改變他人行為的力量。領導與權力是不相同的，權力是一種強迫的力量；不過，權力卻也可能是領導的一種推力。

依此，領導是激發他人去達成特定目標的影響歷程。就組織心理的觀點而言，領導是一方面由組織賦予個人統御其部屬，用以完成組織目標的權力；另一方面則為把組織視為一個社會心理體系，而由領導者產生一種行為的影響力，用以激發團體成員努力於組織目標的達成。前者係依組織正式結構產生的領導，是一種正式領導；後者則為依非正式結構產生的領導，屬於一種非正式領導。易言之，領導具有兩方面的作用，一為完成組織正式目標，一為表現群體交互影響，如**表8-1**所示。

史達迪爾（Ralph M. Stogdill）認為，領導是對一個有組織性的群

表8-1　領導的兩種作用

類別	權力架構	權力基礎	功能目標
正式領導	正式組織結構	1.合法權力 2.獎賞權力 3.懲罰權力	完成組織目標
非正式領導	非正式組織結構	1.參照權力 2.專家權力	達成群體互動

體，致力於其目標的設定與達成等活動時，施予影響的過程。該定義顯示領導的三項要素為：(1)必須有一個組織性的團體；(2)必須有共同的目標；(3)是一種影響活動。貝尼斯（Warren G. Bennis）強調領導乃是「一位權力代表人引導部屬，使其遵循一定方法行事的過程。」該定義有五項因素：領導人、屬員、引導行為、方法、過程，且強調領導的影響關係，以及環境條件的運作。

貝爾勒（Alex Bavelas）則注意領導行為，認為領導是協助團體作抉擇使能達成其目標，領導權包含著消滅不確定性的作用。這個概念即是說，領導者的行為能為團體建立起從前所未經確知的情況，一經領導者在組織中擬具出目標，他就能執行這些領導活動，使其他人追隨其行動。

湯納本（R. Tannenbaum）與馬沙里克（F. Massarik）曾就領導與影響系統的關係之觀點，陳述領導是「依情況而運作，並透過溝通的過程，而邁向一個特定目標或多重目標的達成之個人影響。領導總是包含著根據領導者（影響者）去影響追隨者（被影響者）的行為之企圖。」換言之，最能滿足團體內個人需求的人，才是真正的領導者。

費德勒（Fred E. Fiedler）則指出，一個領導者乃是「在團體中具有指定與協調相關工作的團體活動之任務，或者是在缺乏指派領導人的情況下，能擔當基本責任於實現團體功能的個人。」該定義強調領導是一種過程、一種地位集群。不過，它重視「一種過程」，遠甚於「一種地位集群」，且「任務指向的團體活動」似乎表示領導與管理是同義詞。惟事實上，管理比領導更具有較寬廣的基本功能。

領導是管理的一部分，但並不是全部。一位管理者除了需要去領導之外，尚需從事於規劃與組織等活動，而領導者則僅止於希望獲致他人的遵從。領導是勸說他人去尋求確定目標的能力，它是使一個團體凝結在一起，同時激發團體走向目標的激勵因素。除非領導者對人們運用激勵權力，並引導他們走向目標，否則其他管理活動，如規劃、組織與決策等，終將靜止。此種涵義強調領導角色乃在發掘行為的反應，隱含著達成團體目標的人為能力。

當然，領導並不是單方面領導者的行為，而是領導者和被領導者在某些情境下交互作用的結果。因此，領導亦可視為一種人際互動的過程，只是領導者影響被領導者較多，且具有決定性作用；而被領導者影響領導者較少，且不具決定性作用而已。此在各種領導理論出現後，已為各個學者所共同接受的觀念。

總之，領導就是以各種方法去影響別人，使其往一定方向行動的能力。在今日組織中，有積極平衡性性格的個人，才可能是領導者；而未具平衡性性格的個人，則不可能帶動別人從事適當活動。質言之，影響企圖失敗則表示領導無效，領導者就會喪失領導能力，此時自無領導可言。

第二節 領導的權力基礎

領導既是個人對他人或團體所擁有的影響力，則它必以某些權力為基礎；惟學者對權力的看法，則人言人殊。艾茨歐尼（A. Etzioni）認為權力有三種類型：外在權力（physical power）、物質權力（material power）、象徵權力（symbolic power）。賽蒙把權力關係分為四種：信任權力（authority of confidence）、認同權力（authority of identification）、制裁權力（authority of sanctions）、合法權力（authority of legitimacy）。本節首先就早期傳統及其後所衍生的個別看法，說明各種權力理論，然後討論韋伯、佛蘭西與雷文的理論，以供參考。

一、早期及其後的各個論點

領導權力來源的說法，本就眾說紛紜，早期對權力的看法，都以本位立場各據一方。當組織開始形成之初，一般都認為權力是由上而下的，此在專制政治體制尤然；隨著民主思想的開放，乃認為權力應是由下層人員容允（permissive）而得的；其後又經過若干修正，而有了其他論點的出現。由此，有關領導權力的個別理論乃應運而生，此時對權力來源的主張都本於獨立的看法，而各自建立起其論點，最主要的可分為下列幾種看法，茲分述如下（如**表8-2**）：

表8-2　早期各種權力來源的看法

理論類型	內容來源
形式職權論	權力來自組織的頂層
接受職權論	權力來自組織的底層
情勢職權論	權力來自緊迫的情勢
知識職權論	權力來自專業的知識

(一)形式職權論

形式職權論（formal theory of authority），是指一位領導人的權力係來自於組織的頂層。不管此種領導人是如何來的，他所擁有的權力是因為他居於組織的頂端，這是組織權力來源的最早看法，也是組織層級理論的傳統看法。站在組織統合的立場而言，此種權力來源應是最具正當性和合法性的。因此，此種看法在早期人類有了組織便已存在，時至今日，組織學者仍無法否定組織權力來自頂層的說法。是故，形式職權論為傳統學者所共認的理論，也是一般組織普遍存在的事實。

(二)接受職權論

接受職權論（acceptance theory of authority），主張領導人之所以具有權力，乃是因為部屬接受領導人權力的運用而來；若部屬不接受領導者的權力，則其權力是無法存在的，至少也會被大打折扣。此種權力學說為行政組織學家巴納德所極力提倡。他認為組織領導者的權力，應是由下而上的，而非由上而下的。蓋組織底層若拒絕接受權力，則領導者自無權力可言，故權力應是部屬容允而得。

(三)情勢職權論

所謂情勢職權論（authority of the situation），是指權力的來源係始自於緊迫的情勢。當組織或任何情境處於緊迫的狀態下，行為者可當機立斷以處理此緊急的情況，由是他乃擁有當時的權力；而當此種緊急情況消失後，他所擁有的權力立即消失；但也可能因權力者曾有過的經驗，而再衍生其後續所產生的權力。不過，此種個人權力在性質上是由情勢所促成的，因此他當時確擁有一份指揮權。大凡在危機情勢下，而必須立即採取行動的狀況，都能促使在場者行使權力，此種權力是不必經過正式授權的。

(四)知識職權論

所謂知識職權論（authority of knowledge），乃是指權力的來源係因某人擁有專業知識之故。此即某人具有專業技術能力，而擁有指揮他人的權力。在今日社會中，由於分工專業化的結果，擁有專業知識權力者日眾，而其他缺乏某項專業知能者，只有聽從指揮的份。所謂「知識即權力」、「知識就是力量」，正是此種情況的寫照。因此，擁有豐富知識的個人，乃能成為領導者。因為專業知識具有引導他人的作用，甚而為他人謀取利益，故而能成為權力的來源。

顯然地，權力的來源不止一種，而由於上面的論述正足以說明權力是一種動態的概念，故隨之而來的領導權也必須以動態的觀點加以正視。亦即領導權的產生，絕不僅限於組織正式層級所賦予的意義，有時也必須從組織的底層或其他方面去探討，方不致產生偏頗現象。

二、韋伯的理論

德國社會學家韋伯把權力（power）稱為「權威」或「職權」（authority），他認為權力是控制別人行為的能力（ability），而權威則是控制別人行為的權利（right）。他把權威分為三種基本類型：法理權威、感召權威和傳統權威，其來源如**表8-3**所示。

表8-3　韋伯的權力來源理論

權威類型	來源
法理權威	1.權威來自於法定規章的合法程序 2.權威來自理性體系的職位或職務
感召權威	1.權威來自個人的稟賦才能 2.權威來自領導者個人的魅力特質
傳統權威	1.權威來自於世襲的職位 2.權威來自於傳統的文化價值

(一)法理權威

法理權威（legal / rational authority）或可稱為合法合理權威，它既不是反應某人的特質而來，也不是完全依賴傳統的文化結構而生，而是來自於一個理性的系統，亦即由法令、規則和條例體系所界定。某人之所以擁有權力，係依法定程序而來，是依據組織體制的合法合理性而生。因此，決定個人擁有權威的因素，是職位或職務，而不是占有該項職位的人。法理權威是屬於法治的，而不是人治的；權威的執行只限於公務，也就是在技術上或功能上的地位。在法理權威下，領導者只能在法定情況下行使權力，而他所執行的是一個理性體系所賦予的職責。

(二)感召權威

感召權威（charismatic authority）或可稱之為神性權威或魅力權威，

係來自於個人天生的稟異才能，也就是一種近乎超人或超自然的稟賦能力。此種權威的取得，是依靠領導者個人的魔力性質，使他的追隨者自願服從他的命令。人們追隨他的原因是出自於個人崇拜，而不是由於法律規章的約束。韋伯曾說：「感召領袖只有藉著展現他對生命的力量，才能獲致與保持權威。他若想成為一位先知，就必須讓奇蹟出現；若想成為一位司令官，就必須有英雄事蹟。」就影響力的觀點而言，感召權威概念遠超過權力概念，因感召權威的形成係依據個人特質而來，具有強固的地位特性。由於感召領袖具有獨特特質，故不易找到繼任人選，也由於這個原因，感召權威常不穩定，且無法持久。

(三)傳統權威

傳統權威（traditional authority）介於法理權威和感召權威之間。傳統權威的職位通常是世襲的，而人們也覺得必須對占有該職位者忠誠。此種權威的來源最初通常是始於感召權威的建立，或接受政治體制而生，或由宗教信仰而來，而後逐漸形成傳統的文化價值，使得傳統權威得以傳遞下去。在傳統社會中，人們經常認為，習以為常的事就是神聖不可侵犯的。凡是具有傳統權威的個人，就是基於人們對這種文化價值的認同，以致獲得他人的追隨與服從。

以上這三種權威可能會彼此重疊。在法理權威下所產生的領導者，可能擁有相當的傳統權威，而且本身也具有感召權威。而在傳統權威下的領導者，也可能有某些法理權威或個人的感召權威。同樣地，出自於個人感召權威的領導者，也可能衍生出法理權威或建立起傳統權威。不過，在此模型下，這種權威有可能以某一種權威為主要的憑藉。

三、佛蘭西與雷文的理論

佛蘭西與雷文（John French & Bertram Raven）認為，權力是指某個

人對他人所能發揮的控制力。顯然地，在某個社會團體中，某人具有權力即是他擁有控制能力之故。依此，他們認為權力的來源有五，如**表8-4**所示：

表8-4　佛蘭西與雷文的權力來源理論

權力類型	來源	類屬
報償權力	來自於領導者所擁有獎賞的能力和權限	正式權力
強迫權力	來自於領導者擁有懲罰的權限程度和強度	正式權力
合法權力	來自於領導者所擁有的合法職位與職務	正式權力
參照權力	來自於部屬對領導者所認同的程度	非正式權力
專家權力	來自於某人是否具有專業知識而能為人所肯定的程度	非正式權力

(一)報償權力

所謂報償權力（reward power），或可稱為報酬權力或獎賞權力，是指某人能提供給他人多少獎勵的能力而言。在報償權力下，領導者掌握了對下屬的獎賞權力，以致增強了他所具有的影響力。如果下屬能按照領導者的意思去做事，將可獲得正面的報償。這些報償可能是金錢，如加薪；也可能是非金錢的，如讚賞、記功等。領導者所擁有的報償權力，不僅和他所能給予的獎勵數量之多寡有關，且和他所能支配的獎勵範圍之大小有關。因此，領導者報償權力的大小，除了係依其在工作範圍內，能給付多少薪資的獎勵能力而定之外，尚須依憑他在組織內能否變更此一工作範圍，或對屬員晉升的機會，提供強有力的影響之可能性而定。

(二)強迫權力

強迫權力（coercive power），或可稱為強制權力或懲罰權力，係指領導者具有某些足以令他人接受其命令，以免遭受到痛苦或損失的權力。亦即領導者具有懲罰屬員的影響力，此與報償權力為一體之兩面。此種權力會使部屬體會或知覺到不順從主管的意志，將招致懲罰。在組織中，領導者的強迫權力，有申誡、記過、調職、減薪、降級和解僱等方式。強迫權力的大小，胥依當事人違反權力者意志的程度，以及權力者所能施加懲罰的強度而定；此常與獎賞權力交互運用，以求達到屬員服從的目的。

(三)合法權力

合法權力（legitimate power）係衍生於組織內部的規範與文化價值，且是依據組織的合法職務而來的權力。一位主管若經由法定程序任命，則他所具有的權力即屬於合法權力。由於主管擁有合法權力，故部屬認為聽命於主管乃是理所當然之事，故主管得以影響其下屬的行為。不過，此種合法權力常依據獎賞和懲罰權力為其基礎，始能發生作用。此種權力亦可指定某人代行權力，而另一些人則有接受該權力運作的義務，此乃因它是合法的泉源。

(四)參照權力

參照權力（referent power）是基於影響者與被影響者的認同關係而來，故又稱為歸屬權力或認同權力。此即為領導者擁有某些特質，而為被領導者所認同，以致產生共同的歸屬感與一致感。此種歸屬感的形成，乃是因為領導者被認為具有一定的吸引力，且是希望的來源之故。此種權力往往是領導權的真正來源，因為它是基於「被治者同意」的原則而來的。

(五)專家權力

專家權力（expert power）是指某人因擁有某種專長、專門技能和專業知識，而具有影響他人行為的力量而言。此種專家常常受到他人的尊敬和順從，此有助於工作的順利推行。專家權力的強度須視影響者在專門知能領域上，受別人所敬重的程度以及依據某些標準所衡量的水準而定。一個人在這些範圍內受到肯定，往往更具領導權，尤其是在今日分工愈為精細的社會中，專家權力愈為廣泛。在組織中，具有專門知識與技巧的專家，以其擁有的才能與技術，而形成對他人極大的影響力。

上述這五種領導權力的基礎中，前三者與正式組織有關，是屬於組織權力，也是正式組織的主管所專有。但一位管理者也不能忽略來自於個人特質的參照權力和專家權力，此兩者一般是屬於個人的，是一種非正式權力的基礎，但其影響力不亞於正式權力的基礎。此即為有效的管理者實應同為有效的領導者之故。

第三節 領導權的形成

領導既然是影響他人行為的能力，然則領導權是如何形成的呢？個人之所以成為領導者，到底是「時勢造英雄」呢？還是「英雄造時勢」呢？依據現代組織理論的研究顯示：兩者是相互作用的。在領導權形成的過程中，情境因素是很重要的；惟在特定的環境中，個人性格亦能依據情境而創造出他的領導風格，此即為所謂的「特質研究法」。該法認為領導權的形成，乃是領導者的人格特質、價值系統與生活方式所塑造而成的。依此，特質論者常常建立起領導者的明確特質表，可能包括：身材高矮、力氣大小、知識高低、目標認知性、熱誠與友善程度、持續力、決心、整合力、創造力、道德心、技術專長、決定能力、堅忍力、外表、勇敢、果斷力、智慧、表達能力與敏感性等。個人具有的這些特質雖無法確定是否能成為領導者，但領導者具有這些特質的一部分或全部，是許多研究所承認的事實。故有人解釋領導力是指「綜合群體行為中的有關決定因素，以便推動群體行動的能力。」

領導特質的測量，通常都發生在一個人已成為領導者之後，故吾人很難證明領導權形成的因果關係。惟一般成功的組織領導都具有四大特質：

1.**豐富的知識**：領導者的知識比一般追隨者略高，此種差異雖不一定很大，但總是存在的。為了能瞭解廣泛而複雜的問題，領導者必須具備豐富的知識與分析能力；為了表達他的意念，激發員工的士氣，他必須具備溝通與協調的能力。

2.**社會成熟性**：一般領導者都具有較寬廣的興趣與活動力，他們的情感較為成熟，不易因挫折而灰心喪志，或因成功而自鳴得意。他們具有較高的挫折忍受力，對他人的敵視態度較淺，且有合理的自信與自尊。

3.**內在動機與成就驅力**：領導者具有強烈的個人動機，用以完成工作任務。當他們實現一個目標之後，其靈感水準將提升至更高目標的追求，故一次成功可能變成更多成功的挑戰。他們為了滿足其內在驅力，將更努力去工作，以滿足其成功的慾望。

4.**良好人群關係的態度**：成功的領導者常體會到工作的完成，乃係他人努力助成的，故會試圖去發展其社會瞭解與適當的待人技能。他常能尊重他人，對人性產生健全的觀感，蓋他的成功是基於人們的合作。因此，他很重視人群關係的態度與發展。

基於上面的敘述，這些領導特質是可期的，但並不是很重要的。蓋領導者與追隨者之間，在特質適宜性上的差異不能太大。領導者為了維護群體的親善關係，他不能具有太高的知能，否則由於差異性的阻礙，可能使他在群體內失去與他人接觸或交往的機會。因此，吾人討論領導權的形成時，不能排除「情境探討法」的論點。

所謂「情境探討法」，乃是從情境的觀點來研討領導權的形成，亦即在設定領導權時，特性並非突出的主要原因，其更恰當的相關變數乃為情境或環境的因素。在某種情境下，某人是領導者，但在另一種情境下，他可能就不是領導者，此與他所具有的特性無關。雖然所有組織的結構大致上是相同的，但每個組織都有它獨立的特點，以致每個組織領導的特質與需求是不相同的。此種不同的情境需有不同的領導者，故情境探討法是具有相當價值的，它說明了領導功能與情境因素有密切的關係。任何人都可以成為領導者，只要環境允許他去執行情境所需要的各種活動。如果情境出現緊急狀況，則可能產生一個領導者來完成這種情境所需的功能，而該領導者卻不一定能適合於平常穩定時期的領導。

近代組織學者常從領導權的功能觀點，來看組織中的領導角色，並採取調和情境論與特質論的看法，此稱為「相互作用探討法」。該法認為決定領導權的主要因素，係視群體情境與領導者在某種特殊時期的關係而定。即個人在群體中與他人進行交互行為時，由於群體權力、工作方向與價值觀等情境因素的綜合，再加上個人具有吸引人的特性，以致脫穎而出成為群體的領導者。此種立論表面上似乎近似於情境理論，惟事實上並非如此。蓋此種論點特別強調相互作用，此為互動論的精髓所在。

綜合上述觀點可知，「特質論」強調領導者的個人特質為決定領導權的主要因素，而「情境論」則主張組織的當時情境才是決定領導權形成的最重要因素；至於「互動論」則綜合這些看法，認為個人特質與情境的相互影響，應是真正決定了領導權的形成與發展。

第四節 領導的特質論

有效的領導除了要瞭解領導權力的來源及運用之外，尚須探討有關領導效能的理論，這些理論大致上可包括特質論（trait theory）、行為論（behavioral theory）與情境論（situational theory）等。本節先探討特質論，如**表8-5**所示；以後各節將分別討論行為論和情境論。所謂領導的特質論，乃認為領導權的形成或成功的領導，係基於領導者具有某些特殊特質之故，這些是非領導者比較欠缺的。這些特質包括心理特質，如主

表8-5　成功領導者的特質

特質類型	內涵
心理特質	主動、忍耐、毅力、熱忱、洞察力、判斷力、坦誠、開放、客觀、智慧、敏銳性、自信心、反應力、幽默感、勇敢、具創造力、正直、成就感、自我實現感、果斷力、樂觀、內在驅力、平穩的情緒、自我控制能力、自我察覺能力、成熟人格、具強烈權力慾望
社會特質	同情心、社會成熟性、關懷心、道德心、得到信賴、良好人際關係能力、解決衝突能力、支配性、協調能力、領導力、說服力、社交能力、具犧牲精神
生理特質	身高略高、體重、儀表堂堂、身體健康、體格強壯、具活力、具運動能力、旺盛的精力
其他特質	豐富的知識、勤勉、自我管理、具人性觀、督導能力、高度工作水準、良好工作習慣、進取心、具魅力、負責任、敬業、有完成工作任務的能力

動性、忍耐、毅力、熱忱、洞察力、判斷力等；社會特質，如同情心、社會成熟性、良好人際關係能力、關懷心、道德心等；生理特質，如身高、體重、儀表堂堂、健壯等；以及其他特質，如具有自我管理能力、人性觀、豐富的知識、勤勉等。

事實上，有關領導者特質的探討甚多，一般都認為領導者之所以為領導者，乃是他具有令人折服的一些突出特質，如自信、具有較高的智慧等。由於各個學者研究的對象、範圍等都各有不同，致常得到不同的結論。如貝尼斯認為，一九九〇年代的領導人必須具備關懷心、體認意義的能力、能得到信賴、能作自我管理等特質。

此外，吉謝里則認為領導者的特質，至少要有監督能力、相當的智能、成就慾望、自信、自我實現慾望及果斷力等。一個人必須具有上述六項特質，才能成為有效的領導者。戴維斯則認為成功的領導者，都具有四大特質：豐富的知識、社會成熟性、內在動機與成就驅力，以及良好的人群關係態度等，此已如前節之所述。

由上可知，領導者的特質甚多，常因學者看法的不同而有極大差異。事實上，這些領導特質是可求的，但卻不是最重要的。有些學者常認為這些特質的顯現，往往是在個人已成為領導者之後才出現的，並不是在個人尚未成為領導者之前就已測知。即使這些特質的存在是事實，但領導者與被領導者之間也不能存有太大的差異，否則反而會因地位的懸殊而阻斷了其間的溝通。

另外，特質論只重視領導者的特質，忽略了領導者與被領導者的地位與作用，領導者能否發揮其效能，有時須視被領導者的對象而定。又領導者的特質之內容極為繁雜，常因情境的不同而有所差異，以致很難確定何種特質才是真正成功的領導因素。是故，特質論所顯現的結果相當不一致。近來許多研究領導理論的學者已經逐漸捨棄特質論的說法，而轉向研究其他理論，如行為論即為其例，下節即將討論之。

第五節 領導的行為論

所謂領導的行為論，乃認為領導的效能是取決於領導者的行為，而不是他具有那些特質。換言之，行為論是以領導者的行為類型或風格為主，而把重點放在他於執行管理工作上所做的事為基礎。當然，這些行為論到目前為止，仍沒有一套「放諸四海而皆準」的法則。且其所用的名詞雖異，但所涉及的內容實具有相當的一致性。

一、連續性領導論

湯納本和許密特（Robert Tannenbaum & Warren Schmidt）以領導者所作的決策，來建立以領導者為中心到以員工為中心的兩個極端之連續性光譜，而產生了許多不同的領導方式，如**圖8-1**所示。

在連續性光譜的最右端，領導者採取參與式的管理，和部屬共享決

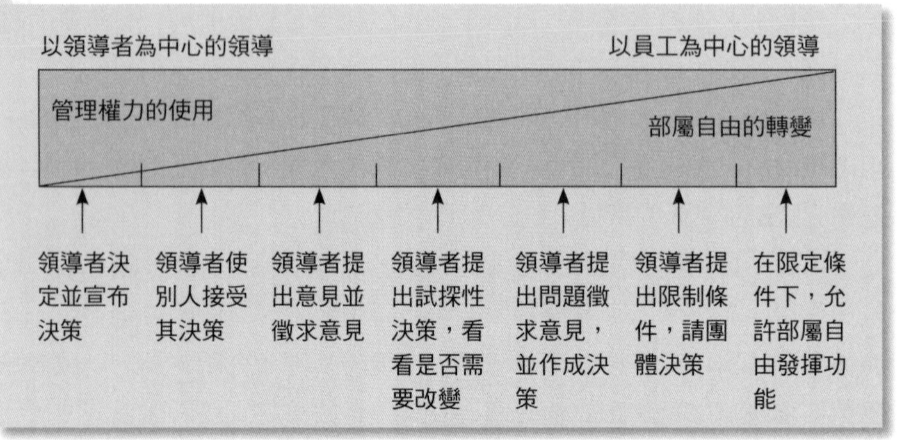

圖8-1　連續性領導光譜

策權力，允許部屬擁有最大的自主權；此時部屬具有最大的自由活動範圍，享有充分的決策權力。相反地，在最左端，領導者所採取的是威權式的領導，由他一個人獨攬大權，專斷獨行；部屬享有的影響力最小，自由活動的範圍極其有限。

至於，在兩個極端光譜的中間，又有各種不同程度的領導方式，其可依領導者本身能力和授權程度、部屬能力以及所要實現目標的差異，而選擇最合適的領導方式。

二、兩個層面理論

一九四五年，一群俄亥俄州立大學（Ohio State University）學者對領導問題進行研究後，提出兩個層面的領導：一為體恤（consideration），一為體制（initiating stucture）。所謂體恤，乃是領導者會給予部屬相當的信任和尊重，重視部屬的感受，領導者能表現出關心部屬的地位、福利、工作滿足感和舒適感。高度體恤的領導者會幫助部屬解決個人問題，友善而易接近，且對部屬一視同仁。所謂體制，就是領導者對部屬的

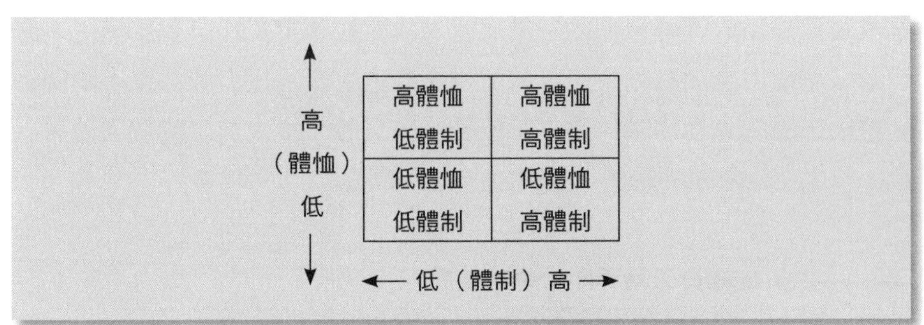

圖8-2　俄亥俄州立大學的領導行為座標

地位、角色、工作任務、工作方式和工作關係等，都訂定一些規章和程序，且將之結構化。高度體制的領導者會指定成員從事特定的工作，要求工作者維持一定的績效水準，並限定工作期限的達成。上述兩個層面的組合，可構成四種基本領導方式，如**圖8-2**所示。

該理論的學者試圖研究該等領導方式和績效指標，如缺席率、意外事故、申訴以及員工流動率等之間的關係。根據研究結果發現，高體制且高體恤的領導者比其他領導者，更能使部屬有較高的績效和工作滿足感。此外，在生產方面，工作技巧的評等結果和體制呈正性相關，而與體恤程度呈負性相關。但在非生產部門內，此種關係則相反。不過，高體制低體恤的領導方式，對高缺席率、意外事故、申訴、流動率等具有決定性的影響。雖然，其他研究未必支持上述結論，但它已激起愈來愈多有系統的研究。

三、以工作或員工為導向的理論

一九四七年後，李克（Rensis Likert）和一群密西根大學的社會學者，對產業界、醫院和政府的領導人進行研究，將領導者分為兩種基本類型：以工作為導向的（job-oriented）和以員工為導向的（employee-oriented）兩種。前者較強調工作技術和作業層面，關心工作目標的達成，成員只是達成團體目標的工具而已，故而較著重工作分配結構化、嚴密監督、運用誘因激勵生產、依照程序測定生產。後者較注重人際關係，重視部屬的人性需求、建立有效的工作群體、接受員工的個別差異、給予員工充分自由裁量權，並與之作充分的溝通，如**表8-6**。

表8-6　以工作或員工為導向領導的差異

類別	特性	效果
以工作為導向	1.著重工作分配結構化 2.嚴密監督 3.運用誘因激勵生產 4.依程序測定生產	1.一般生產力較低 2.員工較不具滿足感 3.配以適當激勵，有助生產力提升
以員工為導向	1.重視部屬的人性觀點 2.建立有效的工作群體 3.給予員工自由裁量權 4.與員工作充分溝通	1.一般生產力較高 2.管理過分鬆懈，生產力會慢慢降低 3.員工較具滿足感

經過研究結果顯示，大多數生產力較高的群體多屬於採用「以員工為中心」的領導者，而生產力較低的單位多屬於採用「以工作為中心」的領導者。此外，在一般性監督和嚴密監督的單位之間，也以「員工為中心」的領導，其生產力較高。蓋大部分員工都喜歡以員工為中心的領導，其監督較為溫和，故管理者宜多發展以員工為中心的領導觀念。

四、管理座標理論

白萊克和摩通（Robert R. Blake & Jane S. Mouton）依人員關心（concern for people）和生產關心（concern for production）為座標，將領導分為八十一種型態的組合，其中以下列五種型態為最基本（如**圖8-3**）：

1.一一型管理：表示對人員和生產關心都是最低，這種領導者只求確保飯碗，得過且過，為消極型逃避責任專家。

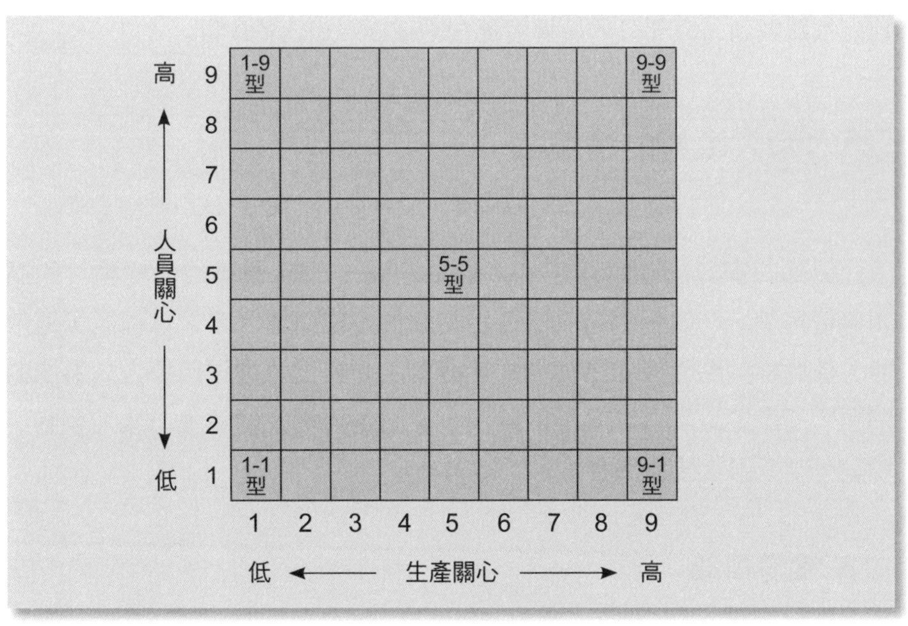

圖8-3 管理座標圖

2.**一九型管理**：表示對人員作最大的關懷，但對生產的關心最低。對人性最尊重，但忽略工作目標。

3.**九一型管理**：表示對人員關心最低，對生產關心最高。忽略人性價值和尊嚴，一切以生產效率為最高目標。

4.**五五型管理**：表示對人員和生產的關心，均取其中間值，以差不多主義來解決問題，對人員和生產都未盡最大的努力。

5.**九九型管理**：表示對人員和生產都表現最高度的關心，認為組織目標和人員需求皆可同等達成，可藉人員溝通與合作來達成組織目標。

白氏等的研究，認為九九型領導為最理想者。只有對組織成員與工作給予最高的關心，才能使領導成功，此為領導者所應具備的基本觀點，也是領導者所應努力的方向。當然，此為最理想的領導類型，但在實務上很難做到，大部分的領導者都在兩種極端組合的中間。

第六節 領導的情境論

另外一項討論領導內容和效能的理論，即為領導的情境論。所謂領導情境論，乃是領導方式的運用需評估各種情境因素，以提高領導效能。依此種論點而言，領導的成功與否，並非全是選擇何種方式為佳的問題，而是要瞭解各種環境的狀況，從而選擇適宜的領導方式。有關情境論可以下列三種為代表：

一、權變理論

權變理論（contingency theory），或稱情境理論，由費德勒所發展提出。費氏認為影響有效領導的因素有三：

1.**地位權力**：是指領導者在正式組織中所擁有的權位而言。通常領導者在組織中的指揮權力，係依他所扮演的角色為組織和部屬所同意的程度而定。

2.**任務結構**：是指工作內容是否按部就班、有組織、有步驟而言。一個以任務結構為中心的團體之成就，是領導有效與否的一種測量。在良好的、例行的結構中，領導較不需有創作性的處理，而不良結構、含混的情況，則容許相當的處理餘地，但領導工作較為困難。

3.**個人關係**：地位權力與任務結構為正式組織所決定，而領導者與部屬間的個人關係，則為領導者與部屬的人格特質所決定。它是指下屬對領導者信任和忠誠的程度。

在上述三者的連接關係中，每種情況都各自分為兩類，以致有八種組合，如**圖**8-4所示。

在**圖**8-4第一欄中，領導者與部屬的關係良好，工作任務有組織性，領導者很有權力，此時宜採用「以工作為主」的領導方式。第四欄則表示，領導者與部屬的關係良好，但工作任務沒有結構，而領導者的權力很弱時，則宜採用「以人員為主」的領導方式。該模式指出，在相對最有利如第一、二、三欄，和相對最不利第七、八欄的情況下，直接採用控制式的領導方式最有效；而在中間程度如第四至六欄的情況下，則以參與式領導最成功。

然而，事實上一種有效的領導方式，如果應用於另一種不同的領導情境時，常可能變為無效。不過，根據費德勒的模式，可修改其領導狀況。如領導者處於「與部屬關係良好，工作沒組織性，領導者沒權力」的狀況下，需要參與式的領導；惟領導者不能適應此種方式，則他可改變其權力，增強其權力，卒能採用「以工作為主」的領導方式。

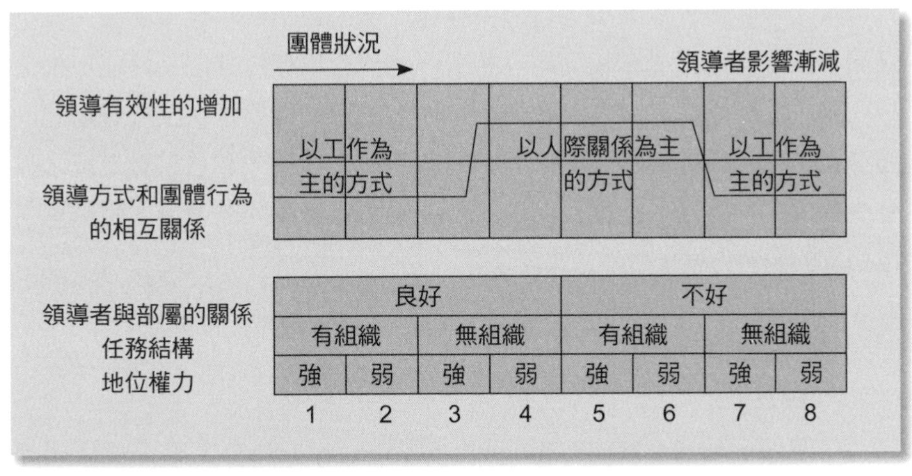

圖8-4　地位權力、任務結構、個人關係與有效領導的組合

二、路徑目標理論

路徑目標理論（path-goal theory）乃為一九七四年由豪斯和米契爾（Robert J. House & Terence Mitchell）所提出，其與前章激勵的期望理論有相通之處。該理論認為領導行為對部屬的工作動機、工作滿足感、對領導者的接受與否等，都是有影響的。換言之，領導行為係引導部屬走向達成工作目標所應走的路徑，故稱之為路徑目標理論。

依據此一理論，則領導者行為是否能為部屬所接受，端在於部屬是否視領導行為為目前或未來需求滿足的來源而定。易言之，若領導者的行為能滿足部屬的需求，或能為部屬提供工作績效的指導、支援和獎酬時，則能激勵部屬工作，提供作為部屬需求滿足的來源。此一觀點用於領導行為的解釋上，正類似於期望理論之運用於激勵上。

該理論認為，領導者行為可產生群體績效和部屬的滿足感；惟實際上績效和滿足程度的高低，常因群體工作任務的結構化情況而異。一般而言，若結構化很高的話，由於達成任務的路徑已很清楚，則領導方式宜偏重人際關係，以減少人員因結構化工作所帶來的枯燥單調感、挫折感和其所引發的不滿。相反地，若工作結構化很低，則因其路徑不很清晰明確，此時需要領導者多致力於工作上的協助與要求。至於專斷式的領導在結構化和非結構化中，都不易有助於工作績效和員工滿足感，故宜少採用之。總之，路徑目標理論乃在說明隨著不同的情境，宜採用各自適宜的領導方式。

三、三個層面理論

三個層面理論（three dimensional theory）乃為雷定、赫賽與布蘭查（W. J. Reddin, Paul Hersey, & Kenneth H. Blanchard）等所分別研究發展出來的。該理論基本上認定了三個層面，即：(1)任務導向

（task-oriented）；(2)關係導向（relationship oriented）；(3)領導效能（leadership effectiveness），影響了領導行為。

任務導向和關係導向類似於前述的「以工作為中心」和「以員工為中心」、「生產關心」和「人員關心」等。任務導向乃為領導者組合和限定了部屬的角色、職責以及指揮工作流程等；而關係導向則為領導者可能透過支持、敏銳性以及便利性，以維持與部屬的良好關係。此兩種向度乃構成了三個層面中的基本型態，如**圖8-5**中間所示。

由於領導者的有效性，取決於其領導風格和情境的相互關係，故有效性層面尚須增加任務導向和關係導向所構成的層面。當領導者的風格在特定情境中適宜的時候，則該領導風格是有效的，而當它不適宜時，則是無效的。有效和無效的風格，乃代表連續性光譜的兩端，至於有效性只是一種程度的問題而已。其程度由＋1到＋4分別代表有效的高低程度，而－1到－4分別代表無效的高低程度，如**圖8-5**所示。

該理論顯示，每位領導者在不同情境中，變換領導風格的能力各有

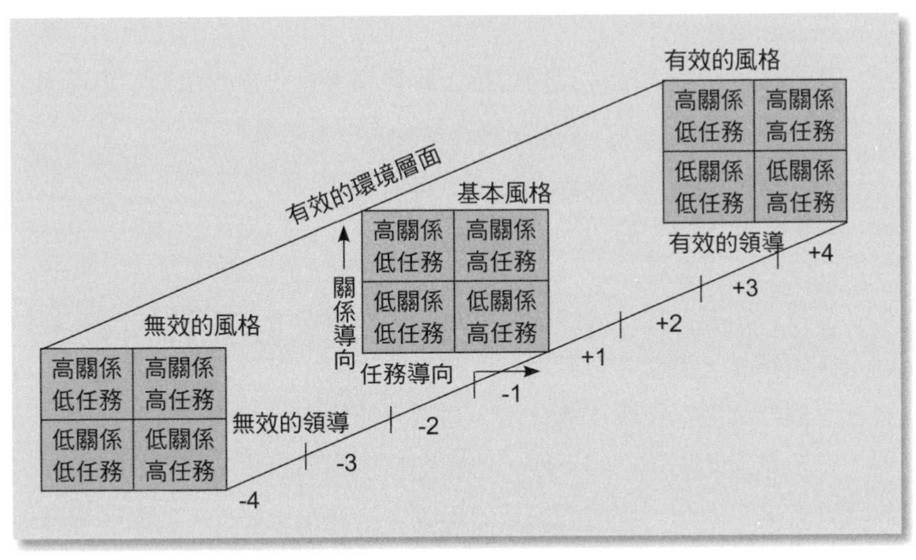

圖8-5　三個層面領導理論圖

不同。具有彈性的領導者，在許多情境中都可能是有效的。不過，在結構性、例行性、簡單性和建構性的工作流程等情況下，領導的彈性與否並不重要；而在非結構性、非例行性、重大環境變遷和流動性等工作情境中，領導的彈性化卻是相當重要的。

總之，三個層面理論已隱含有情境因素在內。一種領導方式的有效與否，乃取決於所使用的情境；用得對，就是有效的領導方式，用得不對，便是無效的領導方式。是故，沒有一套領導方式能不因應情境因素的，三個層面理論便是其中之一。

第七節 有效領導的運用

前面各節已討論了有關領導效能的各種理論，用以說明何種情境適用何種領導方式。惟領導是否有效，是受到領導者本身的特質、行為、其所採用的領導方式、被領導者的特質以及情境因素等的綜合影響。因此，探討領導的有效性必須有全盤性的概念，即使吾人無法確知領導究係一種角色或一種過程，但仍可指出影響領導有效性的因素，管理者宜審慎加以運用之。下列各項即為有效領導的可用途徑。

一、培養正確知覺

知覺在領導中常扮演極重要的角色，領導者唯有正確的知覺才能做好正確的領導。主管若對員工有了錯誤的知覺，將可能喪失最佳的領導機會。例如，主管視庸才為良才，乃是一種錯誤的知覺，可能延誤了事機，導致錯誤的決策；相反地，主管把良才視為庸才，必不能締造良好的行政效率。因此，管理者知覺的正確性是非常重要的，此對領導效能有決定性的影響。在各種領導的情境中，知覺的正確性絕對是必要的。

二、健全領導風格

領導者的領導風格，對領導效能極具影響作用。而領導風格常與領導者的出身背景、人格特性和工作經驗有關。一位在關係導向成功過的領導者，可能仍會繼續使用此種領導風格；而一位不太信賴他人，且以任務導向為尚的領導者，仍將使用專制式的領導風格。不過，管理者的領導風格仍可能會改變的。當管理者所偏好的領導風格是無效的時，他會改變原來的風格。但對極其固執或極為堅持其偏好的領導者，則很難改變其領導風格。

三、適應部屬需求

管理者所採用的領導風格是否成功，有時也會受到部屬需求的左右。蓋領導乃是一種相互分享的過程。一位只執著於自己領導風格的管理者，有時是很不容易成功的。唯有能適應部屬需求的領導者，才能取得部屬的合作，且做好領導的工作。所謂適應部屬的需求，就是能斟酌部屬的才能、喜好、經驗等作適宜的領導。如領導一群技術純熟者，最好採參與式的領導；而對缺乏經驗者，則只有建構其工作任務，採取以工作為中心的領導方式了。

四、符合主管期望

有效的領導必須能符合主管的期望，才不致遭遇阻力。若上級主管偏好以工作為中心的領導，則管理者也只好採取相似的領導途徑。由於主管具有各種不同的權力基礎，故而遷就他的期望是相當重要的。例如，許多公司為改善基層主管的人群關係技能，都會派遣他們去參加相關的研習會，而一旦他們將受訓所學的領導技巧，運用在實際工作場合上，卻是窒礙難行的，主要的原因，是該主管的長官採用以任務為取向的領導方式之故。

五、滿足同僚期望

管理者與其他管理者的相互關係，有時也會影響其領導效能。這些同僚關係可用交換管理理念、見識、經驗和意見等，來達成相互支援的效果。由於同僚的支持和鼓勵，可以改善自己的領導方式。在選擇和修正領導風格上，同僚的意見正可提供比較的參考，同時也可視為領導風格資訊的重要來源。

六、瞭解真正任務

領導工作必有一定的工作目標，為了達成此一目標，管理者可能隨時要修正其領導風格。因此，對工作任務的瞭解，有助其善用領導風格。當工作任務可能是非常結構化時，管理者就必須指示其工作程序、方法，此時就必須採用以工作為中心的領導方式。至於，工作任務是非結構性的時候，則工作目標不容易界定，故管理者必須努力為員工開闢路徑和目標。是故，瞭解真正工作任務，才能正確地選擇適當的領導風格。

總之，領導者要使領導成功，必須隨時診斷自我和整個領導環境，以便發展適當的領導能力。領導者隨時都必須準備採用新的管理風格、新的領導方法以及瞭解新的競爭實務與程序，以求能適應環境的變遷。

Chapter

9 激勵管理

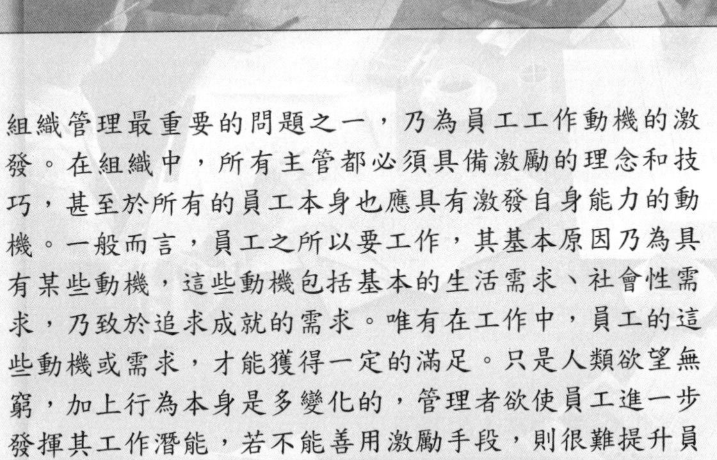

組織管理最重要的問題之一，乃為員工工作動機的激發。在組織中，所有主管都必須具備激勵的理念和技巧，甚至於所有的員工本身也應具有激發自身能力的動機。一般而言，員工之所以要工作，其基本原因乃為具有某些動機，這些動機包括基本的生活需求、社會性需求，乃致於追求成就的需求。唯有在工作中，員工的這些動機或需求，才能獲得一定的滿足。只是人類欲望無窮，加上行為本身是多變化的，管理者欲使員工進一步發揮其工作潛能，若不能善用激勵手段，則很難提升員工的工作動機。因此，本章首先探討激勵和動機的意義各種可能的理論，然後據以研析可能的激勵策略。

第一節 激勵的意義

所謂激勵（motivate），即是激發、促動動機（motivation）之意。本章所指的激勵，主要乃在激發員工的工作動機，是為動機的激發過程：而動機是指需求、需要、願望、驅力、態度、興趣、慾望等名詞而言。激勵具有管理學的意義，而動機是心理學的名詞。

一般而言，動機是個人行為的基礎，是人類行為的原動力。凡是人類的任何活動，都有其內在的心理原因，這就是動機。惟所有的動機除了原始的本能之外，幾乎都是要經過激發的。不管此種激勵的來源，是始自於行為者自身，或是周遭的人、事、物等，都屬於激勵的範圍。不過，本章所討論的乃偏重於來自外界的激勵，尤其是管理者對員工的激勵問題。當然，某些動機仍須依靠自我發動，此即為自主性動機。

人類行為的基本原因一般有兩大類：一為需求，一為刺激。需求是指個體有缺乏的感覺，其可能來自於內在的，如口渴需喝水；也可能來自於外在的，如需要得到讚許。刺激有得自外在因素者，如火燙引發縮手的動作；也有得自內在因素者，如胃抽搐引發飢餓即是。大凡一切行動都來自於這兩大類基本動機，而產生了行動，如**表9-1**所示。

當人類有了動機之後，他會維持著此種動機，並採取了行動，直到他的動機得到了滿足，此種動機才會暫時消失，行動也跟著暫時停止。此種由動機的引發，產生動機性行為，以及達成目標的過程，即構成了所謂的

表9-1　動機產生的原因

主要來源	附屬來源
需求	1.內在缺乏，如口渴 2.外在原因，如希望得到讚許、肯定
刺激	1.內在因素，如胃收縮引發飢餓感 2.外在因素，如火燙縮手

圖9-1　動機週期

動機週期（motivational cycle），如**圖9-1**所示。就行為的觀點而言，此種動機週期乃是相當完整的，而激勵即是針對這個週期而發。

不過，就個體而言，動機乃為內心有某種吸引他的目標，而採取某種行動來達成該目標，此即為積極性動機（positive motivation）；同樣地，個體也可能逃避令他痛苦的目標，此即為消極性動機（negative motivation）。就動機本身的作用而言，它是一種內在的歷程，係人類行為的心理原因。是故，動機是隱而不現的活動，一切動機都是由活動的方向和結果所推論出來的。

依此，當管理者發現，一位員工現在正努力地工作，繼續維持其努力，然後希望達到他自我期許的目標時，吾人可說該員工已受到激勵了。因此，激勵包括產生努力、維持努力和達成目標的過程。它是一種激起或激發個人去實現其動機的過程。

總之，激勵是指在個人有了需要或受到了刺激時，導致個人採取某種行為，以滿足其需求，並降低其生理上或心理上緊張的過程。此種過程的激發，可來自於個人本身，也可源自於外界的人、事、物。在組織管理上，管理者可運用激勵手段和原則，激發員工的工作動機。

第二節　激勵的內容理論

激勵既為激發個人動機的過程，然則動機的內容為何？激勵的內涵何在？這就是吾人所要探討的激勵內容理論。所謂激勵的內容理論

（content theory），乃在探討何者能使人努力去工作，亦即是什麼激勵了人們願意去工作。有關這方面的研究，以馬斯洛的需求層級論和赫茨堡的兩個因素論為最著名，其次尚有阿吉里士的成熟理論，阿德佛的ERG理論等。茲分述如下：

一、需求層級論

所謂需求層級（hierarchy of needs），是指人類的需求都有層級之分，當基本的需求得到了滿足後，人們會逐級而上追求更高的需求。由於此種需求具有動機性的，只有未滿足的需求，才會影響到行為；而已滿足的需求，則不會成為激勵因素。且只有一種需求被滿足了，則另一種更高的需求才會出現，並需要去滿足。馬斯洛將之劃分為五種需求的層級，如**表9-2**所示。

表9-2　需求層級論的內涵

基本類型	涵義	涵蓋的需求
生理需求	人類身體上的基本需要	飢、渴、蔽體、性需求、種族繁衍
安全需求	生理與心理的安全	免於恐懼、傷害、匱乏、損失，而能得到自由、保障
社會需求	發揮群性的本能，尋求互助合作	歸屬感、認同感、友誼、情誼
尊重需求	尋求自尊並尊重他人，且尋求他人尊重自我	自我肯定、自我尊重、受景仰、受尊重
自我實現需求	尋求不斷發展，重視自我滿足，表現自我成就，發揮潛能	顯現才能、成就感、表現自我、發展潛能

(一)生理需求

所謂生理需求（physiological needs），是指人類身體上的一切基本需求而言，如食物、水和性等需求即是。通常以飢、渴為其基礎。這些需求如果不能被滿足，則其他任何需求都無法形成動機的基礎。馬斯洛曾說：「一個人如果同時缺乏食物、安全、愛情和尊重，則其最強烈的需求以食物為最。」我國〈管子牧民篇〉有云：「倉廩實則知禮節，衣食足則知榮辱。」當為最佳的寫照。

(二)安全需求

當生理需求得到滿足後，下一個較高的新需求就產生了，這就是安全需求（safety needs）。它包括免於身體受傷害、疾病的侵襲、經濟的損失以及其他無法預期的事故等之保障。從管理的觀點而言，安全需求乃在確保工作安全和福利，避免在挫折、緊張和憂慮的環境中工作，享受到經濟與人身自由的保障，處於可預知、有秩序的社會環境中。

(三)社會需求

當生理或安全需求獲致適當的滿足後，社會需求（social needs）又成為另一項重要的激勵因素。社會需求有歸屬感、認同感和尋求友誼、情誼等。每個人都希望受到他人的接納、認同、友誼和情誼，且也會給予他人接納、認同、友誼和情誼。這些都是基於人類合群的本能。所謂「同類相聚」、「物以類聚」就是這個道理。若該層級的需求得不到滿足，則有可能會損害到個人的心理健康。

(四)尊重需求

當上述各層級需求都能得到相當滿足後，尊重需求（esteem needs）可能會變成突出的需求。此種需求有兩方面：一為尋求自我尊重，即要求自己應付環境和獨立自主的能力；另一為取得他人的尊重，即希望受到他人的認識、肯定和景仰。其中他人的尊重尤顯得重要。由於他人的尊重才能產生自我價值，個人才會有自信、聲望與力量的感受。當然，此種需求的滿足最主要仍須依靠個人建立起自尊。此種需求對激發個人的動機，占有相當的份量，是屬於較高層次的需求。

(五)自我實現需求

需求層級論的最高需求，乃為求取自我的不斷發展與成長，重視自我滿足，表現自我成就，體會到自我才幹和能力的潛在性。這種自我實現需求（self-actualization needs）的滿足，只有在其他所有的需求已獲致相當滿足後，才可能實現。因此，人們之所以能達成自我實現，乃是因為滿足該項需求的機會增加，以致能受到激勵之故。是故，在組織管理上應多安排員工表現自我的機會。

綜上言之，需求層級論已廣為管理實務人員所接受和認同。雖然它不見得能提供對人類行為的完全瞭解，或可完全作為激勵員工的手段，但對各層級需求的瞭解，卻能提供在管理實務上的參考。不過，該理論也受到一些批評。首先，它未能顧及個別差異的存在，即不同的企業機構、職位、社會文化的狀況，不見得能完全適用；其次，需求層級可能具有重疊性，如薪資可能對以上五種需求都有影響；最後，需求層級太剛性了，在不同的情況下，需求可能隨著時間而變化，它也可能因人而異。

二、兩個因素論

由赫茨堡所提出的兩個因素論（two factors theory），是另外一種激勵的內容理論，基本上仍脫離不出需求層級論的窠臼，只是它分為兩大因素而已，其一為維持因素，另一為激勵因素，如**表9-3**所示。

(一)維持因素

所謂維持因素（maintenance factors），是指某些因素在工作中未出現時，會造成員工的不滿，但它們的出現也不會引發強烈的工作動機。亦即維持因素只能維持滿足合理的工作水準，維繫工作動機於最低標準

表9-3　兩個因素論的內涵

基本類型	涵義	涵蓋的需求	
維持因素	維持員工工作動機於最低標準和合理工作水準的因素	1.公司政策與行政 2.個人關係 3.工作安全 4.工作地位	5.技術監督 6.薪資待遇 7.個人生活 8.工作情境
激勵因素	激發員工工作動機於最高標準和提升高度工作績效的因素	1.成就 2.承認 3.肯定 4.升遷	5.賞識 6.工作本身 7.個人發展可能性 8.責任

而已。然而，這些因素之所以具有激勵作用，乃是一旦它們不存在，有可能引發不滿。其效果恰如生理衛生之於人體健康的作用一樣，故又稱為健康因素或衛生因素（hygienic factors）。赫氏列舉的維持因素，有公司的政策與行政、技術監督、個人關係、薪資、工作安全、個人生活、工作情境和地位等是。這些因素基本上都是以工作為中心的，是屬於較低層級的需求，只能維持員工最基本的動機條件而已，無法提升其動機至最高程度。

(二)激勵因素

所謂激勵因素（motivational factors），是指某些因素會引發高度的工作動機和滿足感，但如果這些因素不存在，也不能證明會引發高度的不滿。由於這些因素對工作的滿足具有積極性的效果，故又稱之為滿足因素（satisfiers）。這些因素包括成就、承認、升遷、賞識、工作本身、個人發展的可能性以及責任等均屬之。這些因素在需求層級論中，是屬於高層級的需求，基本上是以人員為中心的。

赫茨堡的激勵因素是以工作為主體的，它們是直接和工作本身、個人績效、工作責任和從中所獲得的成長認同有關；至於維持因素則屬於工作本身的次要因素，其多與工作環境有關。是故，當員工感受到高度的激勵時，對來自維持因素的不滿足感有較高的忍受力；但若情況相反，則不然。

激勵因素與維持因素之間的差異，乃類似於心理學家所謂的內在與外在激勵。內在激勵來自於工作本身與自己的成就感，且在執行工作時發生，而工作本身即具有報酬性；外在激勵乃為一種外在報酬，其發生於工作後或離開工作場所後，比較難以提供作為滿足的根源，如薪資報酬即為一種外在激勵。當然，這仍得視其他情況而定。此將於本章第五節中另行討論。

赫茨堡已擴展了馬斯洛的理念，並將之運用在工作情境上，衍生了工作豐富化的研究與應用。惟激勵因素與維持因素有時是難以劃分的，如職位安全對白領人員固屬於維持因素，但卻被藍領工人視為激勵因素。且一般人多把滿足的原因歸於自己的成就，而把不滿的原因歸於公司政策或主管的阻礙，而不歸於自己的缺陷。由於各種研究對象、文化等的差異，常造成兩個因素論的不正確性。

三、成熟理論

成熟理論（maturity theory）乃是另一種激勵的內容理論，它係依據人類心理的正常發展過程來探討的。該理論乃為阿吉里士所倡導，他著重人類人格成熟的動態性，不特別重視需求型態的分類，而強調人格特質的成長。其基本理論乃為建立起不成熟到成熟的連續性光譜，其型態為兒童期到成年期的人格發展，包括：(1)由被動而主動；(2)由依賴而獨立；(3)由少數行為方式到多數行為方式；(4)由偶然不定的短暫膚淺興趣到持久穩定而深厚的興趣；(5)由粗略的狹窄眼光到精細的遠大眼光；(6)由基本需求的追求到自我實現與自我意識的控制；(7)由附屬於家庭或社會的地位到取得主導或平等的地位，以上特性各處於兩個極端。

根據阿氏指稱，大多數企業機構都將員工視為不成熟的。例如組織中的職位說明、工作指派與任務專業化，會導致呆板、缺乏挑戰性，將員工自己的控制力降至最低，結果難免使員工趨於被動、服從與依賴。因此，管理者宜發展員工心理的成熟度，採行民主參與的決策，適當地運用激勵手段，啟發個人的成就感。如果管理人員無法真正地瞭解激勵員工的方法，則激勵理論就無法發揮其效用。

四、ERG理論

ERG理論係由阿德佛所提倡，他認為人類需求並不是如馬斯洛所說的，由較低層級逐級往上發展，也不是如赫茨堡所說的，由一組因素發展到另一組因素。他認為人類需求有如一個連續性光譜，在追求各種需求時，人類會作自由選擇，可能越過某些層級的需求，而直接追求他所認為最重要的需求。惟該理論實係馬斯洛和赫茨堡理論的擴充與延伸，他將人類需求分為生存需求、關係需求或成長需求等三個核心需求。茲分述如下：

(一)生存需求

所謂生存需求（existence needs），是指人類生存所必備的各項需求而言，亦即是生理的與物質的各種需求，如飢餓、口渴、蔽體等。在企業體系之中，薪資、福利和實質工作環境均屬此類需求。此種需求類似於馬氏理論中的生理需求和某些安全需求，且和赫氏維持因素中的工作環境、薪資相當。

(二)關係需求

所謂關係需求（relation needs），是指在工作環境中個人和他人之間的關係而言。就個體而言，此種需求依其與他人間的交往，而建立起情感和相互關懷的過程，以求得滿足。此種需求類似於馬氏理論的某些安全、社會，與某些自尊等需求層面；也和赫氏維持因素中的人際關係和督導，以及激勵因素中的賞識和責任相對應。

(三)成長需求

成長需求（growth needs），是指個人努力於工作，以求在工作中具有創造性，並獲得個人成長與發展的需求而言。成長需求的滿足，一方面係來自於個人不斷地運用其能力，另一方面則來自於個人發展其能力的工作任務。此與馬氏理論的某些自尊、自我實現需求相類似，也與赫氏理論中的升遷、成就、工作本身等相對應。

ERG理論的三個主要前提是：

1.某個層級需求愈不能得到滿足，則其慾望愈大，愈希望得到滿足。如生存需求在工作中，愈沒有被滿足，員工就愈追求。
2.當低層級需求愈被滿足，就愈希望追求高層級需求。如生存需求愈得到滿足，就愈期望能滿足關係需求。
3.當高層級需求愈不能得到滿足，就愈需要滿足低層級的需求。如成長需求的滿足程度愈小，就愈希望得到更多關係需求的滿足。

其次，ERG理論與需求層級論的主要區別有二：一為需求層級論認為低層級需求得到滿足後，會進而追求更高層級的需求；而ERG理論則強調高層級需求一旦得不到滿足，往往會退而求其次去追求較低層級的需求。另一為ERG理論認為在同一時間內，個人可能同時追求兩個或兩個以上的需求；而需求層級論則主張個人對低層級需求滿足後，才會追求更高層級的需求。

總之，ERG是比較新穎的理論，它是依據需求概念（needs concept）所發展出來的有效理論。雖然ERG理論的三項核心需求無法證實其是否能真正地分立，但這樣分類解決了需求層級論各需求的重疊性；且由於教育程度、家庭背景和文化環境都會影響個人，使之對各種需求都有不同的重視程度，並感受到不同的驅力。因此，ERG理論提供了更可行的激勵方式，使管理者能以建設性的方式來指導員工的行為。

五、APA理論

APA理論由阿肯生（J. W. Atkinson）和麥克里蘭（David McClelland）所倡導。他們主張人們之所以有工作動機，係因分別具有成就需求、權力需求、親密需求之故。茲分述如下：

(一)成就需求

所謂成就需求（need for achievement），係指人們完成某種任務或達成某種目標的願望，而達成此項任務或目標之後所獲得的工作滿足，即為該項行為的激勵價值。這些激勵價值至少包括：追求卓越、達成標準和獲致成功等需求。至於，成就需求的追求常因人而異。不過，可以肯定的是，凡具有較高成就需求者，在追求目標上所付出的心力較多，其績效也較高。一般而言，凡是具較高成就需求者的特性為：(1)願承擔適度的風險；(2)能勇於負責；(3)能掌握進度與回饋的訊息；(4)能實現目標並獲致滿足；(5)具有任務導向。

(二)權力需求

權力需求（need for power），是指一個人具有控制慾而言。凡是權力需求較強烈的員工，喜歡擁有控制他人的力量，喜好發表意見、發號施令，希望他人依其意願行事。權力需求依據個人人格特質，可分為下列各種程度：

1.影響他人的慾望很低。

2.具有權力需求，但只求影響自己。

3.具有高度權力需求，但尋求認同和自制程度低。

4.具有高度權力需求，且與他人互動程度也很高。

5.具有高度利他型的權力需求，並能有高度的自制，且能尋求和獲得同事、部屬的支持與認同。

這些權力需求依其程度而有不同的工作或管理績效，愈是屬於前者，其績效愈低；愈屬於後者，其績效愈高。

(三)親密需求

所謂親密需求（need for affiliation），是指個人具有喜歡結交朋友，並受他人敬愛的慾望而言。當個人擁有高度親密需求時，易於結交朋友，有時有助於提高管理績效；但若濫用親密需求，有時常無法作自我控制，難以與他人保持適當距離，終會影響其管理績效。

綜合上述，在一般企業機構中，具有企業開創精神的個人、業務員、想事業成功者，都宜有高度的成就需求。一般組織管理人員，宜具有高度的權力需求，一般員工則宜有親密需求，可增進合作意願，但對管理者而言，宜保持適度的親密需求。

六、評論

現代激勵理論對人類需求的分析所顯現的特色，大體上可劃分為兩大層級，即低層級需求與高層級需求。低層級需求大致以生理性需求為基礎，這些需求包括食物、水、性、睡眠、空氣等，其始自於物質性生活，對人類的繁衍至為重要。高層級需求多以心理性需求為主，此種需求較為模糊，它代表心靈與精神的需要，其往往依每個人的成熟性與動機的差異而發展著。因此，在管理上演變的結果，乃為生理需求多以懲罰、監督和金錢的激勵為手段；而心理性需求則以鼓勵、承諾和發揮員工的自我成就為方法。

依此，現代各種激勵理論的最大成就，乃為建立了人類高低需求的兩個極端，而成為一段連續性的光譜，使管理者瞭解人類在工作中所可能具有的動機，從而採用最適當的管理方法。吾人可肯定地說，激勵問題乃直接掌握在管理階層手中，管理者可以採取懲罰的手段，也可以運用激發為工具，其端視人事時地的情況而異。

不過，即使有關激勵的各家理論，大致是相似的；但它們之間的共同缺點，乃是將激勵的內容過於簡化，未能將影響工作的所有因素完整地表現出來，甚而未將個人需求的滿足和組織目標的達成連貫起來；而且對於何以個人間的動機會有差異，並沒有適切的說明。近代行為科學家在處理這些問題上，通常都把人性視為「有機性的」，而不是「機械式的」。吾人可在激勵的過程理論中，窺知人類動機與工作環境和組織激勵的關係。

第三節 激勵的過程理論

激勵的內容理論乃在說明工作的動機是什麼，管理者應激勵什麼；而動機的啟動、前進、維持或靜止，管理者應如何去激發、引導，則屬於激勵過程理論所探討的主題。

一、期望理論

激勵的期望理論（expectancy theory）由心理學家弗洛姆（Victor Vroom）於一九六四年所提出。該理論為認知論（cognitive theory）和決策論（decision theory）的整合，又稱為工具論（instrumentality theory），為根據托爾曼（E. C. Tolman）、勒溫（K. Lewin）和阿肯生（R. C. Atkinson）等的觀點延伸而來。該理論乃是假設一個人相信只要他努力工作就能獲得適當報酬，則他會受到激勵而努力工作；亦即個人相信努力工作會導致良好的績效，獲得所喜歡的報酬。該理論涵蓋期望、媒具和期望價三項變數。

所謂期望（expectancy），是指一項特殊行為將會成功或不會成功的信念，即某項特定行動能否導致成功的主觀機率。通常期望有兩種：一為努力將導致某種績效成果的知覺機率，可稱之為E→P期望；另一是績效成果將導致獲致有關成果需求滿足的知覺機率，可稱之為P→O期望。前者為對生產力的期望，須視個人能力、工作難度和自信心等而定；後者為對報償的期望，視員工對增強情境的知覺而定。

所謂媒具（instrumentality），是指一個人察覺到績效和報償相關的機率。它是一種特定績效水準將導致一種特定報償的機率。此種績效稱之為一級結果，而報償為二級結果。例如，公司希望某人增加生產力，而此種生產力增加須依個人察覺生產力的增加是否會對報償具有影響作用而定。此種增加生產力的結果為一級結果，而報償為二級結果。媒具乃為增加生產力的一級結果和得到報償的二級結果之間的關係；易言之，媒具乃指一級結果和二級結果之間的察覺程度而言。

至於期望價（valences）又稱之為偏好（preference），是指一個人對結果所體認到的價值而言。一個人對一級結果的偏好，完全視個人是否確信有了一級結果必能獲致二級結果而定，且這些結果對個人都是有價值的，就表示其期望價高。茲以生產力與報償的關係為例，某人對生產力有期望，乃是依其對報償的期望而定，且個人對生產力和報償都有期望。如果他對報償的慾望很高，則其期望價必高；如果他對報償的慾望無動於衷或全無，則其期望價必低，甚至形成負數。

綜合上述討論，則工作的激勵（M）乃是期望（E）乘以媒具（I）再乘以期望價（V）的結果，其公式可表示如下：

$$M = E \times I \times V$$

在上式中，期望、媒具和個人偏好都高時，則個人受到激勵的可能性就高；相反地，若期望、媒具、個人偏好等偏低時，或其中一項為零，則個人被激勵的可能性就低或全無。

在期望理論中，特別強調理性和期望。換言之，個人之所以被激勵乃是他具有一套期望，他的行動是依期望被激勵的結果而定。個人之所以願意努力，乃是：(1)認為他的努力極可能導致高度績效；(2)其高度績效極可能獲致報償；(3)所獲致的報償對他具有積極的吸引力。當這些條件都是正面時，則個人會願意努力，亦即他有了期望，這就是期望理論的要旨。

準此，則組織管理者可運用選拔、訓練或透過領導的方式，以改善員工的工作績效，進而提升他們的期望；以支持、真誠與善意的忠告和態度，來影響其媒具；以聽取員工的需求，協助他們實現所期望的結果，以及提供特定資源，來達成所期望的績效，以影響其偏好。此外，激勵的運用宜考量到知覺的角色，蓋個人的期望、媒具和期望價，都會受到知覺的影響。當然，期望理論本身也是相當複雜，且不易評估，畢竟期望、媒具和偏好等應如何測定，還是相當困難的。

二、增強理論

增強理論（reinforcement theory），為另一種深受重視的激勵過程理論。增強理論係利用正性或負性的增強作用，來激勵或創造激勵的環境。該理論主要源自於史肯納（B. F. Skinner）的見解，認為需求並不屬於選擇上的問題，而是個人與環境交互作用的結果。行為是因環境而引發的。個人之所以要努力工作，是基於桑代克（E. L. Thorndike）所謂的效果律（law of effect）之故。

桑代克所謂的效果律，是指某項特定刺激引發的行為反應，若得到酬賞，則該反應再出現的可能性較大；而若沒有得到酬賞，甚或受到懲罰，則重複出現的可能性極小，此即稱為操作制約原則（principles of operational conditoning）。

操作制約乃為用於改變員工行為的有力工具，其係以操縱員工行為的結果，將之應用於控制其工作行為上。近代管理學上所謂行為修正（behavior modification），就是將操作制約原則運用在管制員工的工作行為上。此時，管理者可運用正性增強（positive reinforcement），如讚賞、獎金或認同等手段，以增強員工對良好工作方法、習慣等的學習。管理者也可運用負性增強（negative reinforcement），以革除員工的不好習慣和工作方法，並使員工避開不當的行為結果。該兩者都在增強所期望的行為，只不過前者提供正面報償的方法，而後者則在避開負面的結果而已。

在管理實務上，管理者可運用三種增強時制，即連續增強時制、消除作用時制和間歇增強時制，以增強員工的工作行為。連續增強時制，是指每次有了期望行為的出現就給予一次報償；消除作用時制，則不管任何反應都不給予報償；間歇增強時制，則只有定期或定量報償所期望的行為。根據研究顯示，連續增強時制會引發快速學習；而間歇增強時制則學習較緩慢，但較能保留所學習的事物。至於消除作用時制，僅用於去除不良的工作習慣和方法，亦即在消除非所期望的行為。

不過，增強理論所受批評甚多，例如以增強過程來操縱員工的行為，不合乎人性尊嚴；且以外在報酬來激勵員工，顯然已忽略了其內在需求。蓋工作有時是一種責任，故須有更多的榮譽心來驅動。又增強因素不能長久地持續運用，它不見得對具有獨立性、創造性和自我激勵的員工有效。因此，增強理論的運用雖有助於解說某些問題，但無法解決每項激勵的問題。

三、公平理論

公平理論（equity theory）是一種過程理論，又稱社會比較理論（social comparison theory）、交換理論（exchange theory），或分配公正理論（distributive justice theory）。該理論所討論的重點在報酬本身，視報酬的公平與否為工作行為的重要激勵因子。

公平理論為亞當斯（J. S. Adams）於一九六三年所提出，包括投入（input）、成果（outcome）、比較人或參考人（comparison person or referent person），以及公平與不公平（equity-inequity）等概念。所謂投入，是指員工認為自己投入公司所具有的條件和對公司的貢獻，如教育程度、技術能力、努力程度、經驗等。成果是指員工感覺到從工作中所獲得的代價，如升遷、待遇、福利、地位象徵、受賞識和成就等是。

所謂比較人或參考人，是指員工用來作比較投入或成果關係的對象。此可能是同地位的人，也可能是同團體的人；可能是公司內的人，也可能是公司外的人。至於公平或不公平，乃為個人和他人比較投入與成果之間關係的感覺。若員工在作比較後，感覺到公平或尚公平，則會受到激勵；若員工感受到不公平，則可能採用下列方法：

1.減少個人的投入，尤其是在工作上的努力。
2.說服比較人或參考人減少其努力。
3.說服組織改變個人或比較人的報償。
4.在心理上曲解自己的投入或報償。
5.在心理上曲解比較人的投入或報償。
6.選擇另一個不同的比較人或參考人。
7.離開公司。
8.進行怠工、怠職、罷工、抗議、消極抵制等行動。

一般而言，員工不但會衡量自己的投入與成果，且會和他人作比較。員工是否能受到激勵，不僅是依憑他自己對投入和報償之間關係的評量，且會將此種關係和他人作比較。縱使他覺得自身所受報償很高，但如與他人作比較後，而仍然發現有不公平的現象，則仍可能降低其工作動機。因此，公平理論在激勵過程中乃扮演著極重要的角色。

第四節 激勵的整合模型

激勵的內容理論和過程理論，都具有目標指向（goal-oriented）的涵義。惟各項理論的差異甚大，且都只顧及激勵的某些層面，其含有各自的觀點。心理學家波特爾和羅勒爾（Lyman W. Porter & Edward E. Lawler）提供了整合各種激勵理論的理念、變數和關係，涵蓋了需求層級論、兩個因素論、期望理論、增強理論和公平理論等的論點。

波氏和羅氏的理論，在基本上乃以期望理論為基礎。他們認為個人之所以獲得激勵，係依據過去的習得經驗，而產生對未來的期望。其中包含幾項變數，即努力、績效、報償、對公平的知覺、滿足感和對報償的偏好與認知等（關係如**圖9-2**所示）。

圖9-2除了顯示努力、績效、報償和滿足感間的關係外，其績效尚受到個人能力、需求和特質，以及角色知覺的影響。又個人在一旦有了工作績效之後，其對公平報償的知覺，也同樣影響了滿足感。在有了滿足感或報償符合自己的期望時，個人將增強其努力的程度和動機。

此外，該模式將報償分為內滋報償與外附報償。所謂內滋報償（intrisic rewards），乃為職位設計能使個人只要有工作表現，即可自行滋生成就感。外附報償（extrisic rewards），是指工作有了良好的績效，而由外界獲得報償，如加薪即是。此部分即為內容理論所探討的主題。

再者，整合激勵模式已充分應用了激勵的概念。假如個人知覺到努力和績效之間、績效和報償之間，以及報償和滿足之間、滿足和努力

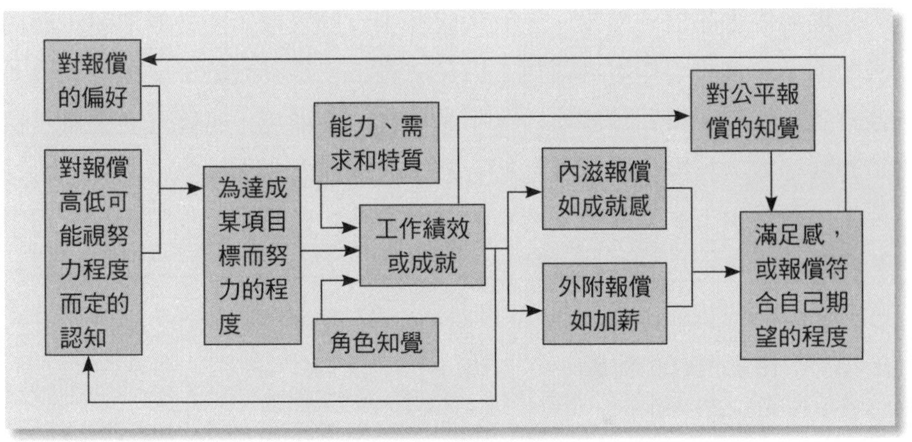

圖9-2　激勵的整合模型

之間等，均有強烈的關係存在，則個人自然會努力工作。為了努力工作而達成績效，則個人必須清楚自己所期望的角色、能力、需求和其他特質。此種績效和報償的關係，在個人能知覺到報償的公平性時，尤為強烈。假如個人已知覺到公平性，則滿足感就產生了。此時，受到增強而得到滿足報償，將形成未來對目標導向行為的努力。這些部分乃涵蓋了整個過程理論。

該模型也強調，工作有了績效，才容易使員工獲致滿足，而滿足感也能產生良好的工作努力和績效。在立論上，它已解決了滿足和績效何者為先、何者為後的問題，可說是相當完整的模式。顯然地，激勵是一項相當複雜的過程。管理者在運用整合模式時，宜綜合掌握所有變數的相關性，以便對部屬作最有效的激勵。

第五節　激勵的管理策略

一般員工之所以被激勵，大致上來自於兩方面的來源，即外附報償的激勵與內滋報償的激勵。外附報償多來自於管理者或外界環境，而內滋報償多來自於工作本身或員工自身。員工工作動機的強弱，乃取自於他希望從工作中得到什麼而定。不過，在一般情況下，管理者要滿足員工外附報償，可採用薪資激勵的方式；而在滿足內滋報償方面，則可採用工作豐富化方案。蓋幾乎所有的激勵方案，在基本上都脫不出這兩者的範圍。

一、外在報酬的激勵

員工因工作所獲得的報償，實際上包括整個薪津給付和各項福利，如休假給予、各種保險和提供個人設施等均屬之。幾乎所有激勵的內容理論和過程理論，都認為金錢對動機的產生和持續性均具有影響力。在內容理論中，都認為薪資是一種維持因素；期望理論認為薪資的滿足多重於其他需求，故薪資對工作者甚具吸引力；且若個人能知覺到良好績效有助於獲致更高的薪資，則薪資將是良好的激勵因素。增強理論則認為薪資可激勵員工的工作行為。至於公平理論，則認為公平的薪資有激勵的效果。

就金錢本身而言，薪資可用來作為激勵的層面甚廣。它不僅能滿足員工基本的生理需求，且對於安全、社會、尊重和自我實現等需求，都具有激勵作用。例如有了良好的薪資，在心中的安全感會更為踏實；在社會和家庭中，它也扮演協助和諧的角色。再次，更多的薪資常能贏得社會尊重，滿足自尊需求，有時薪資更是社會地位的象徵，能提升自我價值感，表現自我成就。

然而，有些研究顯示，金錢的激勵效果尚需依個人對金錢的看法和工作性質而定。對管理階層而言，薪資並不是強有力的激勵因素，蓋管理階層多為具高成就動機的人，比較關心工作是否能提供個人滿足；但也不是全然不重視薪資待遇，而是他們的薪資本已是很高了。但對一般生產工人而言，由於其待遇較低，成就動機也低，以致比較重視薪資的追求，故薪資乃成為一項重要的激勵來源。

此外，個人對金錢的看法也可能影響其受激勵的程度。對於那些經常缺錢用的人來說，金錢的激勵效果比富有的人為大。蓋貧窮的人較希望立即收到金錢，而富有的人則否；一般貧窮的個人較著重於低層需求的基本滿足，而富有的人則熱衷於高層級需求的追求。不過，高成就需求的個人有時之所以追求金錢的滿足，往往是因為對枯燥工作的一種補償心理。因此，他想在犧牲的枯燥生活中，由工作所獲得的報償而得到滿足。至於低成就動機的人，則希望直接從工作中獲得薪資的報償。

再就相對觀點而言，一般人若需有更多的金錢去滿足低層級的需求，而不能用來滿足高層級的需求，則他對薪資的要求不高；但若少量的金錢則可用來滿足低層級的需求，且需用更多的金錢來滿足高層級需求，則其所要求的薪資將更高。由此觀之，當金錢用來滿足更高層級的需求時，由於花費更大，故常使人要求更高的薪資報酬。

總之，薪資制度的推行是相當複雜的。工作士氣和績效的改善，實有賴多項變數的配合，其不僅依賴薪資的提高而已。蓋人的慾望是無窮的，只靠薪資的調整，很難長久地維持其激勵效果。舉凡工作位置、勞工關係以及組織氣氛等，都是很重要的變數。對管理階層來說，激勵是要作多方面的探討與配合的，工作豐富化即是一個例子。

二、內在需求的激勵

組織員工工作的目的，不僅在追求外在報償，更重要的乃在滿足內在需求。此種內在需求的滿足，大部分來自於員工本身的執行任務、解決問題和達成目標等方面。在科學管理運動以前，管理人員一般都將員工視為獨立的個人，儘量以獎金來激勵員工。可是在人群關係時代，管理人員逐漸察覺到：許多員工都很重視其在非正式社會結構中的地位。

事實上，除了一些極端利己主義者之外，每個人都渴望能在工作中與別人溝通，保持親密的友誼關係，以便得到他人的支持，此種關係的作用有時甚至比得到一些額外的獎金來得重要。當然，工作與親和、滿足的關係，常因人而異；然而只要工作和技術條件許可，每個人都會在工作時進行若干社交活動。

其次，員工在工作中亦可得到社會尊重的需求，其中尤以職位較高或身懷技術的人員為甚。高職位的頭銜很能夠滿足一個人社會尊重的需求，在層級結構中地位象徵與職務津貼都能反映出個人的社會自尊程度。因此，管理人員不能忽略薪水、頭銜、職權和地位象徵的重要性與一致性。當然，就階層地位的觀點而言，社會尊重的需求與管理人員的關係較為密切，管理人員都希望地位與頭銜等能明白顯示出來，如此管理人員才能從工作中滿足其地位的需求。換言之，管理人員的地位都可自部屬的地位象徵及職位津貼中反射出來。

此外，工作除了可滿足物質、安全、親和、社會尊重等需求外，還可滿足難以捉摸的能力、權力和成就需求。能勝任工作是自尊的主要來源，自尊和能力的需求常被稱為「企求工作完美的本性」。對某些人來說，工作是滿足自我實現需求的主要方式。例如，經營自己的企業或管理一個組織，可找到挑戰和權威的機會，並藉此機會來表現自己的成就和權力的需求，因此工作就成為其生活的重心。對於這些人，他們工作一方面為賺取生活費用，另一方面又可滿足高層級需求。質言之，他們把工作當作娛樂，工作就是生活。如果工作缺乏內在滿足，員工一定儘可能地減少工作時間，以便有時間去滿足其工作中所不能滿足的需求。

根據研究顯示，工作能滿足高層級需求的，通常都是研究專家或管理人員；而非技術工作及一般事務人員的工作，只能滿足低層級的需求。惟近代教育水準的提高，一般員工對那些高薪而無吸引力的工作，仍會感到不滿意。為了增進工作動機，降低工作的單調感，可以改良工作設計。這些適應高層級需求的程度，如工作輪調、工作擴展與工作豐富化等，都可激發員工潛能，而其中又以工作豐富化最為人所重視。在這些過程中，加入更多具責任感和挑戰的活動，提供個人晉升和成長的機會，如此則個人成就即可增加表彰的機會。

至於，所謂工作豐富化，就是使工作最具變化性，使個人擔負的責任最大，個人最有自我發展的機會。它的策略可就三方面而論：(1)工作單位的設計；(2)工作單位的控制；(3)個人工作結果的回饋。工作豐富化的目的，只是想改變工作者和工作的關係，重新安排工作，使工作更富多樣性。換言之，工作豐富化是給予員工更重的責任、更多的自主權、更大的完成感，立即的回饋更多，員工可考核自己的工作成果和績效。它可提高員工的內在需求之滿足，用以激發員工的工作動機。它除了可用於擴大個人的工作範圍之外，尚可用於整個團體或部門間的工作結合；它不僅是把工作擴大而已，並且適度地把大家擺在一起；它不僅是幾個工作要素的擴展而已，並且是許多連續性工作的結合與凝聚；它不只是垂直式的擴展，而且也是水平式的擴大。總之，工作豐富化是以人類為本位的工作設計，其真正價值乃在用以引發員工的工作興趣，滿足其內在需求。

雖然工作豐富化很受現代管理學者的重視，它在某些方面也確實具有相當大的成效，但卻不是萬靈丹。其主要原因乃為：工作人員並非完全是內在需求的滿足者，唯有金錢或工作的社會滿足才能激勵他們。由於期望的不同，每個人對工作的看法也大異其趣，因此要此種不同性格的人在人事上充分配合，是相當困難的事。簡單而重複的工作，對某些人來說是深具吸引力的。況且有些學者指出，人性是怠惰的，並不是每個人都企求工作，在這些人的眼光裡，工作是一種懲罰，而且令人厭惡。因此，管理人員為激發員工的內在需求之滿足，除應注意工作設計，推行工作豐富化之外，尚需注意工作豐富化的適用範圍，瞭解人類的共同慾望與個別抱負，最重要的必須體認酬賞、員工需求與工作滿足的關係，以便決定最佳的激勵手段。

Chapter 10

組織溝通

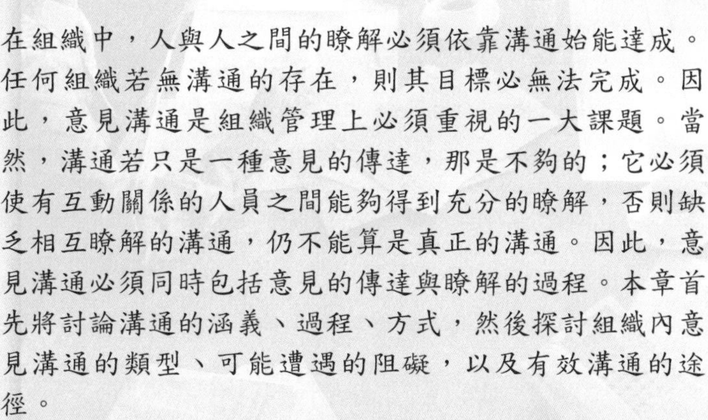

在組織中，人與人之間的瞭解必須依靠溝通始能達成。任何組織若無溝通的存在，則其目標必無法完成。因此，意見溝通是組織管理上必須重視的一大課題。當然，溝通若只是一種意見的傳達，那是不夠的；它必須使有互動關係的人員之間能夠得到充分的瞭解，否則缺乏相互瞭解的溝通，仍不能算是真正的溝通。因此，意見溝通必須同時包括意見的傳達與瞭解的過程。本章首先將討論溝通的涵義、過程、方式，然後探討組織內意見溝通的類型、可能遭遇的阻礙，以及有效溝通的途徑。

第一節 意見溝通的涵義

意見溝通（communication）一詞的原始涵義，有告知、散布訊息的意思。其字源為拉丁文communis，原指為「共同化」，此乃意味著在溝通過程中，溝通者意圖建立與被溝通者之間的共同瞭解，並採取相同的態度之謂。因此，意見溝通不僅是一種傳達訊息的行動或動作而已，它也包括尋求意見的共同瞭解。在本質上，意見溝通就是一種意見交流。換言之，意見溝通就是「人員彼此間訊息傳達和相互瞭解」的過程。

芬克和皮索（F. E. Funk & D. T. Piersol）即認為，所謂意見溝通就是所有傳遞訊息、態度、觀念與意見的程序，並經由這些程序提供共同瞭解與協議的基礎。拉斯威爾（H. D. Lasswell）也認為，意見溝通是「什麼人說什麼，經由什麼路線傳至什麼人，而達成什麼效果」的問題。

梅耶耳（Fred G. Meyers）也說：「意見溝通就是將一個人的意思和觀念，傳達給別人的行動；欲求溝通之有效，必須有充分的彈性與活

意見溝通即人員彼此間訊息傳達和相互瞭解的過程

力。」

此外，布朗（C. G. Brown）界定意見溝通為：「將觀念或思想由一個人傳遞到另一個人的程序，其主旨是使接受溝通的人獲致思想上的瞭解。」詹生等（Richard A. Johnson et al.）的看法：「意見溝通是牽涉一位傳達者與一位接受者的系統，並且具有回饋控制的作用。」

戴維斯（K. Davis）更進一步解釋：「意見溝通是將某人的訊息和瞭解，傳達給他人的一種程序。意見溝通永遠涉及兩個人，即傳達者和接受者。一個人是無法進行溝通的，必有另一個接受者，才能完成溝通的過程。」因此，意見溝通必須有「傳達者」、「接受者」和「所預期的反應與回饋」。

綜合上述觀點，則意見溝通必屬於兩個人以上的行動；沒有此種互動，就不存在著所謂的溝通。甚且要成功地達成溝通，不僅要傳達意思和訊息，而且還需要瞭解才行，如**圖10-1**所示。因此，意見溝通是雙向的，而不是單向的。單向的溝通只是一種意見表達或政令宣導或宣傳，只有雙向的互動或回饋才是真正的意見溝通。

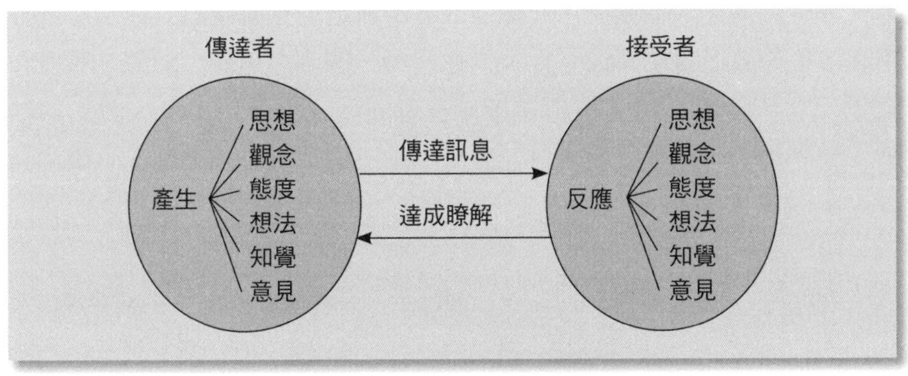

圖10-1　真正的意見溝通

第二節 意見溝通的過程

當意見溝通在進行之前，必須先有意圖，才能轉換成訊息，然後再傳達出去。訊息在由源頭（傳訊者）傳給受訊者當中，尚需經過對訊息的轉換與適當的媒介，以及對訊息的解釋與瞭解，才能真正完成溝通的過程。因此，溝通的過程實包括：源頭（source）、編碼（encoding）、訊息（message）、管道（channel）、接受者（receiver）、譯碼（decoding）、回饋（feedback）等步驟；惟在整個過程中難免有一些雜音（noise），而構成干擾，且這些都在一定的情境中進行的，如**圖10-2**所示。

一、源頭

所謂溝通源頭，即為溝通的傳達者或傳遞者，也是溝通的發動者，此即為想表達意見或觀念的個人或團體。在組織中的溝通傳達者，可能是管理人員，也可能是員工。他們都想把訊息、意識、理念或相關訊息，傳達給某個人或團體。此種溝通者所傳達的相關資訊，通常都帶有其基本的特質，最明顯的包括：溝通技巧、態度、經驗、知識、環境和社會文化因素等。溝通技巧是指傳達者的發音，所用字彙、說話的結構、思考能力、談吐能力，以及姿勢、面部表情等。態度則代表傳達者

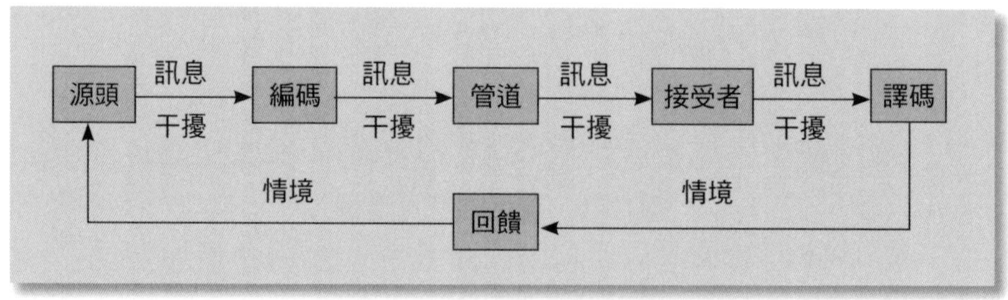

圖10-2　溝通的過程與步驟

的個性、信心，對所欲傳達主題的信念等。經驗可改善溝通技巧，以作良好的正確溝通。知識是指對傳達主題的瞭解程度，以及對接受者接受能力的判斷。凡此種種都會影響溝通的有效性。此外，個人無法自外於社會系統，他的溝通正可反應出個人的社會文化與環境的地位；個人的社會地位、群體習慣與社會背景不同，其傳達訊息的方式與行為亦異。

二、編碼

所謂編碼，也可稱之為表示作用，是指溝通者將其理念或所擁有的資訊，轉化為一套有系統的符號之過程，此即在顯現溝通者的意念或目標。編碼的結果，就是在形成訊息，此可包括口頭上的或非口頭上的語言或符號。溝通者的目標，就是想要他人瞭解其理念、瞭解他人的理念，接受彼此的理念，並產生與溝通者意思一致的行動。凡是編碼愈為正確，則溝通愈為有效；否則，溝通必將失敗，甚或引發誤解。

三、訊息

訊息即為溝通內容，就是溝通傳達者所要表達的態度、觀念、需要、意見等，可經由口頭或書面或肢體表現出來。訊息是溝通的實際產物，如說出的語詞、寫出的文句、繪出的圖形、面部的表情、手勢、姿勢等均屬之。訊息內容主要涉及三項問題：

1.所使用的符號，如語言、音樂、圖形、手勢、文字、藝術等。
2.內容的安排，即將雜亂無章的觀念按所欲傳達的目的加以組合，如文字語詞的先後順序、傳達層次、起承轉接等。
3.內容的取捨，即訊息為雙方所瞭解的程度，凡瞭解程度愈深，則溝通愈正確而有效，其干擾性也愈降低，故溝通時宜多考慮取材用字。

四、管道

溝通管道也就是溝通媒介，它是訊息傳達的工具，為傳達者與接受者之間的連結體，主要包括：面對面的溝通、電話、電腦傳訊、團體會議、備忘錄、報表、各種視聽工具等；而以景物、聲響、味覺、嗅覺、光波等來表達。當個人欲表達某種意見時，必須仰賴溝通媒介，始能傳遞其訊息。溝通傳達者有了溝通需要時，將他所希望與對方共享的訊息或感覺，製成各種記號直接傳達，或用各種表情、姿態表現出來，其所憑藉的身體各器官、各種視聽工具，就是溝通媒介或管道。根據心理學的研究，不管溝通的媒介是什麼，都會產生下列情形：

1.意見溝通所用的方式愈多，效果愈強，此乃因視聽並用而產生增強作用的結果。
2.凡是人體感官的感覺愈直接，其刺激與反應也愈強。
3.凡所用傳達的方式愈多，強度愈深，而接收者愈少，其溝通效果愈大。
4.溝通媒介會影響溝通方式，也會影響接收者的態度。

五、接受者

溝通的接受者或受訊者，就是意見溝通的對象，它可能是個人或團體。溝通的接受者會受溝通的技巧、態度、經驗以及社會文化系統等的影響。接受者的個人特質與團體關係，亦能決定其接受溝通與否或瞭解溝通的能力。個人之間若存有心理距離，必然排斥意見溝通。且若群體關係良好，個人接受群體的規範，亦較易接受群體內的溝通。此外，溝通若能順應接受者，則溝通成功的機率也較大。

六、譯碼

譯碼或稱解碼，又稱為收受作用，乃為接受者瞭解和接受訊息內容的程度或過程。通常接受者會依據他過去的經驗和參考架構（framework of reference），來詮釋或接受某項訊息。凡是接受者收受到的訊息和溝通者的意識愈一致，則表示收受作用愈準確，其間的溝通就愈有效；否則，將產生溝通的障礙。

七、回饋

任何溝通若無法得到適當的回饋，就不能算是溝通。不僅如此，溝通還應能得到所期望的反應，才是真正的溝通。溝通的目的就是希望能得到所期望的反應，反應正是意見溝通過程中的最後步驟。訊息是否被接受，或作正確的解釋，甚而使原傳達者修正溝通的方式或內容。

八、障礙

在整個溝通過程中，從溝通者發動溝通到回應者作出回應為止，都可能遭遇到障礙，此種障礙可能來自於溝通者或回應者，也可能來自於溝通過程中的任一環節。無論溝通障礙的來源為何，它都可能產生誤解，甚或發生衝突，終而阻礙溝通的進行。因此，所有的溝通都必須設法排除任何可能的障礙，如此才能使溝通工作順利進行。此部分將另列專節討論之。

九、情境

人類的任何活動都必然處於某種情境之中，人際溝通亦然。溝通情境會影響參與者的期待、溝通接受者對意義的接收及其後續的行為。這些情境包括：物理的、社會的、歷史的、心理的以及文化的情境。物理情境包括：溝通者之間的位置、身體距離、溝通時間；自然情境包括：熱度、光度和噪音等，都會影響溝通者的期待；社會情境包括：家人、朋友、同事、熟識者、陌生人之間的互動；歷史情境是指個人過去所遭遇的事，以及過去的溝通經驗；心理情境是指溝通者當時的心情和感覺；文化情境則指影響溝通者之間的共同信仰、價值觀和行為規範等。上述這些情境乃共同組合成溝通時的情境，並影響溝通雙方的行為與結果。

總之，溝通就是在將人的感觸、意見、態度、情緒等表達出來，透過某些媒介或工具，而得到共同瞭解的過程。管理者在作溝通時，必須注意到影響溝通過程的所有要素，隨時注意誰在溝通，表達什麼思想、觀念和意見，透過何種管道，以何種方式對待什麼人，而希望得到什麼效果，才能做好溝通的工作。

第三節 常見的溝通方式

意見溝通的類型與方式甚多，係依溝通的目的、方向、性質、時機、對象、隸屬關係等而定，由於非本章所能完全探討，故本節僅就一般最常見的基本溝通方式，分述如下：

一、口語溝通

口語溝通（oral communication）是傳遞訊息的主要方式，如演說、一對一交談、團體討論、謠言、耳語傳播等，都是最常見的口語溝通方式。在日常生活中，人與人的交往大多依靠口語溝通，因此使用口語溝通宜採用大家易懂、通俗而能瞭解的語句，才能達到溝通的效果。此外，採用口語溝通甚為方便，談話時必須採客觀的態度和誠懇的語氣，比較能為人所接受。這些都是口語溝通的要領。

語言或口頭溝通是藉著具有共同意義的聲音，作有系統的溝通思想和情感之方法。語言係用來指示、標明，和界定思想、情感、經驗、物體與人物等概念，以便能和他人分享，並尋求共同的認知與瞭解。然而，在使用語言時常有一定的限制，如言語的音調、抑揚頓挫、語句的先後順序、啟承轉接，以及說話者的心理狀態等，都會影響溝通的有效性。

語音的四項主要特色是音調、音量、頻率和音質。音調是指聲音的高低、音量是聲音的大小、頻率是聲音的快慢、音質是聲音的質地。這些常單獨或共同表達個人所想傳達的意思。例如，有些人在生氣時會大聲說話，在情意綿綿時會輕聲細語；在緊張時會提高音調，在平靜時會降低音調；在害怕或緊張時講話比較快，在失意或鬆散時講話比較慢。此外，每個人常以不同的音質來傳達特別的心境。人們可能在抱怨或哀怨時發出鼻音，在誘人的時刻發出柔和的氣音，而在生氣時發出刺耳而

團體討論是常見的口語溝通方式

嚴厲的音質。此種不同的音質會產生不同的感覺、想法或價值判斷。然而，有些音質的差異不一定有特別的涵義。有些人一直都是高音調或有氣音或鼻音，或有刺耳的聲音。不過，個人在不同狀態下，其語音確有不同。

其次，在使用語言溝通時，尚要注意贅音的干擾。所謂贅音是指在談話時的不必要聲音，此種贅音會使人分心，陷入五里霧中，產生不舒服的感覺，甚或使溝通完全中斷。過度的贅音是一種不良的說話習慣，且常為長時期養成的。最常見的贅音是「嗯」、「呃」、「啊」、「這個嘛」等。例如，如果有人說：「這個嘛，我，這個，去高雄嘛，這個看朋友。」讓人聽起來必定感到不舒服。同時，贅音會延長溝通的時間，有干擾溝通之虞。因此，個人在平時宜多訓練流暢的談話。

另外，語言溝通尚需注意用語遣詞。一句完整的句子很快就能讓人領悟會意，而殘缺不全的語句常令人困擾，甚而產生誤解。還有詞句用語的先後順序必須主從對應，不可順序顛倒，否則必然喪失原意。同時，語句的啟承轉合必須合宜，才能表達正確的意思；切不可該斷時不斷，該連接時不連接，否則極易使人會錯意。這些都屬於語句上的問題。

最後，語言溝通常受到溝通雙方的情緒、動機、性格、態度、經驗和知覺等的影響。例如，個人處於情緒不穩定時，其措詞必較強烈，用語常不適當，甚而連本身也無法理解。因此，人際溝通宜選擇在平心靜氣的狀態下進行。其次，個人在充滿談話動機或想與人交好的狀態下，必滔滔不絕、興致勃勃；反之，則多沉默不語，缺乏談話的興致。又如性子急的人說話快速而尖銳，而性子緩的人說話和緩而平穩；對人生態度積極的人話語多含樂觀的特性，而對人生態度消極的人則語多悲觀；人生閱歷多的人語多平和圓潤，閱歷少的人語多尖酸刻薄；對他人的感覺較好時，常表現溫和而喜悅的語氣，而對他人的知覺不好時，常顯現不耐或厭惡的話語。當然，這些情況都是交錯複雜的。在人際溝通時，這些個人特質都可能同時交錯出現。

綜合言之，口語溝通的優點如下：

1.能夠迅速地傳達訊息，並收到立即回應的效果，可說是既簡單又方便的溝通方式。
2.當訊息收受者有不清楚的訊息時，可給予傳遞者做說明或修正的機會。
3.當面的口語溝通，可用語調、手勢和面部表情加以輔助，有助於溝通理念的清晰。
4.口語溝通有較多解釋和說明的機會，故比書面溝通具影響力和說服力。

至於口語溝通的缺點如下：

1.訊息經過一堆人或組織的層層輾轉，可能造成扭曲的現象。
2.口語溝通的內容可能因語調或態度的差異而被曲解。
3.口語溝通可能因個人體會或詮釋的不同，而與原意相去甚遠。
4.口語溝通的訊息不經由記錄而容易流失。

二、書面溝通

書面溝通或稱文字溝通（written communication），是以文字書寫的方式所進行的溝通，最常見的有信件、公文、字條、備忘錄、刊物、電子郵件、傳真函、布告欄，以及其他以文字或符號所書寫的文件等均屬之。這些符號所顯示的意義，常受到文字排列順序、標點符號、啟承轉合等的影響。文字溝通可以文字、圖畫、數字、符號、記號、藝術品等方式呈現。

由於文字並非人人都懂，以致文字溝通大多表現在一定領域內的人際之間。例如，文字本身只有受過相當程度教育或某些識字的人才能瞭解，以致常侷限於這些人才能運用；又如記號的使用多在具有同質性的團體成員之間，才能心領神會；藝術品所表現的訊息，必須受過同樣藝術訓練的人才能理解領會。凡此都是文字或書面溝通的限制。

基此，文字溝通的運用，首先必須力求通順。一篇順暢通達的文章，不但可清楚地表達它的原意，且能使人產生清新愉悅的心情；而一篇文句不通的文章，不但無法表達它的原意，且會造成閱讀者情緒的困擾和心思的混亂，致無法達到理解和溝通的目的；其次，文字溝通宜力求簡短明瞭，使人一閱讀即能瞭解其原意，而不致浪費太多的時間和精力，且能得到充分溝通的效果；再次，文字溝通宜多運用通俗易懂的文句，避免採用生澀難懂的語句，較能快速地得到回應。最後，文字溝通必須切合實際，避免虛幻空洞，致產生不必要的誤解。

在組織中，有些訊息傳達採用文字溝通的方式有其必要性。因為文字溝通是實質的，可加以保留存檔，以供查證。當人們對訊息內容有所疑義時，文字溝通可提供查證的機會，此對冗長而複雜的溝通有相當的助益。此外，文字溝通可作成計畫，以提供執行者隨時的參考。文字溝通的另一項特色，是溝通者較為謹慎行事，不像語言溝通是即興式的表達。最後，文字溝通可運用在不便於對話的時機與場合。因此，文字溝通具有較佳的邏輯性、明確性和嚴謹性。

總之，書面溝通的優點是：

1.由於有統一的文書，可避免謠言耳語的傳播，而能得到正確訊息的傳送。
2.書面的傳送有記錄可查，利於長久保存，一旦發生疑義可有具體的查證記錄。
3.由於是書面傳播，在用詞上會比口語更為小心，故易達成真正溝通的目的。
4.文字溝通較為嚴謹明確，也比較合乎邏輯。
5.文字記載有助於學習和記憶。

書面溝通為一般常見的溝通方式

不過，書面溝通也有一些缺點，如：

1.一旦文書上有疑點，難以立即澄清或補充資料，以致延誤對誤會解說的機會。
2.文字溝通比較花費時間，增加成本的耗費，較不經濟。
3.由於個人主觀看法的差異，使書面溝通容易被人斷章取義，甚至故意曲解。

三、非口語溝通

非口語溝通（nonverbal communication）就是肢體語言的溝通方式。在某些情況下，非口語溝通也能單獨傳達訊息。此種溝通方式甚多，例如，目光眼神、一顰一笑、身體移動、手勢、微笑、頷首、蹙眉、搔頭、拍額、拍手、頓足……，都是一種傳遞訊息的方式。非口語溝通主要包括身體移動、面部表情、身體距離，以及語調的抑揚頓挫等，如**表**

10-1所示。這些都屬於肢體語言的一部分。

一般而言，人類每項身體動作都含有一定的意義，微笑多表心情愉快，搖頭多表否定的意思，這些都是很容易會意的事。然而，有些細微的動作必須相互親近的人才能心領神會，這是群體內成員的共同語言，絕非局外人所能體會。不過，當肢體語言所表現的動作能與口語連結時，將會使訊息的表達更為完整。

就身體動作（body movement）而言，聳肩表示不在乎、眨眼表示親密、自拍腦後表示健忘。就面部表情（facial expression）來說，一張鐵青的臉和一張微笑的臉，各代表著不同的意義。就身體距離（physical distance）而言，何種距離才是適當的，須依各種文化而定。在歐美文化中，保持相當的距離是一種禮貌；若靠得太近，可能被視為具有侵犯的意圖；若距離太遠，則可能被視為沒興趣談話或不太開心。但在南美洲和中東地區，近距離的談話則表示親密。

表10-1　肢體溝通的方式

基本類型	可能的表達方式
身體移動及身體距離	身體前傾、向前走、插手、身體歪斜、向後退、抖腳、身體後仰、橫跨步、向後靠、聳肩、打手勢、不斷變換姿勢、搖頭、靠近、雙手交叉胸前、搔耳、保持距離、雙手放在背後、拍手 、面向說話者、手插口袋、拍額、背對說話者、兩手不斷晃動、拍後腦、鬆弛的姿勢、比手劃腳、頓足、拍對方肩膀、搖指遠方
面部表情及頭部動作	目光接觸、低頭、哀傷的表情、微笑、甩頭、悲悽的表情、大笑、頭部傾斜、僵硬的表情、蹙額、上下打量、遙望、皺眉、注視他處、直視、擠眉、毫無表情、斜視、點頭、嚴肅的表情、嚎哭、搖頭、愉悅的表情、低泣、仰頭、冷漠的表情 、啜唇
語調及音質	輕鬆的語調、小聲、尖銳、生硬的語調、輕聲、高亢、講話速度快慢、太快、平和、音調的揚長、太慢、低沈、音調的抑頓、結巴、音質的幽雅、大聲、聲音顫抖、音質的拙劣
其他	咬指頭、把玩原子筆、喝水和飲料、拉扯衣服、玩弄頭髮、嚼東西

握手是傳遞善意肢體語言的溝通方式

不過，非口語的運用必須更加謹慎。在溝通時，有時口語的表達常與非口語的表現相互矛盾。例如對方可能在談話中滔滔不絕，但卻頻頻看錶，此即意味著他想結束談話。又如有人嘴裡不斷表示對你的信任，但在肢體上卻表現「不信任」的感覺，這是非口語溝通的缺點。然而，非口語溝通若能和口語溝通並用，有時也能使訊息傳達的涵義更為完整。此外，有些溝通不方便採用口語或書面溝通時，非口語溝通則具有替代的作用。

總之，非口語溝通的特色如下：

1.最古老而具體的溝通方式。
2.最直接而令人信任的溝通方式。
3.最能表達真正情緒的溝通方式。
4.最能表達普遍意義的溝通方式。
5.最能持續而自然表現的溝通方式。
6.可一連串同時表達的溝通方式。

第四節 組織內的意見溝通

意見溝通固屬於人際間的行為，惟站在組織管理立場而言，尚須注意組織內部的溝通。此種意見溝通依組織的架構，大致上可分為正式溝通與非正式溝通兩種。茲分述如下：

一、正式溝通

正式溝通（formal communication）是附隨正式組織而來，溝通的形式則依命令系統而生，循層級節制體系而運作；正式溝通被限定於組織的特定路線上。換言之，正式溝通係依法令規章而建立的溝通體系。此種溝通體系決定於組織的系統圖，按指揮系統而依次上下，並敘述組織中各個職位、權力、能力和責任的形成，組織依此而作有計畫的訊息傳遞。依此正式溝通又具有下列四大型態：

(一)下行溝通

下行溝通（downward communication）是由組織的上層人員將訊息傳達給下層人員，用以傳達政令、提供消息或給予指示的手段。下行溝通的主要方式，不外乎口頭的指示、文書的命令、公報、公告、手冊等。其他如計畫或方案的頒布、政令的宣示，亦是下行溝通的方式。一般組織的下行溝通常有執行不徹底，甚而導致失敗的現象。其主要原因是：(1)主管不瞭解下屬的困難或心理；(2)主管只重視溝通形式，而忽略溝通內容；(3)主管注重權威，堅持己見。因此，欲使下行溝通暢行必須注意下列事項：

1.**瞭解屬員的心理**：主管須瞭解下屬的心理與困難，才有下行溝通可言。屬員的欲望、情感和解決問題的能力，是決定其接受主管溝通

由組織的上層人員將訊息傳達給下層人員即為下行溝通

與否的先決條件。在主管推行下行溝通時，如能事先瞭解執行問題的可能性，協助屬員解決疑難，則必可預期屬員接受溝通的反應。否則，若一味地下達命令，屬員勉為其難地加以接受，則此種溝通必大打折扣。

2.**採取主動態度**：在推行下行溝通時，主管不應只消極地下達命令，尤應自動地與部屬分析所有的訊息、政策、工作措施。主管唯有主動地聽取屬員的意見，並自動傳播自己的意見，部屬才能學得此種主動的溝通精神與態度，則必使上下的意見能交流，態度一致，進而養成相互利益的觀念。

3.**注意溝通內容**：意見溝通本身涉及很多因素，諸如溝通方式、對象、內容、心理、過程等，實不僅止於溝通的形式而已。因此，主管應能體認溝通的複雜性與動態性，尤其宜注意溝通的內容。蓋溝通的形式只是表面的，而溝通的立場與態度才是真實的，只有注意溝通的內容，才能產生所預期的反應，發揮良好的溝通效果。

4.**擬定完善計畫**：主管在實施溝通前，應先擬定完善的溝通計畫，事先徵詢屬員的意見，才能得到他們的接受與支持；否則驟然實施，員工不但心理上未有周全的準備，更容易招致行動的阻礙，卒使執行不夠徹底。站在人群關係的立場而言，適當的溝通計畫可協助培養健全的政策與良好的工作程序，並能減輕員工的緊張情緒，獲致人事上的和諧關係。

5.**爭取員工信任**：良好的意見溝通，唯有獲致員工的合作才容易達成。主管欲獲取員工的合作，完全取決於員工對主管的信賴。蓋員工對主管的信賴與溝通，實有互為依存的因果關係。沒有良好的溝通，難取得員工對主管的信賴；而員工對主管不信任，也難有良好的溝通效果。員工若不信任主管，往往在溝通過程中，極盡挑剔之能事，進而曲解主管的用意。是故，主管在進行溝通時，事先宜取得員工的信任。

(二)上行溝通

上行溝通（upward communication）就是下級人員將其意見或建議，向上級報告的方式，亦即屬員將組織有關的事物或己身的問題，向上級表示意見與態度的程序。上行溝通的方式，就是向上級作及時的書面或口頭報告、定期的與特別的報告、普通的或專案的報告。意見溝通實不應僅限於下行溝通，上行溝通對組織來說，亦具有下情上達的功用。蓋所謂溝通並不是片面的，而是雙向的，上行與下行應並行，才能構成一個完整的溝通循環系統。

惟一般組織及其主管常忽略上行溝通，其原因有下列三點：一為起自於組織的龐大，層級增多，使上行溝通曠時費事，甚或歪曲下級的真正心意；二為起自於主管的態度，主管常抱有粉飾太平的觀念，一方面不願過問員工的私事，另一方面害怕其權威受損，在溝通時抱持漫不經

下級人員將意見或建議向上級報告為上行溝通

心的態度，認為聆聽屬員意見是一種時間的浪費，致使員工失去表達意見的興趣；三為起自於屬員的問題，屬員在先天上沒有主動提供意見的便利，加以組織對下級人員的意見不太重視，致屬員多報喜不報憂，或乾脆沉默寡言，提不起溝通的興趣。

基於前述問題，主管欲做好上行溝通，應採用下列措施：

1.建立諮商及申訴制度，以討論和處理員工情緒及其相關問題。
2.實施建議制度，鼓勵員工儘量提供意見並加以採納，據而制定決策。
3.多舉辦員工意見調查，以瞭解員工內心的問題。
4.舉辦工作座談會，主管少說多聽，以達到充分交換意見的機會。
5.多參加社團活動，增加相互接觸的機會，減少彼此的隔閡。
6.設置意見箱，利用雜誌或通訊反映員工的各種問題。

當然，欲使上行溝通暢行無阻，最基本的問題乃為主管的態度，諸如聽取報告要採取開明的態度、充分表現聆聽的興趣、控制情緒保持冷靜、聽取報告後即採取行動等，都足以鼓舞員工溝通的興趣。

(三)平行溝通

所謂平行溝通（horizontal communication），就是組織各階層間橫向的溝通，由於發生在不同命令系統的相當地位人員之間，故又稱為跨越溝通（cross communication）。平行溝通的重要方法是集體演講、舉行會報或會議、舉辦訓練班與研討會、實施通報制度等。此乃因近代組織日益擴大，職能分工也愈細，為減少層級輾轉，節省時間，提高工作效率，不得不然也。惟平行溝通在基本上仍需徵求主管的同意，並將溝通結果通知主管。其實施範圍大致是：高級管理人員之間、中級管理人員之間、基層管理人員之間與員工之間等。

最早倡行平行溝通者是法國的費堯，費堯稱此種溝通為橋形溝通（bridge communication），是溝通的捷徑，可收便捷迅速之效，減少層級間公文往返的流弊。在現代大型組織中，層級溝通繁瑣誤事，宜實施平行溝通，以爭取時效。如在**圖10-3**中，「J」欲與「I」、「K」溝通，若自「A」開始層層呈轉，未免太費時費事，故允許「J」直接溝通，則簡便省事。

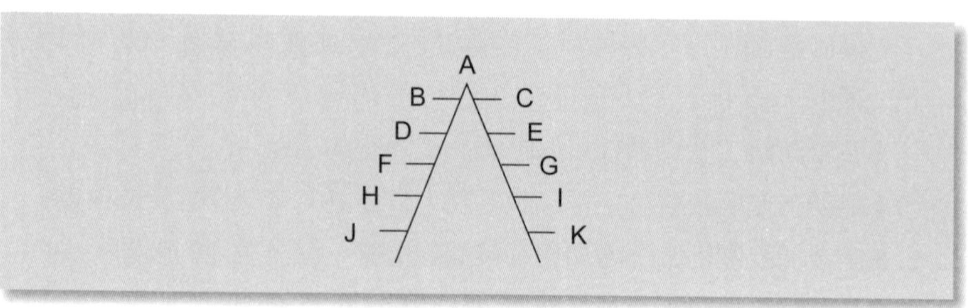

圖10-3　橋形溝通

平行溝通的優點有：(1)處理問題簡便，省時省事，工作效率高；(2)可給予員工充分交互行為的機會，增進相互瞭解與合作；(3)由於相互瞭解，可培養相互利益與團隊精神；(4)提高工作人員自動自發的精神，滿足其社會地位與心理需求，進而提高工作精神與興趣。因此，開明的主管可以在不妨害正常原則下，多提倡平行溝通。當然，平行溝通也有一些缺點，諸如：(1)部屬直接溝通，可能發生越權而侵害到主管的地位；(2)部屬若濫權徇私，常會破壞組織的原則。因此，平行溝通的實施亦應有所規範。

(四)管理階層的溝通

所謂管理階層的溝通（communication among management itself），是指最低階層員工以外的各層級主管之間所作的溝通而言。管理階層的溝通是屬於一種平行溝通，惟該階層負責組織的重大任務，故另項說明。管理階層人員的溝通，對組織的功能有下列數項：

1.管理階層的溝通，是一般員工間溝通的先決條件。如果管理階層沒有良好的溝通，則難以建立員工間的溝通關係。
2.管理階層若有良好的溝通關係，較能制定健全的政策。管理人員有了良好的溝通，則可增進相互瞭解，進而協助釐訂健全政策。
3.管理階層有良好的溝通，可傳達正確的溝通內容，對整個組織的生產活動或工作情緒，都會有良好的影響。
4.管理階層有了良好的溝通，可統一組織內的領導。如果溝通不良，便會造成下級對政策的誤解，並使領導陷於紛歧狀態。

根據戴維斯的研究，管理階層的溝通占主管的時間最多，約為全部溝通時間的四分之三，由此可知管理階層的溝通在組織溝通系統中的重要性。

二、非正式溝通

非正式溝通（informal communication）是建立在團體成員的社會關係上，乃是由人員間的交互行為而產生的，其所表現的是多變的、動態的，這是伴隨非正式組織而來的。非正式溝通是一種正常而自然的人類活動，不是主管所能建立的，也不是主管所可控制的，其性質頗不穩定；有時有助於管理功能，有時卻足以對組織造成損害。非正式溝通的方式，包括組織員工之間的非正式接觸、交往；非正式的郊遊、聚餐、閒談；謠言、耳語的傳播等。由於非正式溝通起自於員工愛好閒談的習性，有時稱之為傳聞（grapevine），傳聞並不見得全然不正確。根據戴維斯的研究，非正式溝通有百分之八十至百分之九十九，是正確的。

非正式溝通既是自然存在的，它具有如下作用：

1.非正式溝通可彌補正式溝通的不足，傳達正式溝通所不能或不願傳遞的訊息與資料。
2.非正式溝通可藉以瞭解員工的真正態度，並發洩其不滿情緒。
3.非正式溝通透過非正式途徑傳述，可減輕主管人員的工作負擔。
4.非正式溝通可將正式用語轉化為通俗語詞，易為員工所接受，進而消除其錯誤的知覺與誤解。
5.非正式溝通的傳送較為迅速而富人情味，可彌補正式溝通的不足。
6.非正式溝通藉由非正式的接觸可建立良好的人群關係，培養共同的團體意識。

當然，非正式溝通也可能產生如下弊病，諸如：

1.妨害正式權力的運用或歪曲事實真相，使命令發生若干阻力。
2.在員工不具安全感或情緒不穩定時，形成煽動性謠言，破壞組織的正常作業。

不過，本質上非正式溝通並無所謂「好」、「壞」之分，其主要有賴於管理者的巧妙運用。如果運用得當，可增進組織活力，若只一味地壓制或不加以重視，則可能產生相反的結果。因此，管理者實有善加運用的必要，同時宜注意下列原則：

1.在制定任何決策之初，可藉由傳聞探測員工的真正意向，作為釐訂政策的參考。同時，在考慮此一決策時，須能預知是否可能引發傳聞，應採何種對策，或利用傳聞推動該項計畫。
2.認清傳聞可能具有一些真實性，應瞭解其在實質上所代表的意義。由於訊息的傳播遼闊，它可能代表員工急盼的願望或情緒，故必須儘速處理。
3.掌握非正式溝通的核心人物，必要時可藉其澄清傳播訊息，則可利用非正式溝通加速傳達訊息的功能。
4.提供給傳聞所需的正確資料，使其成為事實，以建立傳聞的正確傳播。

第五節 意見溝通的障礙

意見溝通是一種相當複雜的過程，在此過程中有時無法產生預期的效果，其主要乃為來自於溝通的干擾，此即為溝通的訊息隨時會遭到扭曲之故。易言之，溝通訊息常因傳達者或接受者的主觀人格，或傳達過程與溝通媒介等客觀因素的干擾，而引發溝通上的問題。由於此等干擾幾乎存在於整個溝通過程中，故探討溝通障礙宜從整個溝通系統著手。

一、過濾作用

在溝通過程中，過濾作用（filtering）是時常發生的事。所謂過濾作用，是指在溝通過程中，訊息的傳達者或某些中介人士會操控、保留或修改訊息，致使真正的訊息發生質變或量變的現象，此常妨礙溝通的有效性，甚至發生誤解。這種情形在組織的上行溝通中，尤其容易發生。當一項訊息逐級而上時，為避免上級主管被太多訊息所淹沒，其中間人士不免將訊息濃縮或合成，這就導致了過濾作用。一般而言，訊息受到過濾的程度，主要決定於組織層級的數目，凡是組織層級愈多的高聳式結構，其訊息受到過濾的機會也愈大。

二、選擇性知覺

在溝通過程中，選擇性知覺（selective perception）可能阻礙溝通的有效性。所謂選擇性知覺，是指訊息接受者在溝通過程中，可能會基於自己的期望、目標、需求、動機、經驗、背景或其他人格特質，而作選擇性的收受訊息之謂。事實上，不僅訊息收受者在解碼時，會作選擇性知覺；甚且訊息的傳達者在編碼時，也會把自己的期望等加諸在訊息上。不僅如此，個人常有一種傾向，即喜歡聽取或傳達自己想聽的訊息之習性和取向，而忽略了不想聽或不想傳達的訊息，以致真正的訊息無法傳達或受到歪曲，而造成溝通上的困擾。

三、不穩定情緒

在溝通過程中，穩定的情緒狀態有助於溝通；而不穩定的情緒絕對會妨害溝通。蓋個人在情緒穩定與否的狀態下接受訊息，往往會影響他對訊息的理解程度。同樣的訊息對個人來說，在生氣和高興的狀態下，其感受必不相同。極端不穩定的情緒，如得意的歡呼或失意的沮喪，很容易使訊息的傳送或收受失真，而形成溝通上的誤解；甚而加上外在環境的擁護或同情，往往造成錯誤的知覺。因此，在這些情況下的溝通，常常會拋棄理性及客觀的思考，取而代之的是情緒性的判斷。

四、含混的語意

意見溝通最主要的工具，乃是語文。惟語文的文法結構和所要表達的涵義常有一些距離，以致很難使溝通的雙方產生一致的見解。語文雖為溝通的主要工具，但它僅是代表事物的符號，代表性甚為有限；加以語文排列上的順序，偶爾會造成語意上的紊亂；且由於內容的不明確，接受者領會不同，解釋各異，終而招致誤解；甚至於相同的文字，對不同的個體而言，各有其不同的意義。不同的年齡、事業領域、地理區域、組織層級、社會地位、教育程度與文化背景等，都會影響語言的使用和對字義的理解，而這些都會造成溝通上的困難。

五、時間的壓力

在溝通時若有需要迅速回應的時間壓力產生，就可能造成分心或誤解，終而形成溝通的失效。若緊急的情勢無法對問題作深入的探討，將導致極少或膚淺的溝通，以致時間壓力往往形成溝通的阻礙。一般而言，有比較充裕的溝通時間，則可對溝通的內容和過程，作充分的意見交流，並尋求相互的瞭解，有助於雙方尋求共識，並獲得同理心。相反地，太少的時間只能作皮毛式的探討，甚或無法對容易引發誤解的語詞多作解說，如此將使溝通難有成功的機會。再者，由於時間的壓力使得一方或雙方不能耐心的聆聽，且讓對方誤以為未得到應有的尊重，如此必使溝通容易失敗。

六、地位不相稱

在意見溝通過程中，如果訊息的傳達者和接受者之間的地位差距過大時，有時也是阻礙意見溝通的原因之一。由於溝通雙方的地位不同，雙方都會各自以自身的觀點來詮釋訊息，以致產生不同的知覺，終而阻斷了溝通的進行。此外，不同地位的人所使用的語言也會有所不同，甚至於對語言的理解也會有所差異，凡此都可能構成溝通的障礙。此顯現在組織中尤為顯著。由於組織是一個層級節制體系，倘若下級人員心存自卑，不肯向上級坦白而暢快地陳述意見，而上級人員也存有自傲的心態，不肯輕易透露詳情，以保持其尊嚴與神秘感，則必無意見溝通可言。因此，地位的不相稱自是構成溝通障礙的因素之一。

七、空間距離不當

在溝通過程中，不當的空間距離也會造成溝通的障礙。兩個正在對話的人，除非是密友，否則太近的距離會形成壓迫感，終而影響溝通的進行。惟太過遙遠的空間距離，除可能造成誤解之外，也可能形成心理距離。再就地理區隔而言，面對面的溝通遠比距離遙遠的溝通有效，此乃因近距離的溝通可看到對方的表情與肢體動作，而避免做不當的臆測之故。是故，不當的空間距離，容易造成溝通上的隔閡，而妨礙溝通的有效進行。

八、資訊負荷過重

今日社會號稱資訊爆炸的時代，每個人每天所收受到的訊息已經到了難以處理的地步，過多的資訊往往造成一些困擾。就企業組織而言，過多的資訊常使管理者為資訊和數據所淹沒，而無多餘的精力或時間去適當、吸收或處理資訊，並對這些資訊作適當的反應。就組織溝通的立場而言，過多的資訊就需要有愈多的溝通，如此將形成沉重的負擔。因此，資訊負荷過重乃是一種溝通上的阻礙。此外，資訊過多很難使人集中意志於溝通上，而造成分心，此亦有礙溝通上的相互瞭解。

九、不良聆聽習慣

個人不良的聆聽習慣，也是造成構通障礙的主要原因之一。此種不良聆聽習慣的養成，一方面來自於個人選擇性知覺，另一方面則始自於個人的不良習性。前者係因個人常基於自我的動機、需要、經驗、背景以及其他個人的特質而形成的；後者則出自於個人人格的缺陷、容易產生偏見和成見、心胸偏狹、執拗等特性所造成的。此種不良的聆聽習慣，極易造成說話者感受到未受應有的重視和尊重，如此則易阻斷溝通的進行。

十、缺乏有效回饋

意見溝通的障礙之一，就是缺乏有效的回饋。一項完整的溝通必須要有回饋的過程，才能稱得上是溝通，否則也只能算是一種訊息的傳播而已。蓋一般訊息的回饋，可用來確定雙方是否對訊息有一致性的瞭解。如果缺乏對訊息的回饋，則溝通者將無法知覺與瞭解到接受者的反應，而進一步提供更詳盡且完整的訊息，接受者也可能因接受到不正確或錯誤的訊息，而採取了不當的行為。因此，缺乏有效的訊息回饋，將導致溝通的失敗。

總之，阻礙有效溝通的因素甚多，絕非本節所能完全概括；此外，上述各項因素有些是彼此相關，甚而是相互因果、相生相成的，如時間的壓力可能引起知覺的偏離；又如不穩定的情緒可能造成選擇性知覺，而選擇性知覺又回過頭來影響情緒的穩定性。凡此都是吾人探討溝通障礙時所必須瞭解的。

第六節 有效溝通的途徑

有效的溝通對企業管理的成功運作，是相當重要的。因此，促進有效的溝通大部分是管理人員的責任。他們不但要隨時注意所期望去傳達的訊息，且要能設法作自我的瞭解，更要尋求對他人的瞭解，甚或設法被瞭解。凡此都有賴於作有效的溝通，唯有如此，任何溝通始有成功的可能。管理者為促進有效的溝通，必須從多方面著手，其途徑不外乎：

一、規劃資訊流向

規劃資訊流向，乃在確保管理者能得到最適當的資訊，使不必要的資訊得以過濾，並減少過多的資訊，得以免除溝通負荷過高的障礙。規劃資訊的目的，乃在控制所有溝通的品質與數量。此種理念係依管理的例外原理（exception principle）而來，係指舉凡偏離重大政策與程序的事項，都需要管理者給予高度的關注。依此，管理者可在需要溝通時，才進行溝通的工作，免得浪費太多的時間和精力，卻無法得到溝通的效果。當然，此須建立在平時即已有良好溝通氣氛的前提之下；同時，組織在平日亦宜防止資訊被作不當的過濾。

二、培養同理感應

溝通乃在尋求共同的瞭解與心心相印的效果，因此培養同理心乃是意見溝通的重要目標之一。所謂同理心（empathy），就是有為他人設身處地設想，並能料定他人的觀點和情感的能力。此種能力是接受者導向的（recciver-oriented），而不是溝通者導向的（communicatior-oriented）。溝通的成敗與否，既取決於接受者所接受的程度如何，則同理心自然要置於接受者的位置上，且應充分考慮接受者的立場，以求真正的訊息能為接受者所瞭解和收受。因此，在主管和部屬作意見溝通時，培養同理心是相當重要的要素，它可以減少各項有效溝通的障礙。

三、健全完整人格

健全而完整的人格，乃是良好人際溝通的基礎。一個具有完整人格的個人，多樂於與人溝通。但在組織之中，由於地位上或心理上的因素，常阻礙了人際間的溝通。為了克服這方面所造成的溝通障礙，健全員工完整的人格是必要的，雖然組織不免有層級之分，但這是遂行組織工作任務所必要的，此不應是形成心理因素的障礙；只要管理者能採取開誠布公的態度，不存有自傲的心理，並能協助員工革除溝通上的心理障礙，教導員工培養積極的人生觀，且能容納各種不同的意見，則在溝通時必能減少或消除溝通的阻力。否則，員工一旦有了封閉性人格，常心存自卑，必阻礙與他人溝通的機會。

四、控制自我情緒

不穩定的情緒是意見溝通的殺手，人類情緒的變化可能會對訊息的涵義，作極大差異的解讀。因此，保持理性、客觀而穩定的情緒，乃是有效溝通的不二法門。當人們在情緒激動的時刻，不僅對接受到的訊息會加以扭曲或故意歪曲，而且也很難清楚而正確地表達想傳達的訊息。因此，在情緒不穩定時，不宜從事溝通的行動。如果一定要進行溝通，至少必須控制自己的情緒，以保持平和的狀態，才能使溝通順利進行。因為有了平和理性的情緒，個人才可能聆聽他人的說詞，並作理性的判斷，自己也能發表妥善的言詞，得到他人的認同與回饋。

五、善用溝通語言

複雜而難懂的語言是意見溝通的主要障礙，即使是專業術語同樣會造成溝通上的困擾。當主管運用難懂的術語時，將造成部屬對其概念轉化的困難。一般人之所以運用專業術語，乃在便於專業團體內溝通，並凸顯該團體成員的地位，但對外在團體的人員來說，反而形成溝通上的困擾。蓋溝通既在尋求相互瞭解，而運用專業術語，將無以產生溝通的效果。因此，語言溝通的運用必須顧及所要溝通的對象，顧及它對各個對象所可能產生的影響，亦即對各種不同個性或領域的人員，只能運用適合於他們的詞彙。

六、作有效的聆聽

在溝通時，只作聽取是不夠的，傾聽才足以促進真正的瞭解。有效的聆聽對組織和人際溝通是很重要的，它可以使演講者有一種受尊重的感覺，容易產生共鳴。曾有學者提出所謂「良好聆聽的十誡」，就是暫緩說話、讓說話者有安適感、暗示說話者你想聆聽、集中注意力、具同理心、忍耐、控制脾氣、寬厚對待爭議和批評、問問題以及暫緩說話。暫緩說話既是第一誡，也是最後一誡，這些對一位管理者是很有用的。當然，這其中尤以決定去聆聽為最重要，除非決定去聆聽，否則溝通是無效的。

七、注意肢體動作

意見溝通的進行或成效，不僅受到語言本身的影響，而且也受到肢體動作即非語言線索所左右。為了達成有效的溝通，管理人員不應只注意語言所顯示的意義，還要注意肢體動作的輔助作用。通常，溝通者或接受者的肢體動作，有增強或抑制語言涵義的作用。不管肢體動作的涵義為何，它確實會影響溝通的成效。因此，一位有效的溝通者必須注意非語言線索，使其能真正地傳遞所想表達的訊息。

八、利用直接回饋

回饋是有效溝通的要素，它提供了接受者反應的通路，使溝通者能得知其訊息是否已被接收到，或已產生了所期望的反應。在面對面的溝通過程中，是最可能作直接回饋的。然而，在下行溝通中，由於接受者回饋的機會不多，以致常發生許多不正確的情況。因此，為確保重要政策的不被曲解，必須多推行上行溝通，或設計組織內部的雙向溝通，以利用直接回饋達到溝通的效果，並避免誤解。

九、重視非正式傳聞

非正式傳聞有時是有用的，有時是無用的，但它是非正式溝通的產物。非正式傳聞往往比正式溝通來得快速，而且有效。因此，非正式傳聞是不可忽視的。基本上，非正式傳聞是一種面對面的溝通，具有極大的伸縮性。對管理階層來說，傳聞有時是一種有效的溝通工具，由於它是面對面的溝通，故可能對接受者有強烈的影響力。由於它能滿足許多心理上的需求，故是不可避免的，管理者應設法去運用它，至少亦應確保它的準確性。

十、追蹤溝通後果

追蹤溝通的目的，乃在確定溝通是否得到所預期的目標，對方是否真正瞭解所傳達的訊息。更重要的，追蹤乃在確保溝通者的理念不被誤解，因為在溝通過程中隨時都有被誤解的可能。基本上，追蹤乃是溝通的後續行動，其乃在檢驗溝通接受者是否能心領神會或誤會真正訊息的意義。所謂意義（meaning），就是接受者內心的想法，如某些通告可能已為舊有員工所長期瞭解，而視為善意，但對新進員工則可能解釋為負面的，此時有賴追蹤來得知其想法。

總之，有效溝通是管理者的主要責任，其可能影響組織各項作業是否順利進行。管理者宜注意溝通的內容、媒介與技巧等，且尋求與溝通對象之間的同理心，當可得到所預期的反應，如此才是成功而有效的溝通。

Chapter 11 組織士氣

近代組織學者常強調組織的整合，而組織是否整合，其因素固然很多，其中員工的工作士氣尤為組織系統整合的具體表現。完善的組織往往有高昂的士氣，而士氣低落則始自於成員對組織的不滿；因此，士氣的提高實為組織管理者例行的工作重點之一。本章首先探討何謂士氣，然後研討組織團隊精神的特性，然後據以研析影響組織士氣的因素，從中瞭解應如何測量員工士氣，最後則指出應如何提高員工士氣。

第一節 士氣的意義

「士氣」（morale）一詞原本是軍事用語，意指戰鬥的精神狀態而言；用於組織管理方面，係指工作的精神狀態。顧巴（E. E. Guba）說：「士氣乃是參加組織的個人，願為團體目標特別賣力的熱忱程度。」因此，士氣實質上就是個人獻身於工作的一種精神。

然而，士氣亦隱含著一種團隊精神（team spirit），如一個球隊或一家機關，其成員所表現的團體精神，可稱之為士氣。士氣既含有團體的意義在，必有助於紀律的維持與指揮的統一，對管理者而言，它是一種助力。良好的士氣通常被界定為：「在組織的最佳狀況下，個人與團體對工作環境的態度，以及盡他們最大程度的努力，以採取自動合作的情境。」個人或團體在組織中自動合作的態度，需靠紀律與統一指揮的維繫，故士氣乃是在組織的團結狀態下才能發揮。

就組織成員的立場而言，個人之所以願意為組織貢獻出自己的能力，有時是他對組織有種滿意的感覺，而在工作上表現極高的工作精神。但有時候他對組織內部深惡痛絕，而採取消極的工作態度，呈現低落的工作情緒。前者係表示良好的士氣，後者則代表不良的士氣。因此，士氣有時也可解釋為對工作的滿意程度。戡恩（R. L. Kahn）與毛斯（N. C. Morse）即認為：士氣就是個人為組織工作而得到滿足程度之總和。

心理學家古庸（R. M. Guion）主張：士氣是個人需求得到滿足的狀態，而此種滿足得自於整個的工作環境。此種定義重視個人需求的團體性，並未反映士氣的團體原則，惟特別強調整體環境對個人滿足感的影響。

士氣除了具有個人之滿足感的因素之外，尚且包含其他因素。行政組織學家孟尼（J. D. Mooney）曾說：「士氣乃是包括勇氣、堅忍、決斷與信心的綜合心理狀態。」因此，士氣乃是一種精神水準，亦是一種信心，它與勇氣、堅忍、果決等特質有著牢不可破的關係。士氣猶如健康一樣，健康乃是一般良好的生理狀況，而良好的士氣則為組織心理的一切正常狀態。

總之，士氣具有雙重的涵義：就個人而言，它代表一個人工作需求滿足的程度與工作的精神狀態；就組織而言，它代表一種團隊精神，即每個成員都願意為實現組織目標而努力，亦即組織整個情境的綜合狀態。換言之，士氣乃為組織成員個別的利益與組織目標是否相一致的結果。

第二節 組織的團隊精神

組織內部的團隊精神（teamwork）是組織士氣的指標，良好的團隊精神正代表著高昂的組織士氣，而不良的團隊精神則是組織士氣低落的表現。因此，吾人欲探討組織士氣，就必須瞭解團隊精神的內涵。至於，何謂團隊精神呢？所謂團隊精神，就是組織成員共同表現對組織目標的向心力之程度，此乃在工作表現上呈現出來的，亦可由心理上的凝結程度中看出來的。易言之，組織的團隊精神就是整個組織的士氣。一個具有高昂團隊精神的組織，通常具有下列特徵：

一、強固的凝結力

一個具有團隊精神的組織，不論其規模的大小，內部成員有強固凝結力的表現；相反地，一個不具團隊精神的組織，其內部成員的精神必是鬆散的，且成員與成員之間也各行其事，少有凝結的關係。所謂凝結力（cohesiveness），就是促使組織內部成員更為連結的力量，其所顯現的就是利害相關、休戚與共的關係。一般而言，影響組織凝結力的因素甚多，諸如組織規模的大小、領導類型與領導權力的彈性與否、組織內

具有團隊精神的組織，不論其規模大小，內部成員都表現強固凝結力

外的威脅、成員對組織目標的認同性、組織本身的成就表現等，都足以影響凝結力的強固與否。

就組織規模大小來說，組織規模愈大，凝結力愈鬆散；組織規模愈小，內部的凝結力愈緊密，這是一般性的看法。有些研究顯示，較小的組織比較大的組織更富凝結力。然而換個角度來看，有時較大的組織比小群體更有效，如搬運工作的人數愈多、力量愈大，完成工作的時效愈快。不過，有些情況顯示，人數太多有時也會相互抵消彼此的力量，這就牽涉到凝結力的問題。因此，組織規模的大小與凝結力的強固與否，其間尚涉及其他因素。

其次，組織的領導類型與權力運用，也可能左右凝結力的大小。一個更具有溝通能力與強化組織目標的領導者，更能促成組織凝結力的增強。同時，組織凝結力與工作效率之間，存在著極密切的關係。凡工作效率愈高，組織內部的凝結力愈強，而凝結力愈強的組織，其工作效率也愈高，這是相因相成的；反之亦然。這些都是領導者所必須注意的問題。

此外，組織內部的紛爭與外部的威脅，也同樣會影響組織內部的凝結力。一個內部紛爭不已的組織，總體成員的力量必定分散，但卻會促成相同立場的成員，形成更凝聚的群體。組織若遭遇到外力的威脅時，除非組織內部部分成員與外力勾結，否則其凝結力會更增強。一般而言，組織凝結力最鬆弛的時刻，往往是一切事情都進行得很順利的時期。假如組織目標都很順利地被達成，而沒有內在的紛擾或外力的威脅時，凝結力往往是最鬆弛的。

至於，組織凝結力與其成員對主要目標的認同感會成正比。假如成員為了達成組織中心目標，而認為值得為組織作某些犧牲奉獻，則其休戚感更高，凝結力也愈強。同樣地，組織的成就表現、聲譽、地位等，也和組織凝結力息息相關，且成正比的關係。凡是組織的成就表現、聲譽、地位愈高，其內部凝結力也愈強；相反地，成就表現等愈低，凝結力愈弱。

由以上諸因素的探討，吾人可預知組織凝結力的大小，是受到各項因素相互影響的結果。當然，凝結力的大小是很難加以量化（quantify）的，且是無法絕對測知的，但仍可作比較性的判斷。組織管理者可就各項因素作一考量，以決定最有利的管理策略，使組織凝結力能進一步為組織目標而努力。

二、規範性的活動

組織雖有正式的規章制度，然而有時需賴一些規範，以帶動或彌補規章制度之不足。組織規範是由組織價值而產生的，它是組織行為的標準，決定何者是正當的，何者是不正當的；同時規制成員遵守或不遵守規範時所應有的賞罰，而發展為組織成員合作活動的最高模式。此表現在組織的團隊精神上尤然。

通常，組織規範的來源有五：(1)為傳統習俗所保留下來的；(2)由最高權威者所訂定的；(3)由工作組織的直屬長官所制定的；(4)由組織領袖與成員共同開展的；(5)由組織成員的交互行為所發展成的。不論組織規範的來源為何，一家具有團隊精神的組織，其成員必能堅定地遵守或執行其規範。蓋組織規範乃為組織成員在心理上產生共識的根源。

一般而言，組織規範是由組織整個價值而產生的，其可幫助組織成員認清組織目標，以致形成共同的態度，產生大型的團體意識，此即為組織的團隊精神之所在。因此，組織規範是組織成員合作行動的最高型模，由此而發展出組織休戚感。

三、強烈的意識感

一家具有高昂團隊精神的組織，其內部成員必在心理上作充分的情感交流；且為了獲致較大的安全感與身心上的滿足，及社會需求的適應，其間溝通必多，接觸聯繫必頻繁，由是乃產生強烈的群體意識。因此，團隊精神高低的表徵之一，乃為群體意識的強弱。凡是高度團隊精神的組織，其成員的群體意識必強；而低度團隊精神的組織，其群體意識必弱。

一個具有大群體意識的組織，成員必表現自願的從眾心態，以致形成共同的行為模式。此時成員之間的想法一致，具有相同的評價和意見，並能表現共同的行為準則。此種共同意識正是團隊精神的表現。因此，強烈的群體意識，正是組織高度團隊精神的表徵。

四、高昂的工作力

具高度團隊精神的組織，其成員不僅有堅強的群體意識與團結合作的精神，而且每位成員都能表現強韌的工作力。此時，他們都能忠於組織目標，堅守工作崗位，力求在工作能力上有所表現。易言之，高昂的團隊精神呈現在旺盛的工作力上。此為組織內部成員都能相互認同，而致力於工作目標上的達成之故。因此，要測知一個組織的團隊精神為何，最直接的方法就是觀察其工作精神。蓋組織成員經由合作所建立的認同感，將有助於彼此之間形成情感的交融，並尋求滿足這種需要。是故，團隊精神的表現不僅有助於共同目標的達成，更是成員相互需要的一種高度合作本能。

五、順暢的溝通網

高昂團隊精神的組織，其內部溝通網路必是順暢的。亦即組織規模雖大，但內部溝通仍然暢行無阻，此表現在上下階層之間的溝通尤然。在高度團隊精神的組織內，其成員不僅會依循正式體制作溝通，而且會發展親密的交互行為，以致其間的溝通必多，接觸聯繫必繁，互動頻率必高。高度團隊精神的表徵之一，就是在提供迅速而有效的溝通路線與架構，甚至發展出一套自己的溝通方式，而使組織成員都能心領神會，完全瞭解。

六、強有力的協調

組織本身係由分工體系所構成，而此種分工正需要有強力的協調，才容易達成組織的目標。一個具有強固團隊精神的組織，其內部合作協調的工作必會受到相當程度的重視，其成員也會表現相互協調的意願，而以完成共同的目標為職志，以呈現強力的協調合作能力。因此，高度團隊精神的組織表徵之一，即為表現強力的協調合作。相反地，低度團隊精神的組織，其內部必是散漫的、鬆弛的，且缺乏紀律的。

七、互補性的領導

在高度團隊精神的組織裡，最高領導者必然會採取民主式的領導，讓內部成員充分發揮自主性精神，顯現在領導層面上必是多元化的，而多元化的意見正是互補性領導的呈現。固然，組織為達成其目標必須有統一的領導，但是此種領導係相互激盪的結果。因此，就高度團隊精神的組織而言，互補性與多元化的領導，正是表現高度合作精神的根源。

八、參與性的活動

一個具有高度團隊精神的組織，其內部成員必能熱烈參與各項組織活動，甚而形成重疊性的參與行為。這常依組織目標與成員的興趣和需求而定。誠如前段所言，當領導者採用民主參與的領導方式時，其內部成員必能熱烈參與活動，而熱烈的參與活動，又更增強民主化的氣氛，如此相因相成將更強化高度的團結合作精神。是故，參與性的活動正是高度團隊精神的組織表徵之一。

總之，組織的團隊精神是組織士氣的象徵，而組織的高度團隊精神之特徵，實表現在強固的凝結力上，且在組織的規範上活動，並且呈現強烈的團體意識、高昂的工作力、順暢的溝通路線與結構、強有力的協調、互補性的領導和參與性的成員活動。

第三節 影響士氣的因素

所謂士氣就是員工由消極轉為積極的態度，而形成的一種團體精神。高昂的士氣表示管理有了成效，亦為正常行為氣氛的測量。它結合了組織內在與外在的有利條件，把個人需求與組織目標結合為一體，亦即調和了組織與個人的衝突，使個人努力於組織目標的實現，同時也使組織目標達成以滿足個人的慾望。因此，士氣的高昂往往代表效率的提高，而效率的提高對組織與外在環境的關係而言，在公共機關是提供熱誠的服務，在私人企業則為生產質量的改善與增加。一個組織如何才能發揮高度合作的士氣呢？士氣的提高係基於下列因素：

一、工作動機

動機代表個人慾望的追求，一個有強烈動機的人較有良好的工作態度，且抱持積極的工作精神；而無法滿足工作需求的個人，則對工作感到不滿意，且抱持消極的工作態度。根據心理學家的實驗研究，工作態度與生產質量之間雖無絕對關係，但大致上的結論認為：持積極工作態度的員工多為高效率者，而持消極工作態度的多為低效率的工作者。因此，組織欲求士氣的高昂，提高員工的工作興趣，激發其工作動機，實為首要的課題。

二、薪資報酬

薪資報酬在工作動機中，雖非影響員工士氣的唯一重大因素，然而仍為一般員工所共同關心的問題。薪資的高低除了代表經濟意義外，尚含有個人對組織貢獻的評價意義在內。準此，薪資標準的核算是否公平，影響工作情緒甚鉅。健全的薪資制度足以激發員工工作動機，提高工作精神；不合理的薪資制度，卻足以降低工作精神，造成組織管理的困擾。

三、職位階級

職位高低影響個人工作情緒與態度至為明顯，根據許多心理學家的研究，所得結果大致相同。一般而言，擔任管理階層工作人員對工作滿意的程度，比一般事務人員要高，此種原因有二：一為職業聲譽，一為控制權力。前者乃因一般社會人士認為地位高的職業，受人尊重，容易得到滿足，否則就感到屈就而沮喪；後者則基於人類權力慾（love of power）的驅使，一個有權管理或控制他人工作的人，較易有滿足感；反之，屈居下位而被支配的員工容易沮喪，且造成抗拒的心理或態度。

四、團體意識

自從西方電子公司浩桑研究發現人群關係的重要性之後，今日無人能否認工作團體的意識，對員工行為所產生的影響。工作團體的關係，對員工工作精神影響甚大。有團體歸屬感的個人或團體，有安全感與工作保障；而沒有團體意識的個人或團體必是孤立或分裂的，不易有工作安全保障，很難有良好的工作精神或士氣。惟良好的工作精神並不一定是高度生產的保證，其原因為團體動機發展而成強烈的消極抵制，故而限制了生產。依此，管理者必須善為利用員工的團體意識，激發團體合作的工作精神。

五、管理方式

管理方式係指領導特質與領導技術而言。根據研究顯示，凡是工作精神旺盛的團體，其主管都是比較民主的、寬厚待人、關切部屬、察納雅言、接受訴苦、協助解決問題；而工作精神低落的團體，其情形恰好相反；同時，具有高度破壞性的團體，類皆出自於管理方式的不當所致。因此，管理人員的特質與所採取的手段，能決定工作組織的士氣與效率。

六、工作環境

工作環境的配置與設計是否適當，直接影響員工的工作精神。不良的工作環境易造成生理上或心理上的疲勞，直接減低工作精神或效率。一般工程心理學家（Engineering Psychologist）研究，在照明、音響、空氣、溫度、休息時間長短及休息段落方面，若能配置得當，當可減少工作疲勞，振奮員工工作精神；否則，將阻礙工作士氣。例如空氣過分濕熱，必使員工燠熱難耐，脾氣暴躁，易於遷怒其他事物。

七、工作性質

隨著工作性質的不同，員工對於工作的滿足感亦有差異。一般而言，具有專業性和技術性的人員，比半技術及非技術性人員的工作滿足程度要高。此乃因專業性及技術性人員身懷一技之長，對於工作充滿信心，有安全保障的感覺，並可發展自我的成就感，而其他人員則無。故工作性質的差異，亦影響組織士氣的高低。

八、工作成就

根據學習心理學的原則，個人能直接看到自己工作的效果，或自感有工作成就的人，容易保持學習的興趣。在組織內有實績表現的員工，自覺受到上級的激賞，會有較高的工作精神；反之，成績低劣或不為管理階層激賞的員工，其工作精神大多不好。事實上，工作本身與組織目標是否達成的關鍵，並無太大的關係。員工自己的態度與管理階層對員工的看法，才具有真正的影響。

九、員工考核

考績為升遷的準據，也是薪資訂定的標準，更是工作的評估，因此考績貴在公平合理。不合理的考績制度，必然影響員工的工作精神。故考核的方法與結果，必須要公平合理，且能使被考核人瞭解，如此才能產生激勵士氣的效果，並能作為員工自我改進的依據。

十、員工特質

工作精神的高低與工作情緒的良窳，部分係取決於員工個人的人格特質或健康狀態。良好的個人特質如積極性、負責任、合作性等，不但促使個人隨時保持積極的工作態度，且與組織成員亦能竭誠合作，共赴事功，激起高昂的士氣；而消極的、怠惰的、推諉塞責、不健康等特質的員工，不但本身會採取消極的工作態度，且不與人合作，製造事端，適足以削弱團體的工作士氣。

總之，影響士氣的因素甚多，實非本文所能完全論及，而影響員工心理的因素，並不是那些重大政策，而是一些細微末節的事項。組織管理者應多方發掘問題，多與員工接觸，注意其工作情緒，讓員工有參與決策的機會，或舉辦團體討論活動，用以激發員工的工作士氣。本文僅列數端，資供參考。

第四節 士氣調查

士氣既是員工對團體或組織滿足程度的一種指標，則組織欲瞭解員工的滿足感與其對組織目標效力的意願，唯有實施士氣調查。士氣調查的目的在於瞭解員工對組織、工作環境以及上司、同仁的態度，以作為管理措施上的重要參考。組織要想瞭解員工對組織與工作的態度，通常有下列幾種方法：

一、態度量表法

典型的態度量表法（attitude scale）是以擬定若干陳述語句來組成問題，用以徵詢員工個別的意見，然後集合多數人的意見，終而能反映出一般員工的態度。一個團體或組織員工態度分數的平均值，即代表該團體或組織員工對事物所持態度的強弱。儘管態度量表編製的方法不一，然其所要完成的目標並無二致，該量表大致上可分為兩種：

(一)索爾斯通量表

索爾斯通量表（Thurstone Type）是先由主事者撰寫有關事物的若干題目，這些題目代表員工對組織的不同觀點，從最好的觀點到最壞的觀點依次排列，並以量價（scale value）表示之。在實際進行員工士氣調查時，不要將已選定的句子依一定次序排列，而將好壞摻雜，且不可註上量價，由員工自行圈定個人自認為適當的句子，以表達自己對組織的態度。最後由主事者將全體員工所圈定的句子，計算出量價的平均數，即為該組織的員工態度。

今以工業心理學家白根（H. B. Bergen）所編的量表之一部分為例：

	語句	量價
1. ( )	我自覺是組織的一分子。	9.72
2. ( )	我深切瞭解我與主管之間的立場。	7.00
3. ( )	我認為改進工作方法的訓練應普遍實施。	4.72
4. ( )	我不知道如何與主管相處。	2.77
5. ( )	組織給付員工的待遇少得使人無可留戀。	0.80

顯然地，員工圈選1.2.3.題句子的量價之平均值，要高於圈選3.4.5.題；此則表示前者的態度要優於後者。因此，組織可根據該量表所測得的結果，作為改進員工士氣的參考。

(二)李克量表

李克態度量表（Likert Type）比索爾斯通量表簡單，敘述語句中不用消極方面的句子，同時事前不用評審，只列出不同程度的答案，例如：

美國應該在世界上保持最大的軍事優勢。

絕對贊成	贊成	不能決定	不贊成	絕對不贊成
（　）	（　）	（　）	（　）	（　）

該量表有五種答案由絕對贊成給五分，到絕對不贊成給一分。量表全部有二十五句，每句的計分方法相同，總分即為個人對某項事物態度的分數。

二、問卷調查

態度量表法可以測量一個人對組織的態度，以及全體員工的工作精神，但無法找到造成不良態度或低落士氣的具體原因。因此用問卷調查法列出有關工作環境、公司政策、薪資收入等特殊問題，可徵詢出員工的意見，此種方法稱之為意見調查（opinion survey）或問卷調查（questionaires）。以下是米賽（K. F. Misa）設計有關員工對上司的態度之問卷：

1.你的上司是否關心你及你的問題？

是（　　）否（　　）無法說（　　）

2.你的上司對你的工作是否瞭解？

是（　　）不知道（　　）否（　　）

3.你的上司是否稱讚你的工作？

常常（　　）有時（　　）很少（　　）

4.你的上司與同一單位的人是否相處融洽？

是（　　）否（　　）無法說（　　）

5.你對你的直屬上司印象如何？

很友善（　　）平常（　　）不友善（　　）不知道（　　）

此外，可在問卷備註說明：「如果你有其他寶貴意見，請寫在以下各欄」等字樣。

三、主題分析法

主題分析法（theme analysis）為美國通用公司（General Motors Corporation）員工研究組（Employee Research Section）所倡導。該公司以「我的工作——為何我喜歡它」為題，向全體員工徵集論文，除了審查作品給予優良作品獎金外，並從應徵作品中依據幾項主題分類整理出員工意見。

在應徵函件中，雖然反映的多為對公司的積極建議，但對函件中普遍未提及的事項亦加以注意。經過嚴密的統計分析，將第四十八工作單位的員工對各項主題反應的態度，與公司全體員工平均態度加以比較，所得結果如**表11-1**所示。

表11-1數字表示員工對各主題滿意程度的等第。由表上可以看出：第四十八單位員工對前六項主題的態度，與全體員工的看法完全一致

表11-1　美國通用公司MJC主題分析表

主題	全體員工對各主題滿意度	第四十八單位員工對各主題滿意度
（1）監督	1	1
（2）助理	2	2
（3）工資	3	3
（4）工作方式	4	4
（5）公司榮譽	5	5
（6）管理	6	6
（7）保險	7	9
（8）產品榮譽	8	11
（9）工資利益	9	13
（10）公司穩定	10	12
（11）安定	11	16
（12）安全	12	10
（13）教育訓練	13	7
（14）晉升機會	14	8
（15）醫療服務	15	23
（16）合作工作	16	14
（17）工具設備	17	17
（18）假期獎金	18	20
（19）清潔	19	24
（20）職位榮譽	20	15

，而對以後各項的看法，則稍有差異。例如，晉升機會在全體員工中列十四等第，而第四十八單位員工的態度中則列為第八等，此表示第四十八單位員工升級的機會比其他單位為佳。相反地，醫療服務在全體員工中列第十五等，而第四十八單位卻列為第二十三等，此即表示該單位所受的醫療服務較其他單位為差。

主題分析法是由員工自行陳述，可從受測者獲得較多的情報資料，其與前述兩種方法由主測者編撰題目比較，在範圍上較不受限制。同時主題分析法將各單位對各項主題的態度，與全體員工的態度加以比較，可看出各單位的優點與弱點，以便作為管理上改進的依據。惟該法結果的整理較為複雜困難，一般較少採用。

四、晤談法

晤談法（interview）是面對面地查詢員工態度和士氣的方法。該項面談最好請組織以外的專家或大學學者主持，並保證面談結果不作人事處理上的參考，且予以絕對保密，以鼓勵員工知無不言，言無不盡。通常面談又可分為有組織的面談與無組織的面談。

有組織的面談是指事前擬定所要徵詢的問題，以「是」或「否」的方式來回答，有時可稍加言詞補充，也可說是一種口頭的問卷調查。無組織的面談則不擇定任何形式的問題，只就一般性問題，誘導員工儘量表達個人意見。有組織的面談可即時得到反應，統計結果較容易，而無組織的面談可迅速掌握員工態度的一般傾向。惟兩者的花費太大，不如一般問卷的經濟，且無組織的面談易使主事者加入主觀的評等，很難得到適中公允的標準。

此外，組織亦可利用員工離職時舉行面談，稱之為離職面談（exit interview）。此法徵詢離職員工，較能取得中肯的意見，充分地反映員工不滿與離職原因；蓋離職員工顧忌較少，可暢所欲言，以作為組織改進的參考。但離職員工亦可能夾雜私人恩怨，表達個人的偏見，須慎重加以判斷。

第五節 提高士氣的途徑

組織管理者除了應瞭解影響員工士氣的因素之外，亦應站在組織立場，提高組織的整體士氣。蓋士氣的提高，乃為任何機構所必須急切追求的。針對前述影響士氣的因素，提高士氣的途徑有：

一、激發工作動機

傳統管理者認為個人的工作動機，是基於經濟上的因素。惟據近代行為科學家的研究，個人在工作中的需求，除了待遇之外，尚涉及社會價值、責任心、榮譽感、自我表現、工作地位等因素。因此，滿足員工個別動機的各項措施，已不斷發掘與應用。惟這些動機的瞭解，必須透過問卷方法加以調查，以探討個別差異的存在。針對個人的需要，指定適當的工作，尤其是對於家境寬裕或個性淡泊的員工，應安排自我表現的機會，避免主觀判斷的錯誤，打破高薪即可增加生產的偏見。

管理階層既知激發工作動機的重要，除了對個別動機要有確切的瞭解外，在積極方面應改善管理環境與態度，尋求個人興趣的調查，讓員工做願意做或所想做的工作，使其與組織目標相一致，以提高工作效率，增加生產質量；在消極方面應避免主觀判斷，消除對員工的偏見。至於員工方面亦應量力而為，按照自己的能力、專長與興趣努力以赴，切勿好高騖遠、出鋒頭，以免一旦挫敗影響工作情緒。

二、提高薪資待遇

薪資待遇在員工工作方面，雖非影響工作動機的唯一因素，然仍為一般人所追求的目標之一。因此，訂定較高的薪資標準，仍不失為提高士氣的主要措施。薪資的多寡，有時常代表個人地位的高低或工作成就的優劣，故組織管理者在儘可能的範圍內，應訂定較高的薪資標準，提高薪資的基數，頒發工作獎金，以振奮人心。尤其宜考慮各方面的資料作科學化的評價，以達到同工同酬的原則，建立於公平合理的基礎上，拉近上下的差距，免得招致部分員工的不滿情緒，抵消了工作成果，產生「不平則鳴」的現象。

在人力資源管理方面，薪資給付應讓員工知道核算的方法，必要時給予適當的解釋，否則即使是些微的差額，往往也會招致怨恨，這是值得注意的問題；且各個組織之間應繼續努力建立「同工同酬」的準據，以免造成差別待遇。

三、健全升遷制度

每個企業或機關職位低的員工每易沮喪，如果人事制度合理，除甄試合格人員以吸收新進人才外，應設置一定升遷標準及優先次序，以建立由下而上的升遷制度，給予充分升遷的機會。同時做到人事公開、公正而合理的地步，使員工對工作的神聖性有較正確的體認，且有助基層員工工作精神的改善，激起向上奮發的精神。

事實上，基於分工的需要，組織總有一些職位階級較低的人員，為了消弭不公的現象，管理階層應給予員工更多自主控制的權力，並提倡「職業平等」、「職業無貴賤」等觀念。在人事制度上給予適當授權，使員工樂於從基層工作做起，以消除員工不當的自卑感。

四、培養團體意識

士氣既是員工由消極轉為積極的態度，而逐漸形成的團體精神，故培養團體採取一致行動的工作精神，為提高士氣的途徑。個人在團體環境中有個人的需求，亦有團體的榮譽感，唯有在團體中個人需求才有發展的可能，離開了團體的影響，人性將無從發揮。蓋社會需求往往由團體中放射出來，個人得向周圍的人學習，以逐漸形成自己的人格；同時，團體也在個人交互影響下，發揮其集體作用。

此種團體意識的發揮，端賴管理階層的有效領導與領導藝術的運用，故管理人員需接受相當的心理訓練或領導學術的灌輸，增加員工彼此交往的機會，採行民主管理措施，促進意見或思想的溝通，使員工工作精神受到團體的激勵，培養員工的團體意識，如此自可增加工作效率，達成增進生產的目的。

五、採行民主管理

近來工業管理著重主管人員的「人群關係」訓練，主要目的在使各級主管瞭解民主領導的重要性，加強員工心理背景的認識。民主領導方式諸如意見溝通、員工參與等觀念的灌輸均甚重要，其對員工工作精神與團體意識的產生有極為深遠的影響。在人力資源管理上，任用或擢升基層主管或領班時，除了考慮工作成效優良的人員外，尚需注意其領導才能或積極加強人群關係或民主領導的技術訓練。這些民主領導素養的訓練與培養，皆有助於提高員工的工作士氣。

六、改善工作環境

不良的工作環境易引起員工身心的疲勞，影響工作情緒。因此，對於空氣、溫度、音響等宜作適當的調節，且工作環境的設計與布置亦不可輕忽，擁塞的環境易使人感覺納悶。通常國人喜歡談風水問題，吾人認為此為改善工作環境的心理因素，其固有迷信的成分存在，然絕非空穴來風。準此，工業管理學家在工作環境方面的措施，需隨時調節照明等因素，避免噪音產生或改善噪音的環境，因工作性質而訂定工作時間的久暫以及休息的次數與長短。質言之，工作環境的改善適足以提高工作情緒，並達到增加生產的目標。

七、發揮個人潛能

個人在組織中工作，總懷有若干潛在能力或才幹，此為個人在組織中力求表現的驅力。此種驅力使個人對工作感到滿足而抱持積極態度，故組織管理者如何讓員工發揮潛在能力的問題，至為重要。管理者需藉各項調查問卷加以發掘，並分門別類發現各人的專長何在，才幹如何，以為將來任事用人的依據。員工如深知個人才能有發揮的機會，前途有了發展，必能勇於任事，積極負責，提高工作情緒與興趣。

人力資源管理者除對半技術性或非技術性員工加強或實施其職業訓練外，應針對本機關工作所需條件作為選用員工的取捨標準，並訂定人事規範，發揮個人專長，以提高個人工作情緒或態度，達到人事配合的目標。

八、實施合理授權

所謂授權，就是上司賦予下屬在職務上充分任事的權力，是分層負責的基礎。員工有了辦事的權力，除了可發揮其工作潛能外，可不必事事請示上級，避免推諉塞責、敷衍了事，並提高行政效率，激發積極負責的精神。就管理階層而言，實施合理授權，可減輕主管部分負擔，但宜隨時監督，一旦發現錯誤應有替部屬承擔責任的胸襟；而部屬應在授權範圍內行事，體認權利與義務的對等性，切不可踰越權限，害人害己。

根據成就感的有無會影響工作精神的看法，實施合理授權有實際上的必要。人力資源管理方面用人如能根據個人專長，隨時注意個人的工作成就，並給予適時的鼓勵或讚賞，對於提高員工工作績效，亦是良好的方法。

九、建立公平考績

考績的優劣與升遷、薪資有很大的關聯，且間接顯示出對員工的工作評估及獎懲，對員工的工作精神影響甚鉅；且考績涉及科學性的技術，故應力求公平合理，並趨於平實止於至善。管理階層應建立考績的權威性，並將考績的標準於事前通知員工，使其知所取捨，樹立人事考核紀律；並多聘請專家使用科學技術與方法，擔任考核設計以進行考核後與員工會談的工作，儘量消除員工對考核的疑慮，瞭解考績的依據，知道其工作立場，以謀求員工的積極合作精神，體認優良的工作表現，使考績發生積極的獎勵作用。

十、瞭解員工特質

關於員工本身特質的問題，甚為複雜，需管理階層不斷地去發掘。人力資源管理者應有個別差異的瞭解，尊重員工人格價值與尊嚴，分析個人的身世背景，多注意性格偏差的員工，多與之接觸，瞭解其困難或痛苦所在，助其解決問題，員工必終身感激不盡，竭力效命，且能提高工作精神。

總之，管理者提高員工士氣的途徑很多，必須努力去尋求，採用適當的管理措施，才能提高員工士氣，達成組織目標。

Chapter

12 組織創新

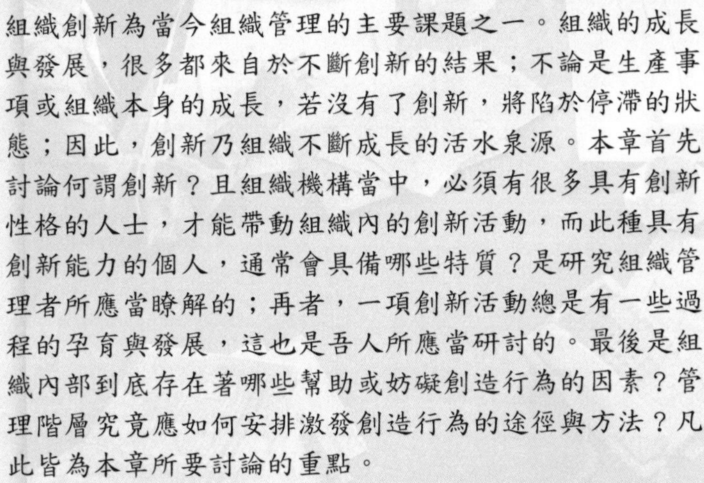

組織創新為當今組織管理的主要課題之一。組織的成長與發展，很多都來自於不斷創新的結果；不論是生產事項或組織本身的成長，若沒有了創新，將陷於停滯的狀態；因此，創新乃組織不斷成長的活水泉源。本章首先討論何謂創新？且組織機構當中，必須有很多具有創新性格的人士，才能帶動組織內的創新活動，而此種具有創新能力的個人，通常會具備哪些特質？是研究組織管理者所應當瞭解的；再者，一項創新活動總是有一些過程的孕育與發展，這也是吾人所應當研討的。最後是組織內部到底存在著哪些幫助或妨礙創造行為的因素？管理階層究竟應如何安排激發創造行為的途徑與方法？凡此皆為本章所要討論的重點。

第一節 創新的涵義

今日組織機構需要有創造性的行為，是無庸置疑的。一般組織都必須運用其內部有限的資源，在市場上和其他組織競爭。然而，不論是在資源的運用上或在市場的競爭上，無不需要有創新的活動。此種創新活動不只是組織生存所必須，而且若能有效地運用創造力，則可為組織帶來新的生機。易言之，創新常為組織帶來成長的機會，尤其是以今日市場上這種激烈競爭的態勢為然。今日所有的產品、製程以及服務方式都必須不斷地更新；且產品的生命週期也愈來愈縮短，若無創新精神，必為社會所淘汰，由是創新愈顯得重要。

然而，何謂創新？所謂創新（innovation），就是指產生新奇、開創出有用的構想之意。創新，也可稱之為創造或革新。創新可以產生一種新的事物，但它也可以是一項構想，而此種構想必須在某段時間對個人或某些人具有某種價值。一項構想若不具價值，就稱不上是一種創新。

行動咖啡館之創新服務，提供消費者喝咖啡的另一種選擇

當然，創新所產生的構想，可以是完全新穎的，也可以是原本就已存在，但需經過改良或將兩個舊構想加以聯結的。因此，有些學者將創新定義為：產生新組合或新聯結的構想或活動。不過，此種構想或活動是以前別人所沒想到的，它是一種新觀念的聯結。是故，有人認為創新就是一種偶聯行動。所謂偶聯行動（bisociative act），就是將原本不相關的認知母體（cognitive matrices）結合在一起的行動。

此外，創新行為是與創造能力有關的。所謂創造能力，就是產生新穎而有用構想的能耐。此種能耐基本上並不是單向度的能力，而是複雜能力的組合。換言之，創造能力是由多種能力所構成的，它多少和個人的智力有關，但卻不完全相同。吾人可說某些創造能力是屬於智力的一部分，但某些智力也是屬於創造能力的一部分；也許創造能力和智力有部分重疊，但不是很明確，且也不會太大（如圖12-1所示）。由此可知，創造能力是可經由特殊環境加以訓練出來的。不過，就創造行為而言，個人必須達到某些智力的閾限（threshold），才可能發揮其創造力；個

投幣式自助洗衣機為租屋族解決洗衣的問題

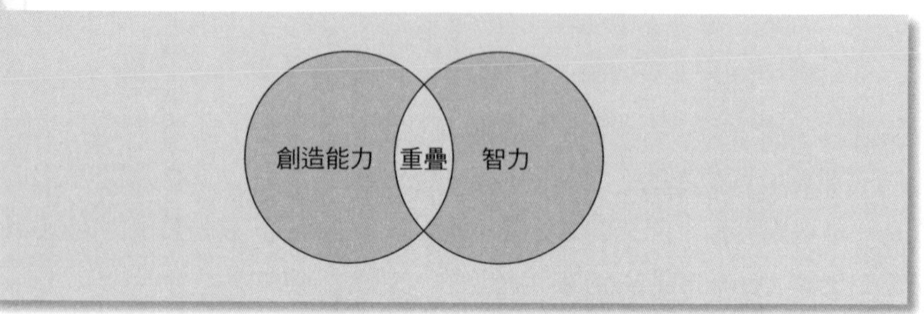

圖12-1　創造能力與智力的關係與重疊性

人若不具任何智力，是很難發揮創造能力的。易言之，創造力是要具備最低限度智力的。

最後，創新行為就如同其他行為一樣，可歸因於個人能力與其他因素交互作用的結果。換言之，創新行為是能力與動機交互作用的函數，同時也受到物理環境和社會環境的影響。站在這個角度來看，創新行為也是可以經過管理訓練而培養的，亦即可以透過激勵的過程，將員工潛在的創造能力激發出來的。這就是創新管理的真正意義。

第二節　創新的過程

任何事物均有一定的發展過程，創造行為亦然。事實上，許多創造性的神秘感，都來自於創造過程。此種過程主要係心理過程，包括圖形、文字、符號的運作、組合，以及聯結活動等均屬之。由於心理過程很難直接觀察，故多以面談或評鑑技巧來研究創造人員的活動。此種活動正是個人在心理上操作各項已知元素，而將之轉換成一種新穎而有用的組合之過程。該過程可分為四個時期，即預備期、孕育期、頓悟期、驗證期，如**圖12-2**所示。

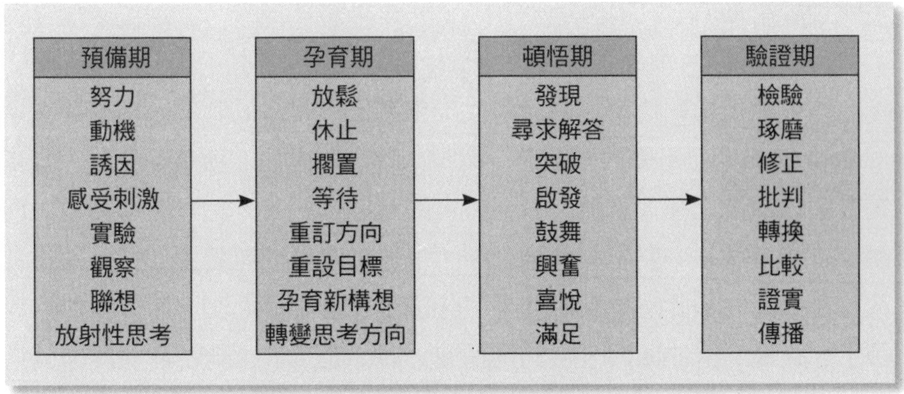

圖12-2　創造的過程

一、預備期

創造行為固然是來自於靈感，但它不是突然發生的。此種靈感是需要辛苦地經過不斷淬勵而來的，絕不是天生的，也不是天上掉下來的。一個對於某項事物毫無概念的人，是無法激發出任何靈感的，從而無法產生創造行為。因此，個人若能對某些新資訊加以收受和處理，然後將之組合或聯貫起來，乃是頓悟的基礎。一般而言，有些資訊是語文的，如文字；有些則是非語文的，如圖畫、符號或行為。資訊的收受可能是被動的，如從觀察或閱讀中獲得；也可能是主動的，即從實驗中去發掘的。一項創新必須讓見識、感官刺激達於飽和，才有產生的可能。因此，努力去蒐集資訊，正是創新過程的第一步驟。

創新的預備期（preparation）除了需要努力之外，尚需有動機。強烈的動機不僅是創新的動力來源，而且是維繫創造行為持續不斷的因素。創造行為必是創造者為了某種原因，而想去創造某種東西所促成，此即為創造的誘因。一項科學需求或目標所產生的動機，即是科技進步的起點。因此，對需求的體認，總是創新的主要誘因。

二、孕育期

如果說預備期是將各項元素找出來準備作組合的時期，那麼孕育期（incubation）就是屬於組合前一個暫時休止的階段。所謂孕育期，是指在緊密的預備之後，意識上休閒輕鬆的時期。此時，在不斷地閱讀、觀察、研究、試驗、聯想與體驗之後，創造者會把問題暫擱一旁，停止各種可見的努力。此時期到底發生了什麼事，並不得而知，而只有加以等待了。這種等待的原因，可能是精疲力盡，也可能因無法解決問題而遭致挫折所致。經過這種鬆弛正好足以建立新的準備，或訂定新的努力方向。

準此，孕育期並不是創造的終止，反而是新構想的醞釀。在孕育期中，有一種潛在意識的思考正在進行著。由於此種潛在意識的存在與推力，創造力得以持續進行。就表面而言，孕育期似乎是創造行為的暫時休止期；惟就事實而言，它正在孕育著新構思與新方法，是創造過程中不可或缺的一環。它與思考方向的轉換有極為密切的關聯性，此對創造過程所顯現的管理意義頗為重大。

三、頓悟期

頓悟期（insight）在創造過程中，乃表示發現到某一種或某一些組合，甚至是全部的一種組合。所謂頓悟，是指第一次瞭解或意識到新穎而有價值的意念或構想之意。預備期和孕育期的目的，就是為了產生頓悟；亦即在尋求解決問題時，經過了頓悟的突破，使得思考進入了前所未有的境界。通常，頓悟是創造過程中最充滿興奮的一刻。頓悟常伴隨著自我實現後的滿足，擇善固執的驕傲、緊張後的鬆弛，而有一種源於成就的飄飄然之感，以及想和別人分享及溝通的喜悅與焦慮感等，是以前所未曾有過的感覺。

至於產生頓悟的方式有很多種，它可能是靈光一閃的；也可能經過艱苦不斷地工作或試驗，然後才漸漸覺醒的；也可能完全是意外發現的結果所完成的。頓悟的形式則可能是一個字、許多字、許多符號、圖形、原理、公式、一件事物或一種感受等；且可能在任何時候、任何地方，或任何情境特性等狀況下發生。

四、驗證期

預備期與驗證期（verification）是創造過程中最艱苦的階段。頓悟期所產生的構想，必須依據驗證來修正、琢磨，並檢驗頓悟的精確性與用途，且將之轉換為另一種形式，以便和別人分享。檢驗通常需要和已知的定律作比較，也可能和所訂的標準作比較；可能是實質的驗證，也可能必須經過別人的批判；可能需要經過建造，也可能是記一下就可以了。

對許多有才氣的人來說，頓悟之後可能必須馬上驗證，否則創造性的突破會立刻消失。對另外一些人來說，頓悟之後是可以等待的；然而，如果頓悟之後，沒有經過驗證，就沒有創造性可言。驗證正可肯定構想的新穎性與價值，並用來和相關的人溝通。

總之，創新的過程可能要分作數個階段，但各個時期不見得要完全分開，或完全依據此種次序發生。如驗證可能產生新的頓悟，驗證也可能需作進一步的預備，孕育可能又收受到新的訊息，而頓悟又產生額外的動機。此外，有些階段可能會同時發生，如孕育可能在驗證時與驗證同時發生，且產生新穎而較佳的頓悟。頓悟可能發生在預備期或驗證期，使這兩個階段更為有效。雖然如此，吾人仍可對這四個時期分別作討論，以便作更精確的瞭解。

第三節 具創新能力者的特質

創新行為既是可以激發和培養的，則管理者應如何去發掘具有創造潛力的個人呢？通常，具有創造能力的個人多少都具有某些特質，這可由許多統計資料中獲得，固然有些統計資料所顯示的結果常有爭議，但根據許多測驗所得的結果而言，具有創造能力者都擁有與一般人不同的一些特質。當然，有些研究結果也顯示，創造能力是普遍存在於一般人身上的，只是有些人的創造才能較高，有些人較低而已。依此，以下就人口統計特性、行為特性和人格特性三方面，分析具有創造能力者的一些特質（如**表12-1**）：

表12-1　具創造力者的特質

基本特質	次要特性因素		
人口統計特性	1.家庭背景佳 4.性別	2.相當年齡 5.文化背景	3.智商高
行為特性	1.知覺開放 4.細心 7.不服從性	2.具變通性 5.成熟	3.依賴直覺與預感 6.高流動性
人格特性	1.具美感價值 4.具自信心 7.重視理論價值	2.有好奇心 5.具解決問題的能力 8.屬內控性格	3.具獨立自主性 6.自我肯定

一、人口統計特性

在人口統計特性方面最常用來分析行為特質的因素，不外乎是個人出生的家庭背景、年齡、智力、性別、文化背景等方面，限於篇幅，本節只討論家庭背景和年齡兩項，茲敘述如下：

(一)家庭背景

家庭背景對個人行為的影響因素甚多，如家庭大小、家庭和諧氣氛、社會經濟地位、父母職業、出生排行、父母教養方式、家庭聲望以及其他動態背景特性等。這些因素都可能影響個人日後創造性思考。不過，根據很多研究結論所得的結果甚為紛歧。有些研究報告指出，具創造能力的個人多來自於破碎的家庭；有些則認為完美的家庭生活，有助於培養創造能力的個人。有些研究認為，具創造能力的個人是長子或獨子，有些則發現是老么。有的研究顯示，具創造能力的個人，年幼時多病，有些則頗為健康。有些具創造能力者在年幼時，父母管教嚴格，有些則甚為自由。

不過，有些研究結果頗為一致。如具創造能力的個人，通常都得到較多的信任，因而較具信心，也會表現較合理的行為，並能對自己負責。此外，有一共同的證據顯示，具創造能力的個人，家庭在社會經濟地位上較高，父母職業聲譽和家庭聲譽也比一般人為高。

(二)年齡

在人口統計特性上，年齡對創造能力方面的影響甚為紛雜。此外，在各個領域，如科學、醫學、音樂、雕刻、文學，或企業的開創與發展等，最具創造性的年齡也有很大的差異。一般而言，最具創造性的年齡多在三十歲到四十五歲之間，該階段不僅是人類生理的巔峰期，也是心智最成熟的階段，再加上人生的歷練與學習都在這個階段之前或前期完成，以致最能表現創造性。不過，也有些研究顯示，醫學的平均創作鼎盛時期為七十多歲到八十多歲之間。然而，也有些獨特創作發生在十幾歲到二十歲之間者。

二、行為特性

根據研究顯示，一些具創造性個人的具體行為特性，包括知覺上較開放、具變通性、依賴直覺與預感、具明察秋毫的能力，以及擁有成熟性的判斷。這些特性和創造過程有密切的關聯性，且都屬於一般性的創造行為特質。具創造性個人在創造過程中比較特殊的行為特性，是具有高度的流動性、不服從性，以及開放性知覺。茲分述如下：

(一)高度流動性

具創造能力的個人對創造性的問題，頗為執著，但對組織上的問題，則其耐性有限，一旦個人理想和組織目標頗不一致時，很容易離職。根據許多研究顯示，個人在創造測量值上，創造能力愈高者，其變換工作次數也愈高，亦即具創造性能力的個人較常變換工作。具創造性能力之個人離職的原因，多為不滿意或想尋找較佳或較合乎自己理想的工作，以致具有較多的流動性。

(二)不服從性

許多研究發現，具創造性的個人較容易有不服從性，而組織比較喜歡服從性高的人，不喜歡不服從性的個人。且許多學者認為，服從性與創造性之間的關係是負向的，傳統上也相信這兩種行為是不相容的，甚而將不服從性視為創造性的同義詞。不過，此種看法並不一致；但在與創造才能無關的事務上，高創造性的人比沒有創造性的人，較易被說服。亦即服從的壓力和工作本身有關，具創造性的人會較關心工作品質，而較不在乎他人的意見，以致被認為他們具有不服從性。

(三)開放性知覺

具創造性的個人在知覺上較為開放，由於有了不受拘束的性格，而勇於嘗試各種事物；且不拘泥於主見，而能對事物作深入的探討。此種具有開放性性格的人，通常會伴隨著直覺和預感，而能預知事務的發生與演變過程，故能掌握機先而發揮其創造能力。同時，具備開放性知覺的個人，在想法和事務的做法上，也比較具有變通性；然而，此種變通性並不會影響其判斷。易言之，具創造能力的個人雖然在做法上可能變通，但並不會妨礙他的成熟性判斷。

三、人格特性

根據一般研究顯示，具創造性個人的人格特性，是具美感價值、有獨立自主性、具深入解決問題的能力、重視理論價值、對事物有無限的好奇心、具有自信心、能自我肯定、屬於內控（internal control）性格等。許多研究結論發現，具創造能力個人的人格比平常人複雜，且他們偏好此種複雜性。茲舉三項說明如下：

(一)美感價值

具創造能力的個人擁有欣賞美感的能力，對美學有強烈的反應，感覺個人的生命具有很深的意義，具有廣泛的興趣。由於他們具有高度的美感價值，故創造性很強，很能重視美感和實際價值的功能。

(二)獨立自主性

具創造性的個人較為自信而獨立，對他人的批評較為敏感，由於害怕受到傷害，更能強化自我的認同，認為自己是解決問題的能手，於是更激發其創造能力。且由於對自我期許較高，更能注重獨立與自動自發的精神。

(三)解決問題能力

具創造性的個人通常能深入問題的核心，且能搜尋和該問題有關的資訊，故能洞見先機、鞭辟入裏，而掌握問題的核心並加以解決。此種人格特性通常和個人的好奇心、自信心，以及內控性格等，息息相關。易言之，凡是好奇心重、自信心強、具內控性格者，較具解決問題的能力，同時也是具備創造能力的人；而不具好奇心、信心弱，且具外控性格者，則相反。

總之，具創造能力的個人都具有一些獨特的特質。此乃因個人之間由於天生資質的不同，以致有些人具有較高的創造力，另一些人則不具創造性。本節所提的一些特質，正足以提供參酌。然而，這只是一般性的結論，仍有尚待研究之處。

第四節 創新行為的助力

具創造能力的個人的動機，乃是創造行為的原始動力；然而，創造行為仍有賴於別人的讚賞與認同，才更能發揮其創造性。因此，個人所處的環境有時可能增進或妨礙個人創造能力的發揮。本節將討論創新行為的助力，而創新行為的阻力將留待下節研討。到目前為止，吾人發現有助於創造行為產生的因素，有增強作用、目標與期限、對努力的支持、賦予更多自由與自主權，以及建立組織的彈性與複雜性等。

一、增強作用

增強作用，尤其是正性增強（positive reinforcement），最有助於創造行為的啟動與延續。蓋創造行為正如其他行為一樣，也會受到行為後果的影響。如果創新活動受到鼓勵和重視，則創造行為將不斷地出現；相反地，如果創新活動受到懲罰或忽視，甚至是創造性的努力受到壓抑、威脅、嘲弄或剽竊，則此種創造性將逐漸消失。除非此種創造性不涉及他人或環境，則其所產生的成就感與滿足感，將是一種對自我的強而有力之內在報償。

站在組織的立場而言，企業組織是需要擁有更多創造力的員工，才能使組織更為發展與成長。因此，組織必須提供更多的機會，有效地運用員工的創造潛能，主動地給予鼓勵、賞識、獎勵和運用。假如組織忽視、踐踏，甚或處罰創造性的表現，則創造力將會潛藏起來。當然，組織在運用獎賞上，不一定要限於財務上的，有時賞識與讚美、提升地位與福利、提供必要設備或精神上的支援等，對各個階層的創造行為，都會有正性的增強效果。

二、目標與期限

一般而言，創新行為可能要經過冗長的預備、孕育、頓悟和驗證等歷程；然而，有時組織賦予確切的目標與訂定相當的期限，也有助於創新性行為的早日實現。誠如本章第二節所言，創新過程的各個階段有時是會同時發生的；當企業組織訂定了某項明確的目標，有時能幫助創造者心靈的啟迪，有助其早日達成創新的目標。此乃因組織有了指導方針，可說明創造的內容和期限，而激發了創新的努力之故。易言之，具有明確而具體目標的組織，能夠提供目標與行動方針給組織成員，以協助其創造與創新。俗諺說：「需要為發明之母」，如果組織成員不曉得什麼是需要的，則不管如何努力，也無法得到創新的突破。

三、對努力的支持

創造性行為正如其他行為一樣，是需要鼓勵和支持的。任何行為有他人的支持與協助，可增強其信心，並強化其行動。任何組織若能支持成員發展其創新活動，並忍受風險，甚至失敗，則能開創有利於創造性與創新性發展的氣氛。一般而言，創造行為都是在處理一些不確定性的事物，而它本身即充滿著許多不確定性，此時特別需要有他人的支持，並透過人際間的溝通，尋求他人的瞭解與支援。組織管理階層如能在組織內部建立相互支持的氣氛，將有助於訊息的公開、交換，以及新觀念的提出，這些都有助於創造活動的發展。

四、自由與自治

無可否認的，一個充滿自由和自治的環境，對創新活動是具有正面效果的。對大多數人來說，給予個人創作上的自由，且個人也有強烈的自治慾望，都比較有機會和時間來做創造的預備、孕育，以及其他創造過程的工作。至於一個容易被壓制或被嘲笑的環境，往往抑制了創造的氣氛與活動。當然，自由與自治並不意味著完全沒有指導方針與限制，但那是限於某些條件或時間上的壓力所作的權宜措施，與給予充分自主權來掌握創造活動是不相同的。

不過，有些學者認為，自由與自治固然能給予個人充分掌握創造的機會，但完全的自由並不見得是最好的。尤其是對科學家和工程師來說，有了目標、預算與方針，不但不會妨害創造行為，有時還能有助於創造行為。他們所得的結論是，自由是需要的，但自由必須限於個人的工作範圍，並能不脫離組織目標。

五、彈性與複雜性

根據一些研究證據顯示，彈性與複雜性都有助於組織內的創造性行為。彈性使組織能夠接納新穎的不同做法，而組織的複雜性則會提高專業化、多元化與員工的自主性。組織的彈性增進員工行事的活力，此有助於創造性的思考。至於複雜性則意味著組織是由不同背景的人所組成的，此種不同的背景有助於提高創造性的生產力。因此，組織的彈性與複雜性，都能促成成員在觀念上作新的組合與聯想。當然，這仍然要看組織成員是否受到鼓勵，或是否能打破專業界限，並產生交互作用而定。

總之，創造行為固始自於員工個人的動機與能力，但組織若能提供更多的助力，則可培養整個組織的創造與創新氣氛。組織管理者宜多安排有利於創造的環境，協助員工完成創造的過程，以求組織的發展與成長。然而，有時組織環境也常產生對創造行為的不利影響，此部分將在下節研討之。

第五節 創新行為的阻力

創造行為是創造能力的表現，而創造行為沒有表現出來的一個原因，乃是個人感受到才能的表現受到壓抑的緣故。在組織之中，高度的焦慮感、害怕受評價、自我防衛性，以及文化的抑制等，都是創造潛能發揮的障礙。茲分述如下：

一、焦慮與恐懼

根據研究顯示，高度焦慮感會阻礙創造性行為與創造過程。當個人利用其他訊息或資料來激發新的訊息或資料，如正處於焦慮狀態之中，則不免阻礙思考的進行。至於造成此種焦慮或恐懼的，大多來自於組織政策或管理實務。例如，嚴苛而具有懲罰性的監督，將會妨害到創造行為。由於創造與創新都是一種風險，以致組織若只強調失敗的後果而不重視成功的獎勵時，將會抑制新構想的提出。

再者，組織的不穩定性也會妨礙到創造行為。因為不穩定的組織是不可預測的，而不可預測的環境正代表著不安全感與焦慮感。如果個人必須時時刻刻注意工作指派、工作關係、政策、督導，和過程上的轉變，將沒有更多的時間與精力來做創造或新構想的準備與孕育工作。不過，組織的穩定常需依賴許多正式的規則、政策、關係與程序，但正式的規則也會妨害創造過程中某些階段的產生。如高度的正式化會干擾溝通、新訊息的顯示，以及預備期的構想特性；甚且不容易做驗證的工作，阻礙到新方案和新方法的尋求，終而限制了創造性。

此外，高度集權化的組織結構，也可能妨礙到創造和創新的早期活動。集權式的組織溝通網，很難促使基層人員和其他部門人員作溝通，且自由交換訊息所受到的限制，將使溝通不夠靈活。在作決策時，集權式的結構只由高層人員作決策，但很多創造性的構想，卻是由基層人員所提出的。在此種情況下，基層人員的創新性活動將受到限制。

二、害怕受評價

具創新性和創造性的個人一旦害怕受到評價，則新構想將不容易孕育出來。此乃因對評價的恐懼，常會妨礙到創造性的反應，而此種反應正來自於缺乏自信與不安全感所致。此時，如果組織不能提供更民主化的環境，將導致更多的焦慮與恐懼，使個人產生受批評的壓力，更壓抑創造性行為的表現。因此，組織實宜多提供成員思考與試驗的機會，採行民主式或分權化的措施，避免對員工的批評，則可減輕員工害怕受評價的壓力。此外，個人之所以害怕受評價的原因，部分係長期受到壓制的結果。當然，壓制固然可能使個人害怕受評價，而害怕受評價也可能造成對自我的壓制。這些都是管理階層所應注意的。

三、自我防衛性

自我防衛性之所以會妨礙到創造行為，乃是因為個人具有保護自我的慾望，其與前述害怕受到評價的觀念是相同的。所謂自我防衛性，是指一個人一旦遭遇到挫折，而為了維護自我的尊嚴與價值所表現的一種習慣性適應方式。當個人一旦在組織環境中受到挫折，即難以表現創造性行為，而一旦又產生了自我防衛性，則將更為抑制了創造性。個人之所以產生自我防衛性，部分原因乃是受到組織壓制的結果，而自我防衛即表示個人常採取消極的適應方式，又將造成對個人自我的壓制，如此循環不已，其最終結果乃限制了創造能力與創造行為發展。

四、文化的抑制

有些學者認為，文化因素可能會抑制創造性的產生。所謂文化因素，即指組織文化的某些因素，如組織的傳統風俗習慣、價值觀、行事風格、活動與行為規範等，都是組織內相當一致的知覺與共同特徵。所有的組織都有它獨特的組織文化，這是經過組織內部的社會化過程所形成的。社會化過程主要乃在創造成員間更多的一致性行為，此即為文化的規範。不幸地，某些文化規範會提高人們對風險的恐懼感，甚而一致性的要求可能抑制了個人的表現。這就是文化因素可能抑制創造性的原因。

總之，創造行為之無法表現的原因，主要係受到壓制的緣故。過度的壓制可能產生高度的焦慮感、害怕受評價、產生自我防衛性等現象，而這些現象又與壓制形成惡性循環，並互為因果，於是妨礙了創造行為的發展。另外，組織本身所存在的某些文化因素，對組織成員也有一致性的要求，終而限制了成員的獨特構想，以致戕害了創造力的發揮。

第六節 創造力的培養

創造力固屬於個人能力的一部分，它是動機和能力交互作用的結果。然而，創造力是可以培養、教導和訓練的。有些研究顯示，創造能力經過相當的訓練之後，有了顯著的增進。至於，增進創造力的方法及教育訓練的方式甚多，可透過群體訓練的方式達成。此種群體訓練方法有腦力激盪術、德爾菲技術、名義團體技術、敏感訓練法、群體討論法、角色扮演法、管理競賽法、企業演練法、案頭作業法等。有關前三者已在本書第七章第六節討論過，由於這些技術同樣適用於激發員工參與組織決策和創造力的培養，此處不再贅述。下面僅討論其餘各項方法，這些都是比較傳統的方法，但同樣適用於培養員工的創造力。

一、敏感性訓練法

創造能力與創造行為有時是需要依靠個人的敏銳性，才容易達成的，而個人的敏銳性可透過群體的敏感性訓練而啟發出來。所謂敏感性訓練（sensitivity training），又稱之為行動研究（action research）、T群體訓練（T-group training）或實驗室訓練（laboratory training）。係根據群體動態學（Group Dynamics）的理論而設計的，原本是用在人群關係與組織發展的訓練上。訓練時，將學員編為幾個小組，每個小組都無固定的討論題目，也無明確的領導人。在開始時，常常會有尷尬的場面出現，但由於參加受訓者可自由發言，成員間可感受到彼此的反應，而導致自我的省察，並體會到別人對自己的感受和自己對他人的感受。此種訓練方法正可運用到員工的創造力上。

二、群體討論法

傳統的群體討論法（group discussion），正如腦力激盪術一樣，可以開發群體成員的創造力。該法提供受訓者充分討論的機會，針對觀念及事實加以討論，並驗證假設是否正確，且從討論及推論中尋求結論。此種方法對知識的傳達，係來自群體成員相激相盪的結果，故可啟發受訓者的創意。因此，討論法在確認成員間彼此的相互學習，使個人在受訓期間能得到最大的智慧；蓋群體成員在討論過程中，都能接觸到各種不同的思想和觀點，終能擴大其見識。是故，群體討論法實為培養成員創造力的方法之一。

三、角色扮演法

角色扮演法並不屬於群體訓練法，但對個人智慧與創造力的啟發，則具有正面的意義。所謂角色扮演法，就是一種「假戲真做」的方法，意指在假設的情境中，由受訓者扮演一個假想的角色，以體驗該角色的立場和心理感受，藉此發揮創造潛力。該法原本係用來修正員工態度，以發展良好的人際關係技巧，如今用在發展創造力上，可協助員工發揮創新想像力。此外，角色扮演法可使受訓者「易地而處，為他人設想」，從而瞭解事實真相，並可發現自己目前的錯誤，並作修正。此亦有助個人培養創造力。

四、管理競賽法

管理競賽法（management games），乃是運用管理情境來訓練員工，以發展其創造力。該法在實施時，可由數人組成一個小組，以與其他小組競賽。競賽時，可仿照實際工作情境，作出一些管理決策，如對原料盤存管制、人員指派、生產管理、市場要求、勞力成本等各項問題擬定決策，並採取行動，然後公開評定勝負。此種競賽過程可使受訓者主動參與決策，並自競賽結果中獲得寶貴的經驗，從而能發揮其創造力。

五、企業演練法

企業演練法（business games），是由一個小組模擬一家公司的有關情況，如財務狀況、生產情形與市場狀況等，並分派各個學員扮演不同的管理角色，有的擔任推銷工作、有的擔任生產角色……，依此而「經營」某家公司，一面作決策，一面採取行動，以求獲得利益為目標。此種訓練必須假設與其他公司發生競爭，一再地分析結果，一直到達成目標為止。此種訓練方法有助於員工在解決問題上的學習，從而開發其解決問題的創造力。

六、案頭作業法

案頭作業法（in-basket exercise），是衡量主管行政才能所發展出來的模擬方法。所謂案頭作業，就是在主管人員辦公桌上放置兩個文件籃，一個用以收文，一個供作發文，用以觀察主管人員處理文件的能力。此種演練乃用以模擬主管人員每日處理工作的情況。在開始演練前，需向受訓者說明演練的性質，並模擬公司的情況，諸如組織、財務報表、產品性質與種類、工作說明書，以及其他人員的個性等資料。此時受訓者以此為背景，在一定時間內處理完那些複雜紛亂的文件資料，然後舉行評判會議，由大家相互比較處理的方式以及所作的決定。經由此種過程，即可發現個人的創造潛力，或從中培養創造能力。

總之，員工創造力的培養方法甚多，有時可透過群體過程，經由相激相盪的方式，啟發創造力；有時則可以激發動機的方式，來開發員工的創新潛能，從而努力於創造的活動。組織管理者必須隨時發掘具創造能力的個人，且提供一些有助於創新活動的環境，排除那些可能的阻力，並安排能激發創造行為的途徑與方法，才能增進組織的創新行動。

Chapter 13

組織變革

組織變革也是組織管理上所應加以重視的課題之一。企業組織處於多變的社會環境中，必須隨時引用外來資源與技術，調整其內部結構，防止組織本身的腐化，以求能跟得上時代的潮流與變遷。當然，組織變革過程也會遭遇到許多困難和阻礙，此乃因工業技術與設備的更新，改變了內部結構的關係，尤其是人際關係的變異，更是組織變革的真正阻力之來源。因此，組織變革及其所帶來的抗拒行動，成為組織管理所應探討的一大課題。本章將逐次討論組織變革的意義、原因、過程與變革的抗拒，以及管理者因應之道。

第一節 組織變革的涵義

今日組織處於急遽變化的社會環境中，必須不斷地隨時加以變革，才能適存於社會。組織為了因應此種快速的變遷，唯有採取同樣快速的調整措施，力求自我發展與成長，才不致趨於腐敗。然而，今日的管理者處於此種變革的壓力下，常有不知如何因應環境之苦。顯然地，今日的組織環境已和過去大不相同，以致管理者常覺得過去所學習的經驗和所受的訓練，已無法順應今日組織的要求。因此，今日管理者倘欲追求成功而有效的管理，勢必應具備適應組織變革的能力，且必須自我調適不可。

然而，何謂組織變革？所謂組織變革（organizational change），是指組織為了適應內外環境的變化，必須採取革新的措施，以調整內部結構與生產效能，增進本身和外界的競爭力，使其能適存於社會。基本上，組織變革實包含兩大項，一為組織尋求增進本身順應環境變化的能力，一為尋求員工行為的改變，此即為計畫性的變革。組織唯有實施有計畫的變革，才能有系統朝所預定的方向努力，達成組織生存與發展的目標。

一般而言，組織變革可包括三項基本範疇，即：(1)科技的變動；(2)外在環境的變動；(3)組織內在的變動，如**表13-1**所示。所謂科技變動，係指外來科技的發展與新機器設備的發明，而導致組織必須增添新機器設備，並不斷地更動其製程而言。此種科技的進步，自第二次世界大戰以來，尤為迅速；其中又以電腦的發展最具震撼力。今日社會環境中無處不用電腦，改變了人類生活的基本型態，對組織的震撼力自不可言喻，且已成為影響組織變革的最大動力來源之一。其結果乃造成工作流程的重新安排、實體設施的重新布置、工作方法與技術的更新等。

其次，所謂外在環境的變動，是指組織之外除了科技變動以外的其他

表13-1　組織變革的內容及其結果

範疇	內容要項	結果
科技變動	新機器設備及電腦等的採用及更新	工作流程重新安排、實體物質重新布置、工作方法與技術的更新
外在環境變動	社會、經濟、政治、法律等的更動	組織政策、人事制度、組織關係等的改變
內在環境變動	組織結構、科技運用及人力資源的變動	組織系統、預算、工作規則、員工態度、組織氣氛、行為技能等的更新

因素，如社會、政治、經濟、市場、法令、租稅等非科技性的變動而言。此等因素的變動往往牽動組織內部的變遷，而導致組織須作必要的變革，諸如組織政策、人事制度、組織關係以及其他方面的變革均屬之。由於組織必然與其外在環境接觸，而又為了適應外在環境的變化，故而本身必須作些調整，始能在與其他同性質的組織競爭時具優勢地位。

至於組織內在的變動，是指組織本身內部的變遷而言。組織本身或基於業務的擴展，或源於人力與物質資源的配置，而必須將組織系統重新安排、預算重新調整、工作規章制度重新擬訂、產品與服務的重新調配，並導致人事的變動、員工態度的改變、組織氣氛的更新，以及行為技能的重新培養與訓練。此等變動與前述科技變動、外在環境變動因素是相互牽連，而受到它們的影響的。基本上，組織的內在變動包含三個項目，即組織結構、科技運用，以及人力資源。此三者中的任何一項變動，均連帶影響其他項目的變動。凡此都是組織變革的要項之一。

總之，所謂組織變革，係組織為適應外在環境的變化，必須採取革新的措施，以調整內部的結構，俾使組織能適存於社會。至於變革，亦可稱之為改革、革新、創新、變遷、變化、變動等，它所牽涉的範圍，包括一切技術、制度與人事的變化。由於近代組織規模的擴大、性質的複雜化，組織必須不斷地吸收新技術，用以增進生產數量和品質，並提高服務的績效；而引進新技術常造成人事的更動，從而人員職位須加以調整或實施訓練，如此才能達成「人適其職，職得其人」的理想。是故，組織變革為組織適應環境的一種手段和結果，也是組織生存或發展的一種方式。此種變革是組織內在存在的事實。

第二節　組織變革的原因

組織需要變革是一種既存的事實。此乃因社會環境是變動的，而各企業為求生存與發展，都必須調整其內部結構，除了須注意其靜態分工結構之外，尚須重視其動態的人力因素，進而加以融合貫穿，並作系統化的分析，力求組織的完整性與平衡性。因此，組織變革乃是時代潮流的趨勢，所有的企業組織都有變革的需要，究其原因不外乎：

一、管理思想的衝擊

近代企業管理深受自由主義與個人主義思想的影響，管理者所擁有的權力關係已不再是過去的威權主義，而組織成員都具有獨立的自由意識、尊嚴與個人價值。此種思想奠定了工業人道主義的理論基礎，改變了組織的文化價值與觀感，造成組織倫理關係的重組，形成組織傳統文化的變遷。反映在企業管理的環境中，乃是個人的服從性日益降低，權威的命令逐漸失去了效力，代之而起的是著重人性化的參與管理。這些情況的演變，更促成了組織創新的要求，影響了整個組織的整體變遷與發展。

工業人道主義是以恢復人類在工作中的自我為目的，它所致力的是如何將個人需求的滿足提升到最高的境界，使個人擁有高度的自主權，其哲理與方法為採取民主導向的（democratic oriented），而將個人目標與組織目標相結合，並調和民主自決的個人需求和高度控制的組織要求之間的矛盾，以建構參與管理所依據的理論基礎。組織為了適應此種管理思想的演變，必須重新思考領導權及其方法的運用，以培養民主管理思想，重新調整組織政策與管理方案，並從組織的基層人員或組織外界人士中，培育或遴選新一代的管理人員，且建立起實施民主制度的權力關係。這些都是組織發展與變革的措施。因此，管理思想的演進，實是觸發組織發展與變革的首要因素。

二、科學技術的創新

自產業革命發生以來，科學的發展日新月異、一日千里，刺激了各種產業技術的研究與發明，非但製造機械的技術日益精進，且使用生產機器和工具的技術亦不斷地更新。由於該等技術輸入組織內部，以致造成人際關係與生產單位的改變。因此，組織應重新分配技術人力，調整各個部門的結構，或更動工作職位，或重整工作人員，更重要的乃是專技人員地位的提升，致組織必須實施新的管理方式，適應專技人員的特別需求。無論吾人是否贊同「工作專技化」（professionalization）這個名詞，都無法否認組織現實情況的改變。

科學技術的創新帶動了組織的發展與變革，主要是：一、由於產品與製作方法或程序大為進步，使得科技人員日漸受到重視，而作業人員相對減少；二、由於數據需求量大為增加，而產生所謂「資訊爆炸」的現象，使得產業技術大為改變；這些都需要大量的系統分析師、程式設計師以及電子資料處理人員，致組織興革產生了變化。

三、經濟情勢的發展

組織機構之所以必須變革，其原因之一就是因為外界整個經濟情勢發生極大的變化之故。此種經濟情勢包括能源危機、經濟成長或衰退的震盪、通貨膨脹、企業競爭、市場變化、消費需求等，都會影響到組織的重組與改造，如財務的分配、薪資的調整、工作結構的重組等。以企業競爭而言，企業機構必須不斷地研發，以加緊創新的腳步，去開發新產品，造成財務、生產和行銷等結構的重整，卒而促使組織需不斷地發展與變革。

由於新經濟知識的發展，組織機構需持續地吸收此種知識，以致必須重新思考企業體質的轉型，依此而開創出一個學習型組織，以從事計畫性的變革，如此才能促使員工持續地學習，企業機構也才能保持優勢的競爭力。是故，整個經濟情勢的改變，乃為形成組織機構不斷發展與變革的原動力之一。

四、社會關係的改變

由於新技術的革新，機器設備的添購，人與事的更動，組織內部的社會關係亦隨之丕變。組織成員需隨時準備迎接新人，以適應彼此的人際關係，使能作合理的調和，庶能不妨礙工作的推行。此種社會關係的變遷，可能使組織作部分的調整，也可能作全部的改革，變動的結果難免要破壞組織內原有的均衡與個人的既得權益。此時，組織須將人員加以重新訓練，以維護其權益，並培養其適應變革的能力，以避免舊有人員形成抗拒的心理與行動。

就人類社會進化的法則來看，求新求變乃是常道。它是人類文明進步的原動力，無論是自然現象或社會現象，都無時無刻在變遷之中，組織內部的一切情況亦復如此。組織既是開放性的社會技術體系，必然會受到外在環境的衝擊，為了適應此種環境的衝擊與競爭，使達到生存與發展的目的，組織必須加以變遷，惟任何變遷都必須保持適當的平衡性，方不致腐化或敗亡。組織為了適存於社會，必須隨時維持其社會關係的平衡；為了保持與其他組織的競爭力，必須不斷地吸收新人、新技術；為了維持本身的安穩與平衡，必須不斷地調和新人與舊人之間的衝突。

五、人性管理的需求

企業組織之所以要變革，最重要的原因之一為人性化管理的要求；畢竟，「人」是組織的重心，成事在「人」，敗事也在於「人」，唯有滿足人性的需求，組織變革才容易成功。自然環境中的一切事物，都是以「人」為主體的，唯有「人」才能將一切的制度、規章改革成功。因此，組織變革是需要「人」去推動的，而管理階層必須重視人性的需求。是故，人性管理的需求乃為組織變革的原始動力之一。

人性需求肇始於科學管理過於機械化、程序化，缺乏人性化與個人價值及尊嚴的尊重，直到「霍桑研究」發現群體關係與個人需求的重要性以來，產業界始興起了採用人性化管理的措施。在組織變革過程中，企業主或資本家唯我獨尊的心態，乃為以員工為本的思想所取代。唯有雇主和員工同舟共濟，共存共榮，企業才有生存和發展的空間。蓋整個組織的變革須有雙方的支持與合作，始有成功的可能；因此，順應人性管理的需求，乃為觸動組織變革與發展的動力之一。

總之，組織係人與機器系統的整合體，由於學術思想的演進，科學技術的創新，經濟情勢的發展，社會關係的改變和人性管理的需求，方能促成組織的發展與變革。而在組織變革過程中，又以科技的創新最具影響力，因它連帶地帶動了整個組織結構的變化，產生組織的動態性研究。當然，上述各項因素也是交互作用，相互影響的；甚且組織變革與上項各個因素也互為因果，這是研究企業管理和組織學者所應深入探討的課題，而企業家本身也應能體認此種趨勢的轉變。

第三節 組織變革的過程

組織變革必須循序漸進，按部就班地進行，它不是突然轉變的過程，否則將遭遇到很大的阻力。在組織變革過程中，管理者必須訂定一些變革步驟；首先，管理者必須確定組織是否有變革的需要，接著診斷變革問題的領域，在有限的情境中找尋變革的技術，然後再選用可行的策略與技術，最後則是執行與監控變革的過程，並檢驗執行的結果，檢討其成效，以作為再變革或其他變革的參考。管理者須將結果回饋到策略運用的層面，以及形成變革力量的層面。簡言之，組織變革的過程，可歸納為三大步驟，即解凍、變革、再凍結的過程。本節將變革的過程劃分為下列六項步驟（如**圖13-1**所示）：

一、體認變革的需要

組織之所以要發展與變革，乃是由於有了壓力之故。此時，管理者必須審視內、外在變革的壓力。外在變革的壓力包括：市場上、技術上和環境上的變革，這些並非管理者所可直接控制的；而內在變革壓力則發生於組織內部，如製程與人員的變革，通常可由管理階層作直接控制。例如，企業競爭就必然要關心市場上變遷的反應，而採取引進新產品、增加廣告、降低價格以及改善對顧客服務等的變革措施，以免利潤和市場受到侵蝕。此時是管理階層決定是否變革的關鍵。管理者必須蒐集資訊，以領略變革壓力的大小，從而決定是否需要變革。

二、診斷問題的領域

當管理階層發現有變革的需要後，就必須開始診斷問題所牽涉到的領域之大小，以決定變革將牽涉到多大的層面。管理者所要診斷的問題

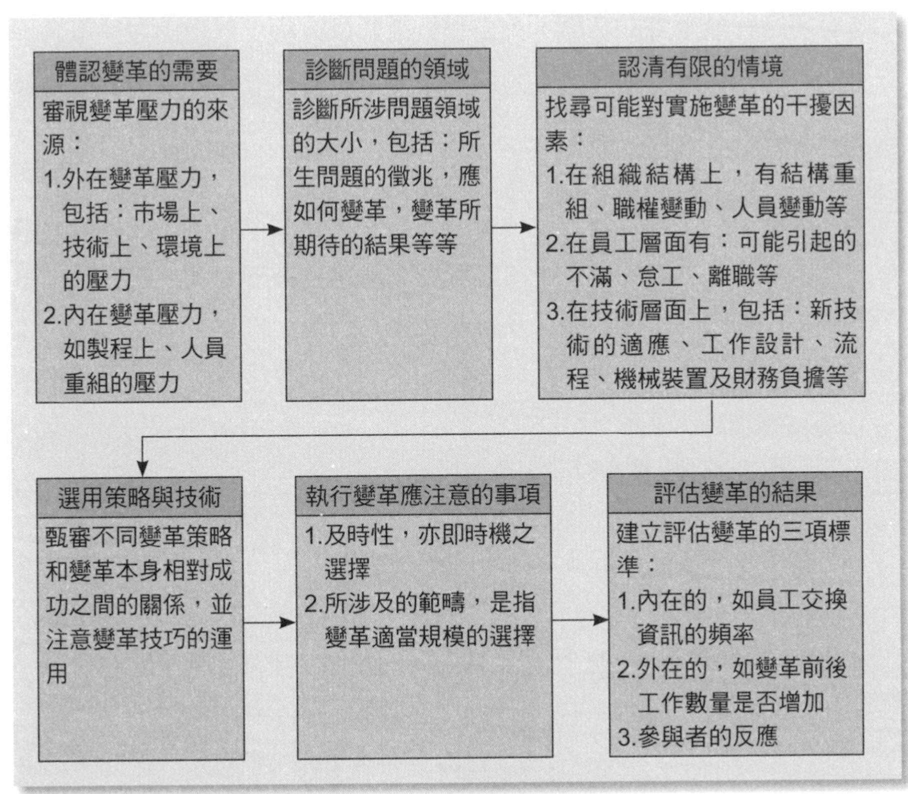

圖13-1 組織變革的步驟

內容，包括：(1)問題的徵兆；(2)應如何變革，以解決問題；(3)變革所期望的結果等。這些都可透過組織內部的資訊，如財務報表、部門報告、態度調查、任務小組或委員會而取得；若涉及人群關係問題的變革，則更需要作廣泛的分析，以免遭受到員工的抗拒。

三、認清有限的情境

特殊變革技巧的選用，決定於管理階層所診斷出的問題之本質。管理階層必須決定何種替代方案，最可能產生所期望的結果，此時管理階層必須對組織本身的結構、人員和技術加以分析，以找出在變革過程中可能對變革實施的限制。就結構層面而言，管理者必須瞭解結構的變化，可能造成對任務的職權關係、人員的社會關係、組織的重新設計等的影響；就人員層面而言，實施變革可能造成人員的不滿、抱怨、製造困擾、離職、怠工等問題；就技術層面而言，變革可能引起新技術的適應、工作設計、工作流程、機械裝置以及財務負擔等問題。此三個層面乃涉及正式組織、領導氣氛以及組織文化等問題，管理者須認清這些情境的可能影響。

四、選用策略與技術

當管理者已審慎分析各種情境的限制之後，下一個步驟就是在選用變革的策略與技術了。管理者之所以要選用變革策略和技術，乃在甄審不同的變革策略和變革本身的相對成功之間的關係。通常變革策略的執行，包括由管理階層作專斷式的決定，到由全體員工分享權力的決策。一般而言，組織變革的成功，大多與由全體員工共享變革決策有關。蓋此乃為由於全體員工共享變革決策，全員參與之故。凡是參與變革計畫者，少有對變革本身產生抗拒的。此即為抗拒變革最小化，而合作與支持最大化。是故，管理階層對變革所持態度，往往是變革成功與否的關鍵。

五、執行變革的事項

變革的執行涉及兩個層面：一為及時性，一為所涉及的範疇。所謂及時性，是指對變革適當時機的選擇；所謂範疇，是指變革適當規模的選擇。變革的及時性取決於諸多因素，特別是組織營運的循環，以及變革前的基礎。如變革牽涉到太多的改變，則可在淡季時實施，惟若變革的問題對組織生存具有決定性的作用，就必須立即實施。此外，變革的範疇可能涉及整個組織，也可由某些部門或層級來逐步實施，但分段實施可能限制了變革的立即結果，只是其可提供回饋作為其他變革的參考。

六、評估變革的結果

在評估組織變革方面，有三項標準：即內在的、外在的與參與者的反應。內在標準是直接和變革方案的基礎有關，如社會技術變革是否引發員工交換資訊頻率的增加等。外在標準則涉及變革執行前後員工的有效性，如變革前後工作數量是否增加、工作精神是否提升的比較。參與者反應標準則在測定參與者是否接受變革影響的感覺。凡此評估結果，都可用來做回饋，以供下次變革的參考。 總之，組織發展與變革必須遵循一定的步驟，其過程要周詳完備，庶能作出成功的變革，而達成組織發展的目標。

第四節 員工對變革的抗拒

一般員工都深知，組織的變革乃是極其自然的事，但仍常採取抗拒變革的態度與行動。組織員工對變革的抗拒，有公然行之者，也有暗地實施者。員工為抗拒變革而憤然離職，是最公開的抗拒；消極的抗拒，則可能只是一種口頭抗拒，行為上則默默地承受，但卻採取怠工、怠職的行動。綜觀其原因不外乎：

一、矜持傳統習慣

組織的某些變革若貿然實施，常會破壞傳統的風俗習慣，因而招致抗拒。任何組織自形成之日起，即有其自身的傳統價值與工作習慣，此種價值觀是各個組織的特徵，因此變革計畫必須尊重傳統的文化型態。惟組織既作變革，常破壞了此種傳統，使人有措手不及之感，而造成心理上的挫折。是故，組織變革之所以會遇到阻力，係基於對過去習慣的執著。 一般而言，每個人都喜歡被他人感覺到有價值，所有可能降低其價值的任何事物，都會為員工所抗拒。例如，製造部門員工可能抗拒使用新的現代化設備，乃係因為變革讓他們畏懼其原有技術的價值，已不為企業機構所需要，此即為傳統習慣不易改變的緣故。因此，組織對專業技能與傳統價值的尊重，是避免員工抗拒的不二法門。

二、執著既有權益

員工之所以採取抗拒變革行動的另一個原因，乃是某項變革可能會影響到他的職位、薪資所得或資源使用。此種影響可能只是員工的想像，或可能為事實，然而兩者均可能引發員工的抗拒。例如，生產部門所訂的新標準可能讓員工擔心很難達成，或讓他們感到難以適應，進而影響其地位權力，以及資源的取得與運用，這都可能招致員工的抗拒。

許多員工，特別是管理人員，都認為變革會縮減其權力。例如，管理階層若原有支配的部屬人數和所掌握的資源較多，而經過縮減部屬人數和資源分配權的變革，必感受到其權力的受損，終而採取抗拒的行動。因此，組織中握有大量資源的個人或群體，通常會視變革為一種威脅。他們會顧慮到組織變革是否將縮減原有的預算或裁撤工作人員，以致傾向於維持現狀。惟有如此，他們才會有安全感和滿足感。

三、不滿人際改變

員工對變革抗拒的最大原因，常是因為它會造成人際關係的改變。組織中員工原有的社會關係與人際關係，已是根深柢固的，一旦組織有了變革，則使此種關係被打破，如此易招致員工的抗拒，此種例子很多，如某人調職，常使員工的群體關係有了改變，彼此相識已久的同事必然感受到群體的解體，而產生心理上的不安全感或威脅，終而招致抗拒。

此外，新設備及新技術的引進，常需任用新人，以致形成新人與舊人之間的相互對峙。通常舊有人員為了維護自身權益，而對新人或新技術產生排擠或抗拒的態度。管理人員應認清此種抗拒行動，乃係其影響舊有人員的既得權益而起，並非在於抗拒新人或新技術，故除了適宜地維護舊有權益之外，最好能施予訓練，使其瞭解或接納新技術的應用，以減低抗拒的阻力。

四、對未知情況的恐懼

員工之所以對未來懷有恐懼，乃是因為組織變革的過程和結果，多為無法確知或造成混淆，以致員工感受到安全感受威脅之故。例如，一位新管理人的任命，常引發員工的抗拒，乃是他們無法知悉該管理人的作為之故。凡此都可能引起員工的不確定感，此種不確定感每使員工無法適應，如此易招致員工的抗拒。

重要的是，若變革計畫由少數人所擬訂，更容易引起員工的抗拒。蓋變革計畫僅由少數人擬訂，可能只符合少數人的利益，且在擬訂過程中保持高度秘密，常使計畫內容或目標不為人們所知，容易引起猜疑，產生莫測高深的感覺，此類做法最足以引起員工的不滿與反抗。故變革計畫最好能事先廣為諮商，或徵詢全體員工的意見，則變革計畫較能求得大家的支持，且能推展得更順利。

五、習於原有程序

組織既存結構乃是成員習慣性的工作程序與流程，一旦此種機制有了變化，有些成員難免不習慣，甚至會帶來一些困擾，因而引發成員的抗拒。例如，組織過去的正式化制度提供了一定的工作規範與處理程序，而成員向來都遵從這些正式程序；惟一旦組織修改了這些程序，且可能造成不穩或不確定性，因而增加處理程序上的困難，以致為成員所拒絕接受。因此，員工抗拒對彈性結構的變革，實係為新結構造成不便之故。

此外，改變既定結構，也將帶來人事上的不安定，引發人事上的傾軋，尤其是團體社會關係的改變，即使個體有意配合變革改變自身的行為，也常會受到團體規範的制約而不敢單獨行動，以免受到團體成員的排斥。是故，當組織面臨變革時，必須注意到慣性結構，避免過度變革所造成的裂痕，畢竟慣性結構具有維持穩定性的作用，管理者宜尋求穩定與變革的平衡。

六、困於工作學習

員工有時會採取對變革的抗拒行為，乃是因為他們已習慣於舊有的工作方式，而組織一旦有了變革，會讓他們感到不習慣。即使有些變革可透過訓練來達成，但對員工來說，總是要重新學習。對某些員工來說，他們不能適應新事物的學習，認為那是一種困擾，會形成生活上的不方便，而難以調適。

此外，員工之所以覺得新工作學習的困難，乃是因為它破壞了原有的工作氣氛。在工作團體內，若多數員工持有消極的工作態度，而不願多所變革，縱使少數人願意合作，但在團體壓力的情境下，也很難推行新工作。蓋團體常有一致性的規範與態度，而對變革態度的消極反應，常因團體內的互動而增強，卒使變革計畫受阻。

七、希望保有專業

組織變革可能影響到專業團體中的專家權力，致引發他們的抗拒。例如，今日由於個人電腦的運用，使得組織內的每個人都可由主機中直接取得所要的資訊，此種情勢的變革已威脅到資訊系統或電腦中心人員的權威性，使得這些專業人員感受到其專業技術所受的威脅。因此，分權式使用電腦設備的變革，將受到集權式資訊系統人員的抵制。

一般而言，專業人員在組織中，由於擁有專業技術，他們是地位崇高的一群，不但薪資待遇較高，更受到組織上下各個階層人士的禮遇；而一旦組織有了變革，或其他人員已學到相同的技術專長，則他們的待遇、地位、權力將被拉平，過去所有的權益必然要與大家分享，此時專家權力自然消失殆盡。因此，組織的部分變革，必然為某些專業人員所抵制。

八、對管理階層的不信任

員工之所以抗拒變革的原因之一，乃為對管理階層的不信任。此種不信任乃起自於管理者平日的表現，如管理者過於自信、剛愎自用，不肯接納他人的意見，而認為他人的建議是對他個人的侮蔑或權威的挑戰，甚而感情用事，採取高壓手段，徒增抗拒壓力，終使原本用意甚佳的變革計畫無疾而終，難以取得他人的信任與合作。

管理者的其他特性，諸如個人的偏見、嫉妒及私心的作祟，都可能產生非理性的抗拒，引起組織變革的困擾。就個人的偏見而言，管理者一旦有了偏見，常會執拗自己的想法，而無法顧及全盤性的問題，致變革計畫有所偏頗，使其執行陷入窒礙難行的困境。又管理者若心存嫉妒，害怕下屬的能力，則必在執行上礙手礙腳，長久下來，將為員工所抵制。至於變革計畫若涉及管理人員的私心，將妨礙員工的權益，終必遭受到抵制。

總之，員工之所以抗拒變革，主要乃為此種變革會引起員工的焦慮與不安。是故，組織變革必須使員工有足夠的能力去適應，才能降低其抗拒於最小的程度。至於，降低員工抗拒變革的方法，則於第五節討論之。

第五節 管理因應之道

組織變革之所以引發抗拒，最主要原因乃為變革將導致工作結構的重新調整，以及人事權力的重新分配，而此等變化又造成權力和利益的不平衡。因此，組織變革不僅應注意靜態的分工結構，而且須明察動態的人力因素，進而加以融合貫穿，作系統化的分析，以求組織的完整性與平衡性，並完成所有的功能與工作任務。是故，組織變革不僅是機械式的配置而已，更重要的乃為人員的安排與人事的配合。在組織管理上，可採行如下途徑：

一、審慎規劃變革

組織在推行變革之前，宜審慎規劃變革事宜，實施計畫性變革。在有了變革的構想之時，即應邀請有關人士進行廣泛的意見交流，擬定變革時間表，選派適宜的變革推動者，並以合理性的方式逐步進行有計畫、有系統的變革。蓋員工對變革的抗拒，部分原因乃為對未知情況懷有恐懼，而變革計畫若能作明確的規範，當可減少這方面的阻力。惟變革計畫欲有明確的規範，則非賴審慎規劃不為功。

在規劃變革計畫時，管理人員必須展示開放和誠摯的心態。舉凡對於將如何推動變革，以及需作變革的理由，均應詳明闡述。管理人員闡釋變革計畫愈為詳盡，則員工接受的可能性就愈高。在廣泛徵詢員工有關變革計畫之質疑時，應儘量給予員工發言詢問的機會，如此才能使闡釋更為詳盡，規劃也能更為周延。

二、展現開明作風

管理人員不論在規劃或推行變革計畫時，最重要的做法之一，就是要展現開明的作風。一般而言，組織員工對管理階層愈具有信心，則接受變革的可能性就愈大；反之，則愈有抗拒的可能。因此，管理人員宜於平日就多表現開明的作風。蓋開明的作風乃是決定員工信心強弱的關鍵，此需作長時間的培養。若員工平時多已體認到管理階層的公平、正直、誠懇，則較易對管理階層懷有信心；反之，若員工多認為管理階層虧待他們，則信心較為薄弱。

在推行變革計畫時，管理人員需體認「抗拒變革」本身並不是一種原因，而是一種結果，不可企圖加以征服，而運用高壓手段，否則將演化為更強烈的抗拒行動。需知抗拒行動的產生，大多係因「人謀不臧」所引起，管理人員切不可剛愎自用，一意孤行，態度傲慢，立意不公。管理人員應能作自我充實，以增廣見聞，並重視下屬的意見，以培養良好的人群關係，並且在決策上應有與部屬分享決策結果的胸襟，以養成榮辱與共、休戚相關的觀念。

三、採行參與管理

參與管理的實施有助於組織變革的推行。通常組織的任何政策由全體員工決定，在執行上較不會遭遇阻力，此乃因大家都有接受應變的心理準備之故。因此，參與管理是組織變革的基石，也是工業人道主義的中心論點。管理人員若能善用參與管理，則有集思廣益，增進彼此瞭解和調適內部團結的作用，且員工當能體諒變革所面臨的困境，彼此協調與合作。

一般而言，參與管理的實施除了可使組織成員充分發表有關興革意見之外，亦可使其瞭解變革計畫的內容，分享改革的成敗榮辱，且把變革事項列為自己努力的工作重點，充分體認組織之所以要變革，乃在追求組織之發展，培養與外界競爭的能力。同時，變革計畫在事前經過充分討論和深入思考之後，必可免除許多缺點，減少不必要的困擾與困難。蓋變革計畫既經過充分參與討論，必能得到員工全力的支持與推行，如此才能有成功的可能性。

四、強化教育訓練

組織變革的成功與否，有時需賴組織施予教育訓練，甚而設置學習型組織。教育訓練乃在加強員工的技術能力，養成終身學習的習性，以維持其既有權益，並體認變革乃是必然的結果，無時無刻地作適應變革的心理準備。組織應在平時多訓練員工順應變革的能力，且事先廣泛地徵詢員工的意見，避免將變革的成功集中於少數人身上。同時，組織平常就宜教育員工培養良好的職業道德，激發其工作動機，一旦組織採行變革的新措施時，將不致於招致不滿與抗拒。

當然，組織變革透過教育訓練來完成，並不是一件容易的事，它是一種長期性的工作。組織應尋求一種系統化的訓練程序，且訓練的重點尤在於管理人員，讓他們去接受敏感性訓練（sensitivity training），以瞭解自己的管理行為與人群關係的原則；蓋重要的變革計畫，有管理人員的主動支持與參與，總是比較容易成功。易言之，組織欲降低員工對變

教育訓練有助於組織變革的成功

革的抗拒，加強其組織的訓練與學習應是一種有效的途徑。

五、加強意見溝通

組織在實施變革時，若能與員工作充分的溝通，便可減低他們的抗拒。通常，組織變革會受到員工的抵制，大部分原因乃是來自資訊錯誤或溝通不良；如果員工瞭解全盤事實，並澄清了對變革的誤解，則抗拒便會大大地降低。組織在推行意見溝通的過程中，可進行面對面的團體討論，以促進員工對變革事項的瞭解，尤其是透過團體的力量，有了團體壓力的存在，個人將更能接受變革的事實，而不致有頑強的抗拒。

此外，如果抗拒的真正原因是溝通不良所致，則加強管理階層與員工之間的互信，乃是真正有效的方法。根據前節所述，部分變革的抗拒乃是員工對管理階層的不信任，則加強管理階層和員工之間的意見交流自是最有效的方法。當然，這個前提必須是管理階層於平日就有接納員工建議的雅量，且能開放胸襟，去除私心與偏見，才能取得員工的信任與支持，如此一旦組織實施變革，方不致引發抗拒的行動。

六、採用諮商支援

組織變革防止員工抗拒的方法之一，乃是多與員工進行諮商，採取支援的行動。員工抗拒變革的部分原因，可能出自於工作學習的困難，也可能來自於對工作職位、權力降低的疑慮，更可能源自於對未知情況的恐懼感。凡此都可透過對員工的協助，或與之進行諮商的方式尋求解決。例如，對工作學習困難的員工，可施予教育與訓練，並協助他提高學習的意願，提供某些經濟上的支援，如此自可化阻力為助力，而有助於變革的施行。

此外，在組織變革進行中，若員工感到高度恐懼與焦慮時，可實施員工諮詢，並作治療，訓練其新技術，或給予短期的給薪休假，都有助於員工生理或心理上的調適。必要時，管理階層亦可以某些有價值的條件，作為交換，以取得員工的支持與合作。易言之，提供員工更多的諮商，旨在促進相互的瞭解，並尋求其支持；而提供更多的支援，則在協助員工解決困難問題。凡此都有助於化解對變革的抗拒。

七、建立申訴制度

在組織推展變革計畫時，難免會引起員工的不滿，此時若能適時建立申訴系統，當有助於解決此種不滿的情緒和態度。一般而言，組織變革很難完全合乎所有成員的願望，一旦員工表現不滿情緒而提出建議，即使組織無法接受，但至少也有一定的傾訴機會和疏通管道，組織可藉此檢討變革的實施，以求趨利避害。因此，申訴制度的建立，應有助於組織變革的實施。

申訴制度的實施，可依正式程序和非正式程序而共同推動，如此方可達到申訴的真正目的。換言之，申訴系統在變革的組織中，應能充分發揮民主的司法權力。為使員工都能瞭解他們都有申訴權，組織管理當局應發布政策性指示，甚或可依非正式程序表達其接受申訴的願望，以取信於員工；舉凡處理有關申訴案件都應儘早解決，則一旦組織有重大變革事項，才能取得員工普遍的支持。由此觀之，組織發展是否正常，端賴組織成員是否有申訴的機會而定。

八、培養革新氣氛

變革乃是人類社會步入文明的原動力，所謂「窮則變，變則通」，組織變革乃是常道，為人類進化的一定法則，更是組織生存之道。因此，組織的所有成員都應體認變革的必然性，早作適應的心理準備。組織管理上應培養組織隨時適應變革的革新氣氛，融合組織的親和力，培養良好的人群關係，吸收可靠的內外資訊，以免陷於耳目不靈、四肢麻木的地步，如此當可減少執行技術上的偏差。

此外，培養革新氣氛不僅在使員工預作應變的心理準備，尤宜於平時就培養融合氣氛，激發員工的高度工作精神與士氣，則一旦面臨重大變革時，可維護全體員工的利益或權益的均衡，並避免因技術上的改變而損及組織人力資源的運用。蓋日常的革新氣氛可鼓舞員工研究發展的精神，此可在管理上作不斷地創新，且顧及員工個人需求與組織目標的一致性。

總之，任何變革計畫都不可能毫無阻力，即使計畫再周延，做法再開明，仍不免牽涉到一些人的既得利益，以致產生了抗拒。但身為管理人員只能儘量去化解它，甚或減少抗拒所可能產生的不良後果。其他減低抗拒的途徑甚多，諸如增進相互瞭解、實施工作擴展或工作豐富化等，都可能是其中的方法。不過，吾人所欲強調的乃是員工抗拒事件多始自於管理上的問題，組織管理者若能作適宜的管理措施，多作權宜之計，則許多不幸事件自可避免其發生；尤其是在進用新人、新技術之際，應多預作妥善的規劃，自可避免產生不必要的困擾。

Chapter 14 壓力管理

在組織內，無論管理階層或員工都不免會有壓力的存在。適度的壓力可調劑單調的生活，督促自己力爭上游，增進組織效能；然而過度的壓力，會引發許多後遺症。因此，壓力的問題受到很多企業管理學者和組織實務人員的注意，以致有了「壓力管理」的出現。至於，個人一旦有了壓力，就必須設法加以紓解。因為壓力往往帶來許多身心上的疾病，而在工作上產生了所謂的「職業倦怠症」，此不僅傷害到個人未來的發展與成長，也為組織帶來不利的影響，而妨害到工作效率與組織目標的達成。是故，壓力需要管理，乃是事屬必然的。本章將說明何謂壓力，分析其成因及可能造成對個人或組織的不良影響，並研析紓解壓力的方法。

第一節 壓力的意義

壓力既是存在的，然則何謂壓力？壓力本係物理學上的名詞，意指物體受到拉擠的力量。對人類而言，凡是因某些因素而在心理上或精神上有了威脅感、壓迫感或恐懼感，就造成了所謂的壓力。亦即任何足以干擾心理上或生理上平衡的力量，均屬於壓力。此乃是一種對外在事物和情境，或者是對自己內在設定目標與期望所產生的調適性反應。因此，吾人可將壓力視為個人在面對環境改變或自己的期望要求時，而於生理上或心理上需加以調適之狀態。

就心理學的歷程而言，壓力是一種刺激與反應連結的過程，亦即是一種生理變化和心理感受的過程，此種過程基本上包括四項步驟，即：(1)刺激出現；(2)感受刺激；(3)認知威脅；(4)行為反應，如**圖14-1**所示。刺激的出現即為壓力的來源，此種來源大致上有兩方面：一為個體的外在環境；一為個體的內在心理歷程。前者如別人對個體的期望或要求；後者如自己的期望或目標均屬之；這些都是壓力產生的第一步驟。當刺激出現時，不管它是來自於外在的或是內在的，個體必然會開始感覺到刺激的存在，此時才會構成所謂的壓力；否則，即使有了刺激，卻無視其存在，則無以構成所謂的壓力，此即為壓力歷程的第二步驟。

當個體已感受到刺激，而此種刺激已構成身心上的威脅，則個體即

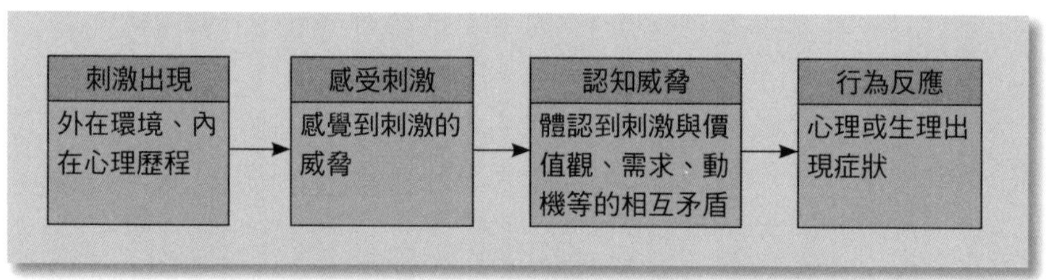

圖14-1 壓力產生的過程

已認知了威脅的存在，此即為壓力歷程的第三步驟。所謂認知，乃是受到個體價值觀、需求和動機等因素所左右。如果個體所感受到的刺激，與個人價值觀、需求和動機等有所扞格，則個體便感受到了威脅，而產生了威脅的認知，於是便有了壓力感和威脅感。

壓力的最後歷程，乃為行為反應。當個體因感受和認知到危險的威脅時，就產生了心理上或情緒上的問題。在實質上，威脅的認知不僅會在心理上發生變化，也可能造成生理上的問題。此時，個體不但會出現焦慮、挫折、緊張、失眠等心理疾病，而且也會出現哮喘、高血壓、胃腸潰瘍、心臟病等生理疾病。凡是個體所承受的壓力，倘其強度過大、時間過久，上述情況將愈為嚴重。易言之，壓力對個人的成長、發展和身心健康等，均有影響。因此，壓力管理乃成為個人在組織生活中不可分割的一部分。

當然，壓力也非全然是不好的。適度的壓力常有助於提升個人生活的效能與學習的表現。個人訂定更高成就的壓力，往往更能發揮正向的功能。一個完全缺乏壓力的工作情境，是無法激發員工工作動力的。是故，壓力是個人相當主觀的概念，每個人感受壓力的程度並不相同。以同一件事為例，對某人來說可能是一種壓力，對他人來說卻不是壓力。壓力常因人、因事、因時、因地而異。

第二節 壓力的來源

在日常生活或工作中，壓力是無時無刻不存在的，是個人與環境互動所造成的，個人若感受到環境中存在著威脅，壓力就產生了。在企業組織中，倘若員工感受到某些要求，或工作超過個人的能力，或所需資源有某種限度時，或員工認定達成要求與未達成要求之間、期望價值與所得報償之間、獎酬與成本之間的差距明顯過大時，則有所謂的壓力存在。因此，所謂壓力，即因感受到心理上和情緒上的威脅，以及失業的可能，所形成內在心理上和精神上的緊張狀態。由此觀之，壓力是工作、家庭、社會和個人因素綜合的結果。壓力形成的原因甚多，吾人僅就企業管理立場分析其主要來源如下：

一、職位不適當

員工在組織中最主要的壓力，乃為職位的不適當。所謂職位的不適當，是指人與事的無法配合，亦即員工不具有所任職位的技能或能力，或員工對所任職位沒有全力發揮技能或能力的機會。此可透過工作再設計，以調整適當的職位或工作內涵，或以員工訓練和發展來培育其完成工作任務之能力。否則，員工長久地處於不適任的職位上，將使員工無法勝任該職位，而造成情緒的不穩定或混亂，這對員工來說是一種戕害。此外，不適當的職位分配，對組織的效率也有不良的影響，其可能阻滯工作流程或人事安排，甚而造成一種損害。

二、期望相衝突

個人在組織中工作，都存有自己的期望和意願，然而此種期望有時常與他人的期望相互衝突。首先，個人在正式組織中可能與組織目標衝突，此即為正式組織對員工行為的期望，與員工本身行為的期望背道而馳之故。此種相悖的期望，當然會形成員工的壓力。再者，個人為尋求與非正式群體的一致，有時亦可能成為非正式群體的一員；但有時非正式群體對員工所期望的行為，與員工本身所期望的行為，也會因衝突而造成員工的心理壓力。此外，同一員工若兼受兩位或多位主管的強大影響，將不知所從而形成壓力。凡此都是個人與他人的期望相互衝突而形成壓力。

三、角色的模糊

個人在組織中必然要扮演某種或一些角色。所謂角色，是指個人據有某種地位而表現的行為。當個人在扮演一種角色，而對應如何遂行其職位有不確定及不明確之感時，壓力就產生了；又員工對所期望於其所任職位者，有不明確及不確定之感時，也會產生緊張的壓力；另外，員工對職位績效與可能獲致的效果之間關係，有不明確及不確定感時，亦常感受到壓力。凡此都是因角色的模糊不清，而產生對個人的壓力。

四、負荷的超載

個人因所任工作的要求，超過了個人能力所能承擔者，即稱之為負荷超載。負荷超載的產生，有時是因為職位的不適當，有時則為個人能力不足以勝任其職位，凡此都可能造成對個人的壓力。此外，個人所擔任的職務，若因時間的緊急性，則常造成時間的壓力，這也是一種過重的負荷。通常身為主管的個人必須利用有限的資源，或因資訊的缺乏，而必須作決策時，最容易遭遇到此種情況。此種過重的負荷，即常構成心理上的極大壓力。

五、對責任的恐懼

員工若對所擔任的職務不能勝任，也會有恐懼感的發生。通常，此種情況乃為員工恐懼工作績效不良或容易失敗，而構成心理上的壓力。此外，若員工的抱負水準或期望水準太高，也會構成若干壓力。由於員工所訂標準太高，致有高成就的壓力。若一旦無法勝任，則此種壓力將愈為加重。由於員工的工作是處於組織之中，故其工作亦負有對其他同仁的責任。上述各種情況可能使員工因恐懼而產生壓力。

六、工作環境欠佳

工作環境欠佳對員工所造成的壓力甚多，諸如照明不足、溫度及噪音管制不當等均屬之。此外，工作場所不整潔與擁擠，都會造成員工精神上的壓力。至於所任職務要求過苛，產生不必要的工作速度問題、社會孤立問題，都會形成員工的職業倦怠，而有力不從心之感。就企業機構而言，舉凡機器設計及維護制度欠佳，也會對員工構成壓力。因此，良好的機器設計與維護制度，將有助於員工紓解其壓力。再者，組織對員工需建立一套完整的工作時間與假期制度。倘組織對員工所任職務要求工作時間過長，或工作時間欠缺規律，則員工必感受到無限的壓力。

七、關係的不良

根據心理學家的研究顯示，良好的人際關係有助於組織內部的和諧與團隊精神的發揮。員工處於此種工作氣氛當中，必感受到輕鬆愉快。否則，若員工在處理有關對上級主管、同階層同事或部屬的工作關係方面深感困擾，則必構成壓力。因此，組織應多安排或給予員工交流的機會，培養輕鬆而和諧的工作氣氛。當然，有些員工亦可能因本身因素而難以適應群體作業，此時就應施予諮商輔導或教育訓練，庶可減輕其工作壓力，而適應群體生活。

八、員工的疏離

員工的疏離感通常係因個人需求與組織目標的不能融合，或組織管理的不當，以及員工的社會互動關係受到限制，或缺乏參與有關決策的機會等所造成的。此種疏離往往使員工和組織之間的關係愈為疏遠。若以上所述各種情況的差異性愈大，則更容易產生不確定感，如此惡性循環的結果，將引發更大的疏離，終而構成對員工更大的壓力。

總之，造成員工壓力的因素甚多，且各項因素之間常互為因果。且這些因素尚包括個人的因素，如個人特性與成長經驗、生理缺陷、自我目標和期望等；以及家庭因素，如親子和諧關係、家庭社經地位等均是。但這些並非本章所擬研討的範圍。只是在企業管理上，要紓解員工的壓力，必須作全面性的檢討，且宜作多方面的整合，才能達成紓解壓力的效果。

第三節 壓力的不良影響

在企業組織中，一旦有了壓力，常對個人或組織造成若干不良的影響。對個人來說，適度的壓力固可促使個人努力於工作目標的完成，達成一定的工作水準與自我要求。惟過度的壓力常使個人產生焦慮感、壓迫感，甚至造成了生理上的疾病。對組織而言，適度的壓力能促進員工之間的團結與合作精神，以完成組織目標，然而過多的壓力卻可能形成內部的摩擦與衝突，導致作業的遲滯、工作力的喪失、效率的降低以及成本的增加等。茲分述如下：

一、個人方面

個人一旦遭遇到過度的壓力，常會導致某些疾病或問題。吾人可就三方面來討論之。

(一)心理不適應

從心理學的觀點而言，過度或拖延過久的壓力常會造成情緒上的問題，諸如情緒失去控制，而破壞和諧的人際關係和社會關係。至於個人心理上的傷害，如注意力不集中、記憶力衰退或喪失、睡眠的不足、食慾不振、動機喪失、心情鬱悶，以及其他相關能力的喪失。這些心理上的不適應將影響個人的成長與發展，導致工作的不順遂與人際關係的失和，甚至擴大到對組織產生不利的結果。

此外，心理上的不適應往往會造成個人生活的不便，因此很受到一般心理學家重視。在個人生活的歷程中，個人心理往往影響其生活；而心理的不適應常比較容易感受到生活或工作上的壓力；且壓力又形成心理上的不適應，如此則不適應與壓力乃互為因果。是故，壓力與心理的不適應都是同時要予以注意，並力求克服的。一般而言，心理上較不適應的個人，其情緒較不穩定、缺乏自信心，且易感受到自己的生活受制於外界的力量，而將之歸諸於命運的捉弄。此即為所謂的外控者（external control），此種人較難適應壓力。

(二)生理的失調

當個人感受到壓力的存在，首先在心理上造成焦慮、緊張與壓迫感；而此種情緒一旦無法紓解，或壓抑過多、過久，將產生生理上的失調或疾病。此乃為「心理影響生理」的原則。根據生理學家的研究，過多的壓力將影響內分泌腺的分泌，其在生理上立即顯現的症狀是口乾舌燥、掌心出汗、呼吸急促、心跳加快、血壓升高，甚至是頭昏眼花，而導致生理的失衡，終至產生生理上的疾病。因此，壓力是生理疾病的來源，殆無疑義。

一般與工作壓力有關的生理疾病，包括緊張與偏頭痛、心臟病、高血壓，胸部、頸部、下背部肌肉緊張，胃炎、消化不良、胃潰瘍、腹瀉、便秘、氣喘、風濕、關節炎，以及一些月經失調和性的失能等，都是過度壓力的結果。這些生理上的疾病將影響員工的出勤率，造成曠職、怠工怠職、降低生產力、增加成本。當然，上述現象又可能造成心理上的壓力，如此循環不已，將產生更多更複雜的問題。

(三)職業倦怠症

組織員工面對壓力所產生的反應之一，乃為倦怠（burnout）。所謂倦怠，係指個人面對壓力所形成的生理或心理之疲勞狀態，其不僅可用以說明員工對壓力的不適應，亦可用以說明員工對有關工作及人際關係的不適應。員工一旦有了倦怠感，常表現如下行為：將倦怠歸因於他人、他事或環境；對工作提出尖銳的批評，屢以病痛為由疏於工作；在工作中胡思亂想或打瞌睡；經常遲到早退；時常與工作夥伴爭論或不合作；以及在工作中孤獨自處等均屬之。

倦怠係出自於壓力，以及其他和工作有關的因素或個人因素；此種壓力是經常性與長久性的。凡是個人有一種缺乏保障的感覺、或處於競爭過於強烈的狀態、或與他人發生衝突，以及處於不確定的情境下而造成壓力時，都會形成職業倦怠症。當員工在工作上有了職業倦怠症，除了會表現前述行為之外，尚會顯現一些現象，諸如缺席率增加、降低生產力，以及容易在職位上犯錯等均是。

總之，壓力會造成個人心理上的焦慮、緊張和不安，連帶也會影響個人的生理健康，而形成生理的失調與疾病。在個人生活和工作當中，壓力會形成疲勞的感覺，終而形成職業倦怠症，因此，個人一旦有了壓力，必須設法紓解。然而，誠如前節所言，個人的壓力固有來自於個人因素者，亦有源自於組織因素者；是故，壓力實影響了組織，造成組織管理上的若干問題。

二、組織方面

在組織中，適當的壓力有時會促成內部的團結，用以增進工作效率，但過度的壓力往往弊多於利。諸如缺勤率和流動率增加、產量和品質的降低、內部的摩擦及不和諧增多等，致原料浪費了，生產成本也提高了，凡此都會影響組織效率。茲分述如下：

(一)員工缺勤

員工在工作上，壓力過大的最直接反應為缺席率的增加與出勤率的降低；此時，員工會假藉其他理由請假，託病藉以逃避過重的壓力，此對於採取消極性工作態度的員工尤然。一位對人生持積極性態度的員工將勇於面對現實，克服一切的困難，故而能面對壓力的挑戰；然而，一位退縮的員工則容易持消極態度，迴避組織為他所設定的標準。一般而言，不論組織所賦予個人壓力的大小如何，常因個人感受程度的大小而有所不同。不過，過大的壓力對任何人來說，都可能持逃避的態度與行為，致出勤的意願因此降低。

(二)摩擦衝突

員工在過度的壓力下，常不易集中精神於工作上，不僅使自己的判斷力大打折扣，且在極度情緒化和憤怒的情況下，極易攻擊其他同事，造成許多摩擦與衝突。因此，過度的壓力往往是組織內部衝突的來源之一。以部門為例，若兩個相互依賴的部門，因其中一個部門對其他部門構成壓力，而後者無法因應此種壓力時，往往會造成雙方的不和，終至引發了其間的摩擦與衝突；組織內部的個人之間，亦然。是故，壓力有時會構成組織內部的摩擦和衝突。

(三)生產損失

個人有了工作壓力，其所產生的倦怠與個人的問題，將會為組織帶來生產數量和工作品質的降低。員工壓力或許不是產量降低的直接原因，但壓力對品質的影響卻是很大的。在工作場所中，時間的壓力往往會造成許多失誤，諸如產品品質檢驗的不確實即是。就公務和服務機構而言，對員工的壓力將擾亂其工作情緒，而難提升服務品質。因此，就廣義而言，生產的損失並不限於產品的數量，也不限於企業產品的生產，更涵蓋著品質的降低，以及服務品質的喪失。

(四)增加成本

員工由於工作壓力所帶來的成本，往往如水漲船高般，如生產成本和意外事故給付的增加等，這都是個人將問題帶到工作場所的直接結果。低度工作士氣、員工更多的摩擦、主管與部屬間更多的困擾，以及更多的不滿等，都可能是因為員工有了壓力而造成。另外，失能、退休和死亡等永久性的損失，都與員工個人有了困擾有關。對一個有困擾的員工，組織是很難對其加以測量的，但其真實成本卻與員工困擾有關。一家企業機構擁有太多具煩惱的員工，不但是企業的損失，也將損害其公共形象。

總之，員工有了過度的壓力，不僅會形成個人的困擾，更會對組織可能造成不利的影響，組織管理者不能不重視這些因素對組織所產生的不良後果。

第四節 個人紓解壓力的方法

壓力既是存在的，則吾人應尋求解決壓力的方法。通常，壓力不僅是個人的，也是組織的。因此，壓力的紓解固然要依靠個人持續地努力，組織協助個人也是必須的。此乃因大部分的壓力都來自於工作，其有賴組織施行某些措施以為因應。就個人來說，很多壓力都是因為個人對周遭環境加以設限，再加上個人責任的驅使，以及個人的抱負水準和期望水準所造成。為了督促自我的進步，個人設定一些壓力，實有助於自我成長與某些目標的達成。但在同時，個人亦宜設法排除某些壓力，以便在達成個人目標的同時，能減輕或紓解一些不利的壓力。個人紓解壓力的方法甚多，大致可分析如下：

一、適度運動

個人一旦有了壓力，適度的運動是最可行的方式。運動可紓解人體肌肉的緊張，亦可使個人精神獲得舒展的機會。一個人在作運動時，並不一定要拘泥於某種形式，只要能達成實質的運動效果，都是可行的。例如，做做體操、伸伸腰、作深呼吸等，都屬於一種運動。當然，運動常隨著個人的興趣、體力、年齡、性別等，而有所差異。有人需跑步才算得上是運動，有人則以游泳、爬山、打球等方式來作運動。無論運動的種類為何，只要個人認為某種運動能滿足自己的興趣與體力，就能達到紓解壓力的效果。

游泳可紓解人體肌肉的緊張，亦可使精神獲得舒展的機會

二、調節飲食

個人紓解壓力的方法，除了可作適度的運動之外，尚需注意調節飲食。為了某些健康的理由，很多專家認為個人不宜吃太酸辣等刺激性的食物，宜多吃清淡的食物，如此可減緩某些緊張的壓力。然而，這也可能因個人體質或嗜好而有所差異。例如，全民禁菸運動中，對於某些熬夜或已養成習慣的個人，偶爾抽抽菸，有時也可紓解一下情緒。再者，根據心理學家的研究，當個人在遭遇到挫折或有了焦慮情緒時，常不斷地吃東西，乃屬於一種補償作用，此可紓解若干壓力。此外，在個人遇到壓力時，喝一杯水有時也有紓解情緒的作用。凡此都是一種調節飲食，是一種紓解壓力的方法。

三、充足睡眠

當個人遭遇到壓力時，若不想作運動，也可以睡眠方式來紓解壓力。充足的睡眠可暫時遺忘緊張焦慮的情緒，此為暫時性遺忘。惟在睡眠過後，仍然要面對壓力的情境。不過，有了充足的睡眠，至少可暫時減緩緊張焦慮的情緒，有時仍可達到紓解壓力的效果。根據心理學的研究顯示，當個人在受到挫折時，睡眠即為一種精神的鬆弛劑。因此，睡眠亦不失為一種紓解壓力的方法。

四、休閒活動

參加休閒活動也是一種紓解壓力的方法。休閒活動是目前社會甚為流行的風氣。由於現代人工作忙碌緊張，甚多人士以露營、登山、健行、參加各種公益活動，來紓解緊張的生活壓力。有些人則以參加某些俱樂部、KTV唱遊活動，或閱讀書報、雜誌、聽聽音樂等不費體力或精

閱讀書籍紓解因工作所造成的壓力

神的方式，來消遣度日，以紓解因工作所造成的壓力。凡此活動均有益於身心之健康，能減緩生活緊張所帶來的壓力。

五、生物回饋

所謂生物回饋（biofeedback），係指利用特殊的測試儀器設備，觀察個人各部肌肉的鬆弛程度。此類專門儀器，可供人們學習如何將肌肉作緊張和鬆弛的活動；其後經過一段期間的學習，即可不用儀器而能自行活動。此對於不懂得放鬆自己或精神容易緊張的個人，甚有助益。一般而言，通常被用來協助病人養成鬆弛壓力的習慣。

六、保持鬆弛

所謂保持鬆弛反應（relaxation response），係指有關肌肉活動之訓練，其乃為在遭遇到壓力時，一方面實施深呼吸，一方面將身體肌肉作

上班族經常上KTV紓解工作上的壓力

短時的鬆弛之謂。個人若不想作任何活動，可採取此種方式，即以冥想的方式將某部分肌肉放鬆，如此亦可達成紓解壓力的目的。當個人處於鬆弛狀態時，其情緒自然穩定平靜，不再有憂慮煩惱，不必想作任何工作，則較長久保持鬆弛，自可減輕緊張的壓力。

七、自發訓練

所謂自發訓練（autogenetic training），與所謂的自我催眠（self-hypnosis）相近，係自行集中精神，控制本身的生理活動之謂。自發性訓練一般亦可用來協助精神容易緊張的個人，幫助其控制自我活動。此亦不失為自我紓解壓力的方法。

八、施行靜坐

所謂靜坐（meditation），乃於靜坐中將注意力集中於己身的呼吸，而別無身外的任何雜念之謂，其亦為鬆弛身心的方法。當個人面臨極大的壓力，而有充裕的時間時，可實施靜坐。惟靜坐需有專家的指導，庶能免於走火入魔之境地；且靜坐需有較長的時間，並能每日持續不斷地練習，此對沒有太多空閒的人較不易實施。

總之，壓力既存在於個人，則紓解壓力的方法惟有賴於個人，依自己的能力、體質、興趣、時間等，選用不同的方式。只要這些方法都能符合個人的意願，即可達到紓解壓力的效果。

第五節 組織紓解壓力的方法

壓力固然屬於個人的問題，但其影響組織甚鉅，組織管理者不可等閒視之。一般組織紓解員工壓力的方法甚多，可運用的措施如調整職位、舉辦訓練、進行溝通、諮商教育、健全制度、適當獎酬、改善環境，甚而可將職位作重新設計，以進行工作豐富化，藉以提高員工的動機與興趣，降低各種壓力，如下所述。

一、調整職位

所謂調整職位，乃是將員工更換其工作或調職之謂。就人力資源管理立場而言，員工之所以產生壓力，最主要乃為所任職位不適應或個人能力不足所引起的。是故，實施職位調整為最適切的方法之一。職位的調整可包括平調、升調和降調。其中可實施平調，以不同的工作性質來吸引員工的興趣。當然，在實施調動之時，最好能徵詢員工的意見，以求能符合其興趣與能力；若是升遷，則必須以員工有良好績效和重大貢獻之後實施之。至於降調，乃為除非員工有重大過失，否則不宜輕易行之，蓋此將可能造成更大的壓力與困擾。質言之，調整職位需以合乎員工的興趣能力為原則。

二、舉辦訓練

舉辦員工訓練，可培養職位所需的特殊技能，建立及發展員工角色的技能，提升員工的全面能力和心態，增進員工處理問題的自信心，培養員工的人際關係技能，促進工作群體的凝聚力與團隊精神，更可協助員工訂定職業生涯計畫。因此，員工訓練可紓解員工因職位不適當、期望衝突、角色負荷超載、恐懼責任、工作關係不良以及員工疏離等所造成的壓力。一般而言，施行教育訓練為組織最常使用的方法之一。

三、進行溝通

組織可制定明確的組織角色說明，用以界定員工職位的層面及期望，使員工瞭解如何扮演其角色。此可紓解期望衝突和角色模糊所造成的壓力。再者，在工作環境方面，組織可協助員工瞭解工作程序設計的意義，並使員工能適應整體程序的需要。在工作關係方面，要想紓解員工的壓力，可辦理各種員工諮商，建立群體間更佳的溝通實務，協助員工瞭解組織中主管與部屬相處之道。此外，增進組織中上行與下行溝通和參與管理，提供員工參與機會，辦理員工諮商，都可降低可能引發衝突情勢的各項誤解，紓解員工的疏離感，以免造成壓力。

四、諮商教育

組織舉辦員工諮商，在消極方面可協助員工處理有關行為層面的困擾，諸如孤獨感等是。此外，員工諮商將協助員工瞭解以及克服恐懼感和憂慮感。它亦有助於員工因應人格衝突、社會孤立等因素。在積極方

辦理員工諮商與溝通，可減少可能引發衝突情勢的各項誤解

面，員工諮商可協助員工能以建設性的方式，來因應本身的感受。諮商的實施，可聘請諮商員對員工問題作充分的評估，以提供作為診斷的參考。

五、健全制度

組織本身欲紓解員工的壓力，必須先健全其本身的人事制度，諸如改進人事甄選制度，選用適任人員，並依其專長與興趣加以任用，庶可達到適才適所之境界。此外，組織可推行員工援助方案，以降低員工的缺勤率、工作上的意外事故，與壓力和不滿的產生。組織有了員工協助方案，就可降低意外醫療的費用、生病和意外的補貼，以及交通往返費用等，進而紓解員工的壓力。

六、適當獎酬

組織欲紓解員工的壓力，應使獎勵工資制度能直接配合員工的需求與期望，並隨時修改給付的方法與時機。根據激勵的期望理論，員工若不能得到其所期望的獎酬，將導致不滿而影響其努力工作的意願。此種不滿和績效的降低，將造成員工的壓力。因此，適當的獎酬有助於紓解這方面的壓力。事實上，所謂獎酬的適當，應以合乎公平合理的境地為原則；唯有公平合理的獎酬，方不致造成惡性競爭與衝突，如此才能有效地紓解壓力和緊張。

七、改善環境

組織紓解員工壓力的方法之一，就是要改善工作環境，提升工作上的安全防護。誠如第二節所言，員工之所以產生壓力，部分原因為工作環境欠佳所造成，因此組織機構除了必須對照明、溫度和噪音等做適當管制之外，尚需避免工作場所的不整潔和擁擠。此外，組織機構也必須對機具設計和周遭環境做安全防護，以紓解員工的心理壓力。當然，組織若能建立一套完整的工作程序，並對員工工作做合理的要求，也可避免許多不必要的衝突與挫折，這些都有助於員工紓解其壓力。

八、職位再設計

組織將職位再設計，可紓解員工因職位的不適當、期望的衝突、角色負荷超載、工作環境不良以及員工疏離等所造成的壓力。就職位不適當與員工疏離方面而言，組織可推行工作豐富化方案。以激發員工的動機。在期望相衝突方面，組織可實施彈性上班制度及辦理職位分擔制度，俾分別針對造成衝突的原因尋求解決。在角色負荷超載方面，則可改善工作場地、場地布置與工作程序；在工作環境方面，則可改變工作的物理環境與工作規定的細節，例如，實施職位輪調、更改工作時間、實施休息、休假等制度，凡此皆可減輕工作所帶來的壓力。

總之，所有的壓力並非要完全消除的。有些壓力只要是員工所能負荷，有時亦能產生正面的效果，端視管理技巧與個人的修養而定。此外，組織尚可實施員工福利計畫，諸如作定期的健康檢查、各項診療、改善飲食、偵測與控制過度的緊張、舉辦壓力管理研討會等，並能多鼓勵、少責備、多溝通、少壓迫，則將有助於員工紓解其壓力。

Chapter

15 挫折管理

凡是人類都有慾望，在滿足個人慾望的過程中，難免會產生挫折；員工在組織中工作，亦然。就企業組織而言，挫折行為也是阻滯目標達成的主要因素。組織中如果有太多的挫折情境，即表示組織本身的不健全，至少也是制度的不上軌道，或管理上出現了不少缺失。在這些情況下，管理者必須隨時檢討造成挫折情境的因素，安排合理的工作環境，避免給予員工過多的挫折。蓋挫折不僅影響員工個人行為，也左右其工作行為，甚而造成人際關係的破壞，卒而降低工作品質與效率。因此，為了滿足員工需求與達成組織目標，必須從消除挫折行為與健全正常的心理狀態做起。

第一節 挫折的意義

挫折（frustration）是個人在追求自我目標的過程中，受到阻礙的狀態。一般而言，個人行為大多由內在動機所引起，並在動機的支配下，朝向某種固定目標進行，直到動機獲致滿足時為止。然而，在個人活動過程中，個體不見得能完全如意。所謂「人生不如意事，十之八九」，可見挫折隨處可生。不過，「挫折」一詞含有兩種意義：一為指阻礙個體動機性活動的情境而言；另一則指個體動機受阻後，所產生的情緒紛擾狀態而言。前者為刺激情境，後者則屬於個體反應。此處所指乃為個體從事有目的性的活動時，在環境中受到障礙或干擾，致使動機不能獲致滿足的狀態而言。

人類的一般活動，大部分是依循例行常規進行的。當個體為了謀求某種目標而受到阻礙，終至無能應付，致使其動機不能獲得滿足的情緒狀態，即稱之為挫折。美國心理學家羅山茨維格（Saul Rosenzweig）說：「當有機體在尋求需要的滿足過程中，若遇到了一些難以克服的妨礙時，就產生了挫折。」當然，此乃取決於個人對挫折的認知，由於此種認知方法的不同，個人心理感受也有很大的差異。當個人認知某事為挫折時，那就是挫折；相反地，他認為那不是挫折時，它就不構成是挫折。是故，挫折實為一種主觀的感受，對某人來說是一種挫折，對另外一個人來說並不構成挫折，此實牽涉到挫折忍受力的問題。

當個體在遭遇到挫折時，若能禁得起挫折，不致造成心理上的不良適應，此即為挫折忍受力或容忍力（frustration tolerance）。換言之，所謂挫折忍受力，係指個人在遭遇到挫折時，有免於行為失常的能力，亦即指個人有禁得起打擊或禁得起挫折的能力。挫折忍受力和個人的人格，有極密切的關係。若個人的挫折忍受力極低，則即使些微的打擊，仍可能造成個人人格的失常或分裂；相反地，若個人挫折忍受力極高，則挫折對其行為當不致發生不良影響。質言之，能忍受挫折打擊的個人，將可維持其人格的統整，是良好適應或心理健康的標示。一位心理健康或有良好適應能力的個人，將會隨時在日常生活中體驗挫折的涵義，如此自可面對現實的生活環境。

通常，成人行為和幼兒行為的最大不同處，乃為成人懂得如何犧牲目前瞬間的快樂或忍受短暫的痛苦，用以換取未來更大的快樂或免除永久的痛苦，但幼兒則否。依據心理分析學派的看法，成人常受快樂與現實原則（pleasure and reality principles）的支配；懂得需求滿足的限制，且常寓自由於紀律之中。此種成人挫折忍受力與個人習慣或態度一樣，都是可經由學習而獲得的。因此，個體自幼年時起，父母或教師即應教導幼兒或兒童多接受或忍受挫折的打擊，且能提供適度的挫折情境，以鍛鍊其挫折忍受力，以培養更完整的人格。

一位挫折忍受力極強的個人，對挫折環境常常會抱著樂觀的心理，並秉持積極的態度，採取較合理性的做法，去解決困難問題，以便最後能實現自我理想。相反地，一位挫折忍受力極低的個人，常會禁不住挫折的阻撓與壓力的重擔，且會產生不恰當的反應，長久下來將導致人格的分裂或破碎，則其自我防衛較強。站在管理者的立場而言，管理者必須能瞭解引發挫折的情境，以及挫折所可能產生對工作的影響，並協助員工培養挫折忍受力，以增進其解決問題的能力。

第二節 挫折的來源

在人生的過程中，挫折既是難免的，則產生挫折的根源必是時時刻刻存在的。一般而言，挫折係來自於客觀的挫折情境，然後再經過個人主觀的認定而產生。若有了造成挫折的因素，而個人並不認為它是一種挫折，則挫折將無由產生；因此，挫折其實是一種連續的心理過程，但它來自於挫折的情境。大致言之，挫折情境可分為兩大類：一為外在情境因素，另一為個人內在因素，如**表15-1**所示。

表15-1　挫折來源分析

主要因素	細分因素
外在情境因素	1.自然環境：如天候、時間等 2.社會環境：如政治、經濟、種族、宗教、家庭、風俗習慣等
個人內在因素	1.個人條件：如能力不足、期望過高、生理缺陷等 2.心理衝突：如內在動機或目標的衝突等

一、外在情境因素

所謂外在情境因素，是指存在於個體所處環境之中，而足以引發個體感受或知覺到挫折的因素而言。這些因素有來自於自然環境者，也有源自於社會環境者。自然環境的因素，乃是指空間或時間的限制，致使個體動機不能獲致滿足的因素，如天候的限制，使得個人無法參加戶外活動，或時間的急促使個人無法實現所預訂的目標均屬之。此種自然環境因素的限制，往往很難克服，以致常形成挫折的來源。

此外，所謂社會環境因素，則指個人在所處的社會生活中，所遭受到的人為因素限制而言，包括一切政治的、經濟的、種族的、宗教的、家庭的，以及一切風俗習慣的影響在內。例如，一些政治上的禁忌常箝制了個人的思想，經濟資源的有限性常限制了個人的遠大計畫，宗教、風俗習慣約束了個人的某些活動等，均足以造成個人挫折的來源；再如初生嬰兒不能自求飽食，必須依賴成人的照顧，而一旦成人予以延宕，即造成嬰兒的挫折感。凡此種種均為挫折的來源。

二、個人內在因素

所謂個人內在因素，係指由於個人的因素而引發對自我的挫折之意。如個人能力不足、生理缺陷、容貌限制或期望過高，而無法達成他人或自己所訂的目標或期望，此時自然會構成所謂的挫折。此外，心理衝突也是造成個人內在挫折的原因。個人一旦處於心理衝突的狀態下，則常因多目標或動機的相互扞格而造成心理壓力；甚且因只能有一項動機或目標得以實現，以致產生了挫折感。此將於下節討論之。

總之，挫折的來源甚多，它可能來自於自然環境與社會環境的限制，也可能始自於自我的心理認知，但外在客觀因素常受到個人主觀因素的影響。如挫折有時可能導引個人產生了創造力，增進解決問題的能力，反而造就了個人的成就感，此時挫折就不成其為挫折了。因此，挫折感其實就是一種主觀的心理認知或感受。

第三節 心理衝突

誠如前節所言，心理衝突是造成挫折的原因之一。當個體在有目的的活動中，因多種目標而產生了兩個或兩個以上的動機，若這些動機無法同時得到滿足，甚或相互排斥，就會產生衝突的心理現象，此即稱為心理衝突（mental conflict）。心理衝突在近代人格心理學上是個很重要的概念，嚴重的心理衝突為人格異常與心理疾病的重要原因。它可能混亂、遲延、疲勞一個人的身心，迫使個人做出許多適應不良的反應。一個人有了太多的心理衝突，會引發心理上的痛苦、情緒上的困擾、行為上的偏差，甚而導致身心上的疾病。此即為相互矛盾的反應，互為衝突的結果。

然而，心理衝突常有多種不同的型態，其中最常見的情況如**表15-2**所示，並列述如下。

表15-2　心理衝突的類型

種類	性質	個體表現形式
雙趨衝突	兩個動機或目標都是可欲的，亦即為個體所喜歡或令個體愉悅的	個體只能選取其一，但很難選擇
雙避衝突	兩個動機或目標都是不可欲的，亦即為個體所不喜歡或令個體痛苦的	個體只能逃避其一，但很難選擇
趨避衝突	兩個動機或目標同時存在，但一個是可欲的或令個體愉悅的，另一個則為不可欲的或痛苦的	個體一方面要選取其一，另一方面又必須逃避另一，但無法作抉擇

一、雙趨衝突

所謂雙趨衝突（approach-approach conflict），係指個體在進行有目的的活動時，兩個並存的目標對個體具有相等的正向吸引力或相同強度的動機，使得個體無法作抉擇，而在心理上產生了衝突。雙趨衝突的產生，主要是因為兩個目的物對個人具有同樣的吸引力之故；亦即兩個目的物對個體引發了同樣正向的強烈動機。假如個體對兩個目的物有了強弱不同的動機時，則個體自然會選擇強者而放棄弱者，則無所謂雙趨衝突的存在了。我國諺語有云：「魚與熊掌，不可兼得」，即為雙趨衝突的例證。

二、雙避衝突

所謂雙避衝突（avoidance-avoidance conflict），是指個體在有目的活動或動機的過程中，有兩個目標同時對個人具有威脅性，但卻無法解脫或逃避，此時將引發個人內在的心理衝突。雙避衝突的產生，乃為兩個目的物對個人都具有同樣的威脅，以致個人想逃避，卻無法同時逃脫。但如迫於情勢，個人必須接受其一，始能避免另一，則在作抉擇時便會遭遇到雙避的心理困擾。若說雙趨衝突是屬於「兩利相權，取其重」，則雙避衝突就是屬於「兩害相權，取其輕」了。雙趨衝突的兩個目的物，對個人來說是可欲的或具正向吸引力的；而雙避衝突的兩個目的物，對個人來說則是不可欲的或具有負向排斥力的。

三、趨避衝突

心理衝突的另一種情境，就是趨避衝突（approach-avoidance conflict）。在此種情境下，個體對單一目標同時具有趨近與躲避兩種動機，此時就產生了所謂的趨避衝突。一般常言「既好之又惡之，既趨之又避之」，即是一種趨避衝突的矛盾心理。易言之，個體處於一種兼具正向吸引與負向排拒的環境中，為了希望能實現某種理想，常必須付出相當痛苦的代價，這是趨避衝突的情境。趨避衝突之所以令人困擾，乃是因為它可能促成「進退維谷」的心境之故。此種情況，在日常生活中是屢見不鮮的，且也是最難解決的。例如：兒童對父母的既愛又恨；員工渴望升遷，而又必須辛勤工作；學生希望爭取好成績，必須加倍努力，以表現成就感，但也必須放棄享樂等，都是趨避衝突的明顯例子。

總之，心理衝突是造成個體挫折行為的原因之一，而衝突和挫折又構成了個人的心理壓力，此三者常互為因果。因此，近代管理學者無不對上述三者分別加以探討。本章專節討論心理衝突問題，乃意在凸顯內在衝突與外在衝突的差異。有關外在衝突問題，將於第十六章討論之。

第四節 挫折的反應

個人在日常生活或工作中，不管原因為何，隨時都可能遭遇到挫折。不過，個人對挫折的看法與反應，常隨著個人與環境的不同，而發生極大的差異。一般言之，挫折行為的反應，不外乎積極的適應與消極

表15-3　挫折反應方式

挫折反應	反應方式
積極適應	培養挫折忍受力、解決問題
消極防衛	攻擊、退卻、退縮、幻想、冷漠、理由化、固著、投射作用、屈從、補償作用、否定、昇華作用、壓抑、替代作用

的防衛兩方面，如**表15-3**所示。

一、積極適應

誠如前述，一個具有挫折忍受力的個人，在遭遇到挫折時，常能採取較積極的反應方式，此即為一種積極的適應。挫折對這種人來說，可能產生積極而富有建設性的意義。亦即富有挫折忍受力的個人在遇到挫折時，常能面對現實環境，排除任何困難，尋求解決問題。當個人能採取積極適應的態度，以解決困難問題後，可能會增強自我信心，鍛鍊自己克服困難問題的意志。在此種情況下，挫折有時亦可改變一個人努力的方向，使他在某些方面取得成就，這就是所謂的「化悲憤為力量」。此種個人替代性的努力，正是積極性適應的原動力。

二、消極防衛

積極適應乃為應付挫折的良好方式，然而有時個人常無法對挫折做適當的正面反應，且為維護自我尊嚴與人格統整和身價，而消極地在生活環境與經驗中，習慣地學會某些應付挫折的方式。這些適應方式基本上是防衛性的，一般通稱之為防衛機制、防衛機構、防衛機轉、防衛方式或防衛作用（defensive mechanism）。消極的防衛方式對客觀地解決困難問題，雖於事無補，然亦不失為一種權宜之計，以調和自我與環境間的矛盾。一般最常見的消極防衛方式如下：

(一)攻擊

當個人在遭遇到挫折時，常會引發憤怒的情緒反應，而表現出攻擊性（aggressive）的行為。此種攻擊性行為可以是直接的攻擊，也可能是間接的攻擊。直接攻擊乃為對產生挫折的主體，作直接的反應。間接攻擊或稱轉向攻擊，則可能發生在下列兩種情況下：一是當個人察覺到某人或事物無法作直接攻擊時，而把憤怒的情緒發洩到其他的人或事物上；另一是引發挫折的來源曖昧不明，而無明顯的對象可資攻擊時，也會發生轉向攻擊。不過，通常攻擊的主要對象，為阻礙個人滿足其動機的人、事、物，然後才是周遭的人、事、物。至於攻擊的方式，可為身體上的肢體動作，也可能是口頭上的言詞，也可能僅止於表現在面部的表情或動作上。然而，一般攻擊行為很少表現在實際行動上，而以口頭的辱罵居多。在管理上，組織若施以高壓政策，實施不合理的措施，員工常懾於處分或解職，而多採取間接的口頭抱怨或造謠生事，以作為攻擊的手段。

(二)退縮

退縮（regression）是指個人在遭遇到挫折時，既不敢面對現實問題，又無能設法尋求其他代替途徑，因而退避到困難較少，比較安全或容易獲致滿足的情境而言。退縮可說是回歸到較原始的一種反應傾向，以致形成一種反成熟的倒退現象。此即表現出個體幼稚期的習慣與行為方式，而運用幼稚簡單的方式，來尋求解決所遭遇的挫折問題。成人一旦有了退縮行為，自然就建立起一種幻想的境界，來尋求自我滿足與安慰，而缺乏責任感。退縮的另一徵象，乃是易感受他人的暗示，盲目追隨他人；凡事畏縮不前，缺乏自信，喪失理智；且對客觀環境缺乏判斷力、創造力與適應力。在組織中，上級人員的退縮行為是：不敢授權、遇事敏感、易接受下屬的奉承，無法鑑別部屬的是與非。下級人員的退縮現象則為：不接受責任、盲目效忠與服從、惡作劇、常告病請假、易聽信謠言、無理由的惶恐、盲目追隨他人、情感易失控制等等。

(三)冷漠

當個人在遭遇到挫折，而無由採取攻擊行動時，除了可能採取退縮方式之外，尚可能以冷漠（apathy）的態度應付。此乃因個人無以攻擊導致挫折的對象，或可能因攻擊而引發更多、更大的困難問題或痛苦，於是乃改採退避的自我防衛方式之故。所謂冷漠，乃是個人對挫折情境採用漠不關心的反應方式；惟這只是一種表象，事實上個人可能更為關心，只是無解決該問題的能力而已。因此，當個體在受到挫折而無能解決問題時，在心理上將產生重大的壓力，而難免有絕望無助的感覺，甚至喪失了一切信心和勇氣；此時採取事不關己的冷漠態度，正是維持自我價值與尊嚴的絕佳方式。

(四)固著

固著（fixation）是說一個人在遭遇到挫折時，由於受到緊張情緒的困擾，始終採用同一種非建設性的刻板行為做重複性的反應。此種現象正足以說明個體缺乏適應環境的可變性，容易犯上同樣錯誤而無法改正；即使環境改變，已有的刻板反應方式仍盲目地繼續出現，不肯接受新觀念，一味地反抗他人的約束或糾正，造成此種現象的原因，厥來自於個人的態度。態度是一個人對客觀事物的主觀觀點。凡主觀觀點能適應於環境者，行為即呈現易變性，以達到目標為中心；若主觀觀點不能適應於環境者，其行為便呈現固著現象。固著是一種變態行為，一經形成很難改變。在組織中，員工一旦有了固著行為，常不肯接受他人的指導，而盲目排斥革新，實有賴於做心理上的特殊輔導。

(五)屈從

當個人在遭遇到挫折時，常表現出自暴自棄的行為傾向，此稱之為屈從（resignation）。其乃因個人在追求目標時，遇到阻礙而無法達成，雖經過長期的努力而所有途徑皆被阻塞，以致無法克服，很容易失掉成功的信心。於是，個人乃表現出灰心失望，但為了避免痛苦，乾脆遇事不聞不問，隨其自然，終於陷入消極、被動的深淵。有了這種行為的人，常在情緒與意見上呈現屈服的現象。在組織中，這種人大多失掉改善環境的信心，完全服從上級的要求，對現行的一切措施，都予以容忍。凡事得過且過，不求上進，以致喪失生氣，陷入呆滯狀態。

(六)否定

否定（negativism）是指個人在長期遭受到挫折後，失掉信心，形成一種否定、消極的態度。一個人若長期地未被接納，可能會對任何事物都抱持反對態度。此種成見一旦形成，就不容易與人合作。否定與屈從一樣，都是長期挫折後的行為反應。然而，屈從為消極性的順從，而否定則為消極性的反對。否定可說是故意唱反調，為反對而反對，提不出適當解決問題的方法，而一味地採取阻礙行動。在組織裡，抱持否定態度的人常不肯尋求諒解，也不與別人合作；凡事都持反對意見，很容易影響團體士氣。

(七)壓抑

壓抑（repression）是個人有意把受挫折的事物忘掉，以避免痛苦。易言之，個人有意把受挫折時的痛苦經驗，在認知的聯想上排除於意識之外，故壓抑又稱為動機性遺忘。事實上，這些經驗並未消失，反而被壓抑成潛意識狀態，對個人行為的影響更大。依據心理分析學派的看法，壓抑作用係由不愉快或痛苦經驗所生的焦慮所引起。當個人的意識控制力薄弱時，潛意識就支配著個人的行動。「夢」就是個人在入睡時，意識作用鬆弛，而使受壓抑的潛意識乘隙表現出來的。其他，如在日常生活中偶爾信口失言、動作失態與記憶錯誤，均為壓抑的結果。因此，壓抑在知覺上的特性，是分外地警覺與防衛，警覺可增加吾人感覺的敏銳性，而防衛則拒絕承認客觀不利的因素存在。一般組織員工表現的壓抑反應，乃為漠視事實、放棄責任，容易接受暗示與聽信無端的謠言。

(八)退卻

退卻（withdrawal）是個人在遭遇到挫折時，於心理上或實質上完全採取逃避性的活動。退卻與退縮不同，退卻是完全逃避的，而退縮則為行為的退化，回復到幼稚的原始行為方式。換言之，退卻有一種逃避現實的意味。在組織中，持有退卻行為的員工都儘量設法逃避困難的工作，不願與人相處，喜歡遺世而孤立。

(九)幻想

幻想（fantasy）就是個人在遭受到挫折時，陷入一種想像的境界，以非現實的方式來應付挫折或解決問題。幻想又稱為作白日夢（daydreaming），是指個人因挫折而臨時脫離現實，且在由自己想像而構成的夢幻似情境中尋求滿足。幻想在日常生活中偶爾為之，並非失常。它可使人暫時脫離現實，並使個人的挫折情緒得到緩衝，有助於培養挫折忍受力，並提高個人對未來的希望；但幻想並不能解決實際問題，在幻想過後仍需去面對現實，以應付挫折；否則一味耽溺於幻想，非但於事無補，且在習慣養成後，將有礙於日常生活的適應。一般常持幻想的人，容易流於浮誇不實，妄自尊大。

(十)理由化

當個人在遭受到挫折時，總喜歡找尋一些理由加以搪塞，以維持其自尊的防衛方式，稱之為理由化（rationalization）。個人平時在達不到的目標時，為了減免因挫折所產生焦慮的痛苦，總對自己的所作所為，給予一種合理的解釋。從行為動機的層次來看，理由化固可能是一種自圓其說的「好理由」，卻未必是「真理由」，只不過是解釋的幌子而已。所謂「酸萄葡」心理與「甜檸檬」心理，即各是一種自我解嘲的最佳方式。在組織中，一般人尋求理由化的原因，無非是強調個人的好惡，或是基於事實的需要，或是援例辦理，以求達到推卸責任的目的。我國諺語：「文過飾非」，即是理由化的最佳例證。

其他，諸如投射作用（projection）、補償作用（compensation）、昇華作用（sublimation）、替代作用（displacement）等，有時都可轉移受挫折的目標或逃避現實的壓迫，以求維持自我的安定。

第五節 挫折的管理適應

員工若有太多的挫折行為，是一種不正常的現象，對組織來說具有相當的危險性，管理人員必須設法加以改善。通常對挫折行為的處理，並沒有一定的法則可循，蓋任何方法都無法適用於各種情況。惟處理挫折行為必須從各種情況中，尋求出比較適當而合理的解決途徑。當然，在管理過程中能事先預防挫折行為的發生是最好的途徑，所謂「預防勝於治療」即是。一般預防與處理挫折行為的方法，可歸納如次：

一、改善工作環境

挫折行為很多是工作環境不善所引起，因此處理挫折行為的最有效方法，乃為改善工作環境。一個人處於良好的環境中，常能得到潛移默化、變化氣質的效果。當然，所謂環境並不單指物質環境而言，實涵蓋著精神與社會環境。譬如人際相處之道，即屬於社會環境。改善環境的措施，並不僅是管理階層的個別責任，而是全體人員的共同責任，因此相當不易付諸實施，惟管理人員可運用管理手段來達成環境變遷的效果。例如，推行健全的升遷制度，使應獲升遷的人員能夠升遷，即可改變他的態度，消除挫折行為。

為求改善員工的挫折行為，必先確定引起員工挫折行為的真正原因，然後再行變換環境，才能獲致效果。一般管理者往往對挫折行為存有成見，一味地採用責備、懲罰的措施，而不去探求員工何以有此種挫折行為的原因，以致處理不當，將形成更大的困擾。因此，管理者對挫折行為的一般態度，應是包容的，宜擴大自己的心胸，並採取良好的領導態度。

二、發洩不滿情緒

根據精神病學的研究，挫折乃是精神疾病形成的原因，個人一旦遇到挫折，應使其發洩出來。組織管理者應安排使員工有適當發洩情緒的場所，則可避免員工對挫折行為的壓抑，造成更嚴重的弊害。所謂情感發洩，就是給予受挫折的員工以發洩情感的機會，使其內心的壓力與悶氣，得以充分傾吐，以使其挫折感在無形中消失。

情感發洩的作用，乃在創造一種情境，使受挫折的人得以宣洩淤積的情緒。蓋挫折使人產生緊張的情緒，以致喪失理性、容易衝動，使行為失去控制的現象。情感發洩可說是一種對挫折的治療方法，使受挫折的人返回理性的自我。有關情感發洩的作用，管理者可安排一種團體遊戲，使一群受挫折的員工彼此自由交談，由於同病相憐的關係，能彼此道出內心的痛苦。另一種可能的方式，乃為設定一些假人假物，讓受挫折的員工自由攻擊，以發抒其悶氣。

三、施行角色扮演

角色扮演，是美國心理學家墨里諾（I. L. Moreno）所創。意旨為編製一齣心理短劇，影射問題事實的本質，使受挫折者扮演個別角色，將個人的態度與情感，在模擬的劇情中充分地表達出來。角色扮演可使每位員工有機會瞭解或體驗他人的立場、觀點、情感與態度，進而培養出為他人設想的情操與設身處地的胸懷。個人藉著角色扮演，除了得以瞭解他人的困難與痛苦之外，尚可發洩自己的挫折情緒，舒暢自我身心，改善自己對挫折的看法。

四、抱持寬容心胸

挫折行為乃為行為者基於內心的鬱悶，而產生的一種自衛行為。管理者應當諒解此種無理的行為，並對其人格予以同情。蓋人類往往對身受攻擊的行為，予以反擊。身為一位主管以其個人地位之崇高，需有高度容忍的雅量。在處理部屬的挫折行為時，切忌感情用事，對部屬的無禮與攻擊行為，應力求化解，並瞭解其真正的原因，才能平心靜氣地化於無形。在考慮或處理問題前，宜先控制自己的情緒，避免激動的態度，始能對部屬的挫折行為有充分的瞭解。如主管人員以反擊的方式處理，只會使問題更為嚴重。

五、積極疏導勸誡

挫折行為在人類活動的過程中，是普遍存在的問題。挫折問題的產生，多始於誤會。不甚嚴重的問題，常因時間而自行消失；而嚴重的問題必須設法加以解決，否則容易招致嚴重的後果。主管人員在處理員工挫折行為時，除了需予以容忍之外，亦宜提出一些積極性的建議，使員工瞭解問題的存在，自行調整其可能引發挫折行為的困擾。如此不但可協助員工疏導其憤懣情緒，更可避免員工或主管與員工間的隔膜和裂隙。此非但在消極地處理既存的挫折行為，更在進一步積極地杜絕挫折行為的發生。

六、善用獎賞懲罰

管理人員在運用各種方式處理挫折行為時，似亦可用「論功行賞，以過行罰」的方式，來導引員工行為。蓋「賞罰分明」亦是管理的手段之一。惟在運用獎賞措施時，固可公開行之，以激發員工的正當行為；但在使用懲罰手段時，宜以非公開的方式為之，以避免傷害到員工的自尊心，形成更大的挫折行為。懲罰手段的實施，應只限於對員工不當行為的一種小小刺激，使其瞭解行為的不當而已，並不是管理的最終目標。因此，在管理過程中，管理者宜隨時善用獎賞的方式來搭配。即使是一點讚賞，亦可滿足員工的自我尊嚴與價值。是故，管理者適時地運用適當的賞罰方法，自可激發受挫者表現正常的行為，而放棄不當的行為。

總之，挫折行為並不是一件容易處理的問題，蓋挫折的產生相當複雜，它有來自於員工內在心靈者，也有源自於外在環境者；且每個人對挫折的體驗不同，有些事對某人來說是極大的挫折，有些則否；又某些事對某人是挫折，對他人來說則否。因此，管理者必須多方觀察與探討，才能針對其癥結，採取適當的管理措施。當然，挫折行為並非全然是壞事，員工個人也必須培養挫折忍受力，切忌把工作外的挫折，帶到工作場所去感染其他同儕的情緒，此為職業道德上應有的修養。此外，管理者與員工都應同心協力去培養積極的人生觀，而把消除挫折情境視為共同的責任。

Chapter

16 衝突管理

人類社會都不免有衝突的存在，此種衝突常存在於有組織的社會群體或人際之間。惟一般人都不喜歡「衝突」，因為他們認為衝突會傷害到人際間的和諧，阻礙組織的團結與發展，故常尋求避免衝突、預防衝突。然而，衝突是可避免的嗎？甚而是可預防的嗎？無可否認的，衝突會造成一些不便或困擾，但有時衝突也並非一無是處，其端賴吾人在如何處理它、適應它。顯然地，衝突的原因乃係基於不同的地位、知覺、價值、信念、目標之故，此等差異正是衝突的來源。人們處於相互依賴而又相互扞格的環境中，自然難以避免衝突的存在。此種衝突固非全然有害，但也帶來若干困擾。因此，管理階層必須及時掌握它、控制它。本章即將針對衝突的特性、成因、衍生過程，以及其可能產生的正、負面價值作一說明，然後提出一些因應之道。

第一節 衝突的意義

所謂衝突，係指一方欲實現其利益，而相對於另一方的利益，以致顯現出對立狀態或行為而言。當一方認知到已產生了挫折，或即將產生挫折，則衝突即已開始。此種挫折的實體，可以是個人、群體、組織，甚至於國家。至於個人的內在衝突，已於前章研討過，不是本章所要討論的範圍。本章的探討僅涵蓋個人、群體等實體的衝突，已於前章研討過，尤其是組織內部門間的衝突。然則，有關衝突的定義，各學者的解釋甚多，茲列舉一些學者的看法，說明如下。

雷尼（Austin Ranney）對衝突的界定是：「人類為了達成不同的目標，和滿足相對利益，所形成的某種形式之鬥爭。」此一定義強調目標與利益兩個概念，指出人們在追求不同目標與利益的過程中，所發生的一種鬥爭形式，很扼要地說明人們為何發生衝突的原因。

至於，李特勒（Joseph A. Litterer）對衝突的界說，也符合本章的題旨。他說：「衝突是指在某種特定情況下，某人或群體知覺到與他人或其他群體交互行為的過程中，會有相當損失的結果發生，從而相互對峙或爭執的一種交互行為。」該定義顯示：(1)衝突是一種人際間或群體間的交互行為；(2)衝突是兩個人或更多人相互敵對的爭執或傾軋。當個人或群體知覺到他人或其他群體的行動，會構成對自己的相當損害時，衝突立即發生。惟事實上，此種損害是相對性的。當雙方在交互行為的過程中，必有一方會覺得自己多得或少得了一些。此時，覺得少得的一方不免產生心理上的不平衡，終至採取敵對的態度與行動。這就是一種衝突。

此外，史密斯（Clagett G. Smith）對衝突的解釋更為直截了當。根據史氏的見解，認為：「在本質上，衝突乃指參與者在不同的條件下，實作或目標不相容的一種情況。」他把衝突看作是一種情況，此種情況是由於參與者在各方面顯示出差異，而致不能取得和諧關係所造成的。史氏利用此一定義，研究組織上下層級之間的衝突，此與李特勒所指涉的並不完全相同，但同樣能顯示出外在衝突的本質。

柯瑟（Lewis A. Coser）則從整個社會層面的觀點，來討論社會關係或社會群體中的衝突。柯氏認為：「社會衝突是對稀少的身分、地位、權力和資源的要求，以及對價值的爭奪。在要求與爭奪中，敵對者的目的是要去解除、傷害或消滅他們的敵手。」換言之，衝突乃是在一般活動中，成員彼此間或群體間無法協調一致地工作的一種分裂狀態。

另外，雷茲（H. Joseph Reitz）則認為：「衝突是兩個人或群體無法在一起工作，於是阻礙或擾亂了正常活動」的過程。顯然地，雷氏把衝突看作是一種阻礙或擾亂行為，它是一種分裂性的活動，嚴重地阻礙了正常作業活動。

我國社會學家龍冠海教授認為：「衝突是兩個或兩個以上的人或團體之直接的和公開的鬥爭，彼此表現敵對的態度。」此一界說強調直接和公開的鬥爭，但事實上衝突尚有間接和隱含的意義存在。因此，有些衝突，可能不是外表可看得出來的。

張金鑑教授即認為：「衝突是兩個以上的個人或團體角色，以及兩個以上的個人或團體人格，因情感、意識、目標、利益的不一致，而引起彼此間的思想矛盾、語文攻訕、權利爭奪以及行為鬥爭。衝突活動或為直接的、或為間接的、或是明爭、或為暗鬥。」

總之，衝突是兩個以上的個人或群體，基於不同的目標、利益、認知或價值，而在心理上或行為上直接或間接、公開或暗地相互對峙、爭仗、競爭或鬥爭的一種狀態。

第二節 衝突的成因

在組織中，造成衝突的原因甚多，其至少可包括下列因素：

一、活動的互依性

當兩個人或團體，其活動具有相互依賴性時，則多少會形成衝突。此種衝突的形式包括：同樣依賴某個人或團體、需與某個人或團體聯合，以及需要一致的意見等，都會引起時間壓力的衝突，或彼此的緊張。另一方面，此種互依性也可能在爭奪有限的資源包括：金錢、人力及設備，因為這些資源都是有限的。此種依賴同樣資源的程度愈增加，衝突也就隨之增多。

二、資源的有限性

部分的衝突係肇始於共同資源的分配，而此種資源都是有限的。個人或團體為了競爭這些資源，乃相互競爭或彼此衝突。此種資源包括人力資源或物質資源。人力資源方面，如想增加人手，一旦所求不遂，常引發衝突。此外，物質資源的爭奪，常因一方的贏得，而造成另一方的損失，也極易引起衝突。因此，當事人雙方的共同資源愈有限，則其間的衝突就愈易發生。

三、目標的差異性

凡是目標不同的個人或團體之間，有了交互行為的關係，就有形成衝突的可能。此種目標差異所形成衝突的原因，乃為共同依賴有限資源、競爭性的獎勵系統、個人目標的差異，以及對組織目標的主觀認識。當共同資源充裕，及各個單位都獨立時，則目標差異不會引發衝突；只有資源用罄，共同依賴程度增加，則目標差異才會形成衝突。此外，競爭性的獎勵系統，雖可激發員工的努力，但也會造成個人間或團體間的衝突。再者，個人目標的不同，也會形成各自的小團體，而帶動其間的衝突。而此種衝突部分係基於各個團體對整體目標的主觀解釋。凡此都是形成衝突的原因。

四、知覺的分歧性

個人或團體間的衝突，部分是由於知覺的歧異所造成的。近代由於組織分工專業化的結果，常發展各自的溝通系統，以致個人或團體常有一套自己的消息來源。由於每個人或團體對消息的知覺和看法，都各不相同。因此，各個人或團體對現實世界的知覺或看法不一，常會形成衝突。此外，個人對時間眼界的不同，隨著個人所從事的工作性質之差異，以及職位上的不同，卒而形成衝突的來源。當然，目標的差異也會造成知覺上的差異。凡此都足以形成未來衝突的潛勢。

五、專業的區隔性

在今日社會中，最常見到的是專業化的問題。此種專業化帶來了許多專家或專業人員，這些專才在組織中，常基於某些原因而受到拒絕或壓制，以致形成許多衝突問題。由於各個專業在其自己領域內鑽研的結果，常發展出一套自己的行為準則與行事規範，以致不為他人所瞭解，所謂「隔行如隔山」，即是此種情況的寫照。因此，不同的工作性質與專業化，不僅已為個人間或團體間種下衝突的潛因，甚且在多方面的接觸上，無法溝通其觀念，而擴大或增強了衝突行為。

六、地位的層次性

在組織中，不論是個人或團體在地位層次上，不免有倚重倚輕的現象。例如，在技術單位和生產單位之間，管理階層不免重視技術而輕忽生產，以致造成不平則鳴的現象。此種地位的不調和，常出現在個人或團體交互行為所產生的壓力之中，以致形成不必要的紛擾與衝突。因此，此種個人或團體地位層次上的差異，常產生或增強其間的衝突。

總之，衝突的來源甚多，非本節所能概括。然而，一般來說，許多衝突都不僅在爭奪稀少的資源，追求並不一致的目標，而且常因不同的工作性質、資源分配的不平均、專業性質的隔閡，以及地位上有層次性的差異，而形成知覺上的分歧，卒而形成或增強了個人間或團體間的衝突。此種衝突有來自於人為因素者，有肇始於組織結構者，亦有始自於工作性質者，更有源於事實的爭論者。凡此都有賴吾人作更深一層的探討。

第三節　衝突的衍生

個人間或團體間一旦基於某些不調和的情況，往往會逐漸演變為衝突，其過程可分為下列各階段：

一、潛在衝突階段

潛在衝突階段，是指衝突的基本情勢已形成，只是尚未為人所認知。此乃因個人或團體常處於同一情境，但立場互異的情況中，而潛伏著衝突的暗流。諸如，彼此活動的相互依賴，爭奪稀少的資源，或次級目標的對立，都可能形成衝突的根源。凡是活動愈具有互依性，且爭奪著稀少的資源，或次級目標的差異性愈大，則其間的衝突潛勢也就愈大；反之，則愈小。然而，在衝突的衍生過程中，此種衝突潛勢即使已經存在，但仍然未為可能衝突的雙方所知覺到，除非其已演進到下一個階段。

二、認知衝突階段

此階段乃為雙方當事人或某一方，已發現了衝突的肇因。此時，可能發生衝突的一方或雙方，在情感上常會認定己方沒有錯，而所有的問題都是對方的錯；惟此種認定僅限於有此種認知而已。易言之，當雙方或一方感受到有了衝突的發生，就會採取選擇性的知覺，選取有利於己方的說詞，而對對方採取不利的知覺。人在處於緊急情況下，偶有喪失理智的情形，看不見自己的缺點，否定別人的優點；此種現象會造成自我的優越感，而衍生對他人或團體的歧視，卒而演變為衝突。

三、感受衝突階段

此階段乃為雙方當事人已開始呈現緊張狀態，只是尚未有鬥爭的手段或行動而已。此時，可能衝突的雙方都有先入為主的成見，尤其是與他人或團體發生衝突時，各方都會誇大存在其間的差異。此種彼此的曲解，將因溝通的減少而更形加深。若雙方不得已而交往，則只會加強原有的刻板印象而已，對彼此關係的改善不會有太大的助益。因此，感受到衝突的個人或團體都會以為足夠瞭解對方；實際上，他們並不相互瞭解，以致常形成強烈的敵視態度，採取倒果為因的評價，更形成認知上的曲解。

四、呈現衝突階段

此乃為已採取鬥爭手段和行為的時期；即雙方當事人的行為，已由局外人發現為衝突的事例。此種衝突的形式，依嚴重的到和緩的，可分為戰爭、仇鬥、決鬥、拳鬥、口角、爭辯、訴訟等方式。當然，此種衝突可為直接的或間接的，也可以是公開的或非公開的。然而，不管衝突的直接與否，它可能僅止於態度上的，也可表現在外顯行為上。不過，大多數的衝突很少演變為強烈的攻擊行動；但給予綽號、刻板化等具有敵意的行為，較為普遍。甚至於消極抵制、仇視鬥爭都是普遍存在的，只是比較不易顯現或察覺而已。吾人必須盡力去注意與觀察，才能避免其間衝突的惡化。

五、衝突善後階段

此時衝突事件已經解決，或一方已為他方所壓制，而宣告結束。但其可能重新顯現新情勢，或展開更有效的合作，或種下另一場更嚴重的衝突因子。個人或團體間一旦發生衝突，不管對個人或團體來說，都是不幸的。有些學者常認為衝突是組織崩潰或管理失敗的前兆，因此，一般都想尋求解決衝突。事實上，衝突很難用解決的方式，以致有些學者認為：使用「解決」二字，不如採用「管理」一詞，較可避免由於望文生義所造成的誤解。

總之，所有的衝突事件都必然要經過上述各個階段，只是引發衝突的兩造，卻不一定都同時處於同一階段。例如，一方可能仍處於認知衝突階段，而另一方卻已升至感受衝突的階段了。然而，真正的衝突事件都必然會經過這樣的階段，殆無疑義。

第四節 衝突的評價

衝突一旦發生，常會衍生一些問題。一般學者研究衝突，大多注意其負面功能，而忽略了其正面價值。無可否認的，衝突之所以引人注意，大部分原因乃為它具有破壞力，影響組織的和諧合作關係。惟衝突固有負面功能，亦有其正面價值；此種正負價值在所有的組織中皆然。本節將對衝突作一評價，茲說明如下：

一、衝突的正面功能

衝突是有負功能的，惟它與合作、競爭、順應等同為人類互動的社會過程。衝突有時是有建設性的。傅麗特（Mary P. Follett）認為：「衝突既是不可避免的，有時是一種健康的跡象，或是一種進步的標示，且對個人精神上的發展是有助益的。」另外，阿吉里士也主張：「少許的衝突對一個有能力或成熟個人的人格發展，是有幫助的。」因此，衝突至少具有下列價值：

(一)增進內部認同

衝突若破壞了組織的穩定性，則此種衝突是具有負功能的；反之，則具有積極性的功能。就團體而言，一個團體若與其他團體相互衝突，是可增進團體內部的凝結力，此時成員會對團體本身更為忠誠，摒除內在差異。因此，外在的衝突可促使團體內部更為團結，是一個關係穩定和團結力量的指標。對個人而言，當個人與他人衝突過後，常會冷靜下來反省自己，學習一種新關係，所謂「不打不相識」即為明證。

(二)培養適應能力

衝突可能培養雙方的適應能力，增進應變的彈性。衝突有時可提高成員的協調意識，鼓勵成員的參與活動，並活潑成員的溝通意識，進而強化溝通途徑，造成溝通系統與權力系統的重新建構。衝突對社會系統的價值，是因為它產生了變遷，使制度免於過度僵化。是故，如果缺乏衝突的刺激，組織會顯得硬繃繃的，成員在每一方面都像產品一樣的整齊劃一。讓成員面對衝突，往往是新陳代謝的催化劑。衝突就如同身體上的病痛一樣，它是有了麻煩的徵兆。壓制衝突，是剝奪了自我調節與穩定成長的機會。因此，衝突可促進適應環境的能力。

(三)排遣焦慮情緒

當個人在感受到壓力時，難免會產生焦慮，因此常造成個人間的衝突。然而，衝突正可提供排遣情緒的途徑。由於環境中的某些因素，常激起人們表現攻擊性的衝突，而在衝突過程中得到紓解。衝突既是不可避免的，故在心理觀點上，似乎也是一種需要。衝突對人類情緒有一種發洩作用，使其不致蔽塞，而造成精神上的困擾，甚而危害到健康。顯然地，少許的衝突對一個有能力或成熟個人的人格發展是有幫助的。只是從長遠而論，這卻不是一種妥善的計策。

(四)刺激創新變革

衝突在某些情況下，具有創新功能。雖然衝突常被人視為壞事，必欲去之而後快，以致不斷地設法減少緊張，去除衝突。但它提供了創造革新的動力，造成社會變遷的可能性。所謂創造性，是指產生新奇有用構想的價值。當個人處於衝突狀態下，會產生新奇的構想，以應付緊急的危機。此時是具有建設性的。誠然，由於大家看法的不一致，而使得人際衝突變成創造力的來源，及創新的原動力。因此，衝突可刺激創新性的變革，殆無疑義。

(五)提供分析診斷

衝突之所以發生，乃是因為有了問題的存在之故。因此，衝突可視為診斷問題弊病的根源，有如醫生之診斷人體器官腐壞、發燒，而找出病根一樣，其可提供分析、診斷及評價問題的參考。是故，衝突實可作為管理上合理分析的基礎，而引以為決策的重要依據。一般而言，只要有人存在的地方，必有衝突，即使是表面的和諧，亦不表示沒有衝突的存在，而有了衝突，才容易發現真正的問題所在。因此，吾人很難否定衝突具有分析與診斷問題的功能。

總之，衝突是有某些正面功能的。由於衝突可使成員體驗到團結忠誠的重要性，此有助於組織的穩定認同。同時，在衝突的環境中，個人可能學會了適應的能力，產生凝聚作用，然後加以分析、診斷。此外，衝突也可排遣某些情緒。凡此都是衝突的正面價值。然而，衝突有時是弊多於利的，下面將接續討論衝突的負面困擾。

二、衝突的負面困擾

衝突有時固有一些功能，但站在組織的立場而言，它畢竟不是一件好事。大部分的人都寧可希望組織是和諧一致的，即使事實往往異於期望，他們也會盡力去減少衝突、解決衝突或消滅衝突。不管是組織學者或管理者，大多認為衝突會造成組織的不和諧，而把它視為一種特別的或怪異不正常的病態。這意味著：衝突是有害的，它會造成仇視、和諧關係的破壞、工作效率的降低、引發焦慮情緒、阻礙意見溝通與總體目標等。

(一)增加彼此仇視

衝突在解決之後，有時固可化解彼此異見，但在衝突過程中，則可能破壞穩定，造成彼此的仇視。大多數人認為衝突是具有破壞性的，其中之一乃是冷戰、熱戰地持續下去。此種情況常破壞彼此的情感，形成分裂狀態。於是醜化對方，惡意攻訐的現象，乃紛紛出籠。甚至於採用暴力的方式，則雙方的敵意與攻擊性都會增強。站在組織管理的立場，顯然不願見到此種情況的發生。蓋分裂性的仇視，是有害於組織效率和生產力的。

(二)破壞均衡穩定

均衡穩定是一種能契合個人目標、非正式組織、工作任務與正式組織的情勢。然而，一旦個人或團體間發生了衝突，則會破壞原有情境的均衡穩定。此種衝突足以損害組織的和諧關係，並改變組織運作的過程，使得組織系統無法發揮功能。另外，衝突刺激了人員的衝動情緒，減少理性思考的控制能力，產生對組織系統認同的瓦解或改變，甚至於否定了原有的結構、制度或規章，難免要破壞其原有的組合與既得利益。準此，衝突常造成組織的不安和緊張的壓力。

(三)引發焦慮情緒

在衝突的過程中，有時固可發洩人員的不滿情緒，然而衝突的產生卻足以引發焦慮情緒。根據心理學家的解釋，焦慮是一種情緒，它是許多病態行為的根源。焦慮既是一種痛苦的情緒，且容易引起緊張，則必然會影響行為。且衝突常引發更嚴重的誤解，甚至形成更多的紛擾，破壞整體的合作性，凡此都可能產生更多的焦慮情緒。

(四)阻滯創造行為

衝突有時固然可激發創造性，以應付外力的威脅，但在大多數情況下，常妨礙創造行為。衝突會造成壓力與高度焦慮，此往往導致低度的創造性。當個人或團體處於衝突的狀態下，不但會產生恐懼、焦慮與防衛性，且行為會變得嚴密拘謹。此種氣氛將會妨害到創造行為。創新和創造都是一種風險，而衝突只會強調失敗的後果，因而抑制了新構想的提出。況且，個人或團體處在衝突的情況下，將沒有時間和精力來做創新，或提出新構想的準備與孕育的工作。

(五)阻塞意見溝通

當個人間或團體間一旦遇到了衝突，雙方的訊息即被阻塞，且無法協調。當衝突發生時，個人都會堅守自己的一套信念，此乃為他方所無法理解的。不但如此，衝突的雙方不僅不易接納對方的意見，甚而故意歪曲對方的見解。這種形態的敵對和衝突，只會歪曲和妨礙有效的溝通，致使其間的差異更加擴大。因此，衝突可能引發意見溝通的阻塞，乃是無庸置疑的。

(六)阻礙總體目標

無論是個人間或團體間的衝突，都會阻礙總體目標的達成。此時，各個人或團體都會致力於自我目標的達成，而採取行動阻礙其他個人或團體的目標，這對總體目標是有害的。總體目標是由各個團體或個人的次級目標所構成的；而次級目標的相互干擾，適足以妨害總體目標的達成。因此，衝突是會阻礙總體目標的達成，殆無疑義。

總之，一般衝突都是不被喜歡的。畢竟，它是破壞性多於建設性的。一般人都比較能接受合作情境的，而認為合作是一種祥和的氣氛，不會破壞組織的團結；而衝突的情況則恰恰相反。由於衝突的破壞性甚多，以致常被看作是一種壞事。當然，衝突也反映了一種促進競爭，提高注意和努力的承諾，此時是有益的。但無法控制的衝突，卻是危險和有害的。因此，吾人必須尋求適當的管理措施。

第五節 衝突的管理

衝突是無可避免的，且不見得是組織崩潰或管理失敗的前兆。惟衝突是一種資產，也是一項負債，其端賴管理人如何去面對它而定。一般學者或管理者都主張要解決衝突，只是使用「解決」二字，不如採用「管理」一詞。衝突並不是要如何去消除它，而應是如何去處理它。管理者要處理衝突，可自衝突問題的解決、不良後果的降低，以及衝突行為的預防三方面來著手。

一、衝突問題的解決

衝突之所以要解決，乃取決於它對組織是否會產生不良作用而定；一項不具破壞性或經特意設計的衝突，當然不必解決；惟具有破壞性的衝突，就必須設法加以解決。所謂解決，不只是消滅衝突、減少衝突，還包括將破壞性改造成所期欲的目標。其途徑可包括下列方式：

(一)尋求問題解決

衝突之所以會發生，乃為在兩者中間產生了問題。所謂問題，是指在達成目標途中的障礙而言。當衝突的雙方都各自在追求其目標時，難免會相互干擾或阻礙，如爭奪共同有限的資源，則容易導致衝突。因此，採用問題解決的方式，乃是要相互衝突的雙方面對共同的問題。首先，必須讓雙方同意彼此的目標，或將目標共享。假如雙方都同意了目標，則開始蒐集資料和訊息，以提出可行的解決方案，並研究及評估各個方案的優劣，直到雙方都滿意、問題已解決為止。此種方法為大多數學者所倡議。

(二)採用勸誡說服

當衝突發生時，要雙方同意對方的目標是不容易的。此時就必須找出更高層目標，設法說服對方。勸誡說服是針對雙方目標的差異，希望一方放棄己見，不再堅持自我目標，而改以更高層目標或整體目標為重。在採用勸誡說服時，說服力的大小取決於彼此共同同意目標的條件。勸說是要使衝突停止，藉著與雙方的溝通和觀察，來協助他們面對差異的所在，並找尋共同的問題。

(三)進行諮商協議

當衝突的雙方都不同意對方的目標，且找不到更高層目標時，則必須採用諮商協議的方式。如果無法使用勸誡說服及訴諸理性的方式，則可代之以妥協、威脅、虛張聲勢、下賭注，以及一方付出代價等方式行之。通常，所謂諮商協議是指雙方同意交易的過程，且都各有所得，亦各有所失。當一方作重大讓步後，另一方要提供若干報償給對方，以酬傭對方讓步的損失。因此，諮商協議是解決衝突的可行方法。

(四)強行政治解決

當衝突的雙方在諮商時，都採用強硬態度，而不稍作讓步，協議就無法達成。此時，只有尋求第三者的支持，尤其是有力的第三者的介入。當然，此種方式也可能演變為更激烈的衝突。因此，組織管理者在採用政治解決途徑時，常透過聯合小組的方式，尋求支持的力量來解決衝突問題，以維持組織的正常運作。

一般而言，組織管理者較喜歡採用分析性的態度來解決衝突，而不希望採取非分析性的做法。而採用諮商協議或政治解決等非分析性做法，不啻等於承認雙方目標的一成不變，且有很大的歧異，這對組織設計及管理的合理性有很大的傷害。因此，解決衝突最好能採用問題解決或勸誡說服的方式，避免運用諮商協議和政治解決的途徑。

二、不良後果的降低

誠如前述，衝突是人類和社會的自然現象。吾人若想竭盡心力去解決它，是不可能的。即使舊有的衝突問題解決了，新的衝突仍不免再生。因此，管理者在無法完全解決衝突時，只有盡力去降低衝突所產生的不良後果，至少亦應限制衝突的擴張。有關降低衝突的不良後果，可採取如下措施：

(一)樹立共同敵人

當衝突發生時，管理者可在雙方上設定一個共同敵人，使其轉移注意力於較高層次，以對付共同的威脅。首先，必須使雙方瞭解共同威脅的存在，且是無法逃避或躲開的；其次，必須使他們瞭解，為了應付外來的威脅，雙方通力合作要比單方的努力要有效得多。亦即使雙方體認到：只有共同擊潰新敵人，雙方才有生存的可能。在雙方經過共同的經驗之後，多少可增進彼此的友誼，謀求共同的真誠合作之可能。

(二)設置更高目標

要使相互仇視的雙方化解其間的衝突，有時可設計一套較高層次的目標，使其共同設立新工作，謀求相互的合作。其條件為：(1)該目標對雙方都具有吸引力；(2)要達成該目標，必須雙方都能相互合作，沒有任何一方可獨立完成；(3)該目標是能夠被達成的。惟利用較高層次的目標，來降低衝突，並不是一件容易的事。組織管理者必須運用高度的想像力，謹慎地控制資源，以設計出一套合乎「吸引力強」、「必須通力合作」，以及「可達成的」等三項效標的高層次目標。此與樹立共同敵人具有異曲同工之妙。

(三)設法思想交流

衝突有時是起自於誤解，因此若能促使雙方相互交往，或可減低其間的衝突。然而，個人間或團體間一旦有了衝突，要促使其間相互交往，並不是一件容易的事。其間往往因誤解，而有知覺偏差的現象。管理者可利用整體環境的改善，來分散雙方對衝突的注意力，以產生短暫的效果。當然，要衝突雙方的思想交流，其先決條件為雙方都要有相互接納的誠意。真正的意見溝通，需要相互信任與相互支援的氣氛。

(四)實施教育訓練

教育訓練的目的，是要衝突的雙方瞭解周遭的環境，以避免不必要的紛爭。教育訓練的實施，就是要邀請雙方來探討相互的關係和觀感，並灌輸整體性、合作性的利害關係，且讓他們表明對自己和對對方的態度。此可說是一種社會化的訓練方法，期以發展出適當的態度、價值觀與行為。教育訓練是一種長期性的工作，是要組織花費相當人力資源與物質資源的。

(五)實施角色扮演

降低衝突的方式之一，乃是實施角色扮演。所謂角色扮演，就是製造一種情境，而要某個成員扮演他人的人格特性之角色，用以溝通彼此的情感、觀念，體驗他人的困境。經過角色扮演之後，不但可瞭解對方的困難與痛苦所在，尚可發洩自我的不滿情緒，進而培養良好的積極態度，減少相互的憤懣與不平，從而降低衝突的可能性與不良後果。

當然，上述方式並不是萬靈藥，有些措施只是暫時性的，只望能有助於衝突的削減，並不能永久地解決問題。蓋其先決條件，乃是問題的解決需要衝突的雙方能有出自於內心的誠意，彼此承認問題的存在，並願意接受解決方案，以解除其緊張情緒與不良後果。然而，有些人認為捐棄成見之後，反而有害於自身，以致不願合作，這就是衝突不易解決的原因之一。

三、衝突行為的預防

衝突既是存在，且是不易解決的，則管理上當尋求防患未然的措施。衝突的解決只是消極的方法，為治標之道；預防才是積極的舉措，是治本的良方，亦即所謂「預防勝於治療」。因此，一般組織管理者寧可多作事先的預防措施，力求避免衝突的出現，進而尋求合作的途徑。吾人擬提出一些步驟，以為參考。

(一)確立清晰目標

衝突有時是起自於目標的不一致，而目標的不一致，有時是由於整體目標的不明確。因此，管理者設立特定而清晰的目標，可免除一些含糊不清的情境，避免衝突的發生。通常要建立清晰的目標，可實施目標管理，以使員工為該目標而努力，不致有模稜兩可的現象，員工的焦慮感也可消除。如此不僅可降低相互依賴性，且可避免其間衝突的潛勢。

(二)強調整體效率

有些衝突是出自於專業性質的不同。組織管理者為了預防因專業性質不同與目標差異所造成的衝突，可強調組織的整體效率，以及各個人或團體對此貢獻的重要性。當然，組織內的個人或團體都各有專職，各有所司；然而，仍應以整體效率為基本前提。唯有如此，各個人或團體才能捐棄成見，相互合作，如此方能有助於預防衝突。

(三)避免輸贏情境

組織為了追求效率，有時會鼓勵其成員或團體相互競爭，甚而以獎金激發員工努力工作，但此舉極易造成相互的衝突。在某些情況下，管理策略的運用是無可厚非的，但站在預防衝突的立場而言，至少要避免過分地強調輸贏得失，即使萬不得已，亦應以理性為基礎，訂定公平的競爭原則與公正的獎勵制度，且應強調全體協力以提高組織效率，由全體成員來共享，以避免引發為相互衝突的來源。

(四)實施輪調制度

組織為了預防衝突，有時可實施工作輪調制度，將人員互調，以促進彼此間的瞭解。工作輪調制度的實施，可使人員增進不同領域的工作經驗，擴大其視野，使其見識不致囿於固定部門，而能孕育出整體目標的一致性觀念。因此，管理者可重建組織的制度結構，實施工作輪調，以避免其間的衝突，而引發組織的緊張壓力。

(五)培養組織意識

預防衝突的方法之一，乃是建立一個共同的心理團體，培養整個組織的意識，產生組織內部成員的心理結合。組織管理者必須提供成員交互行為的機會，則個人間或團體間的衝突或可因交互瞭解，而消弭於無形。當然，組織意識的建立相當不易。此有賴管理者在平時多加注意，諸如推行民主管理、培養互信氣氛、採用人性領導、推行激勵制度、激發工作熱誠等人群關係技巧的運用，都有助於組織意識的培養。

總之，衝突是人類社會的自然現象，凡是有人存在的地方必有衝突的存在。在組織中，組織的原始設計即已種下了衝突的潛因，加以人類互動的結果，而增強了其間的衝突。管理者欲求組織的正常運作，必須儘量去消弭各種可能的衝突。雖然，衝突並不是全然有害的，但畢竟是一種困擾。吾人之所以探討衝突行為，乃因其遠較合作行為易於觀察；而合作與衝突正是一體之兩面，對衝突行為的瞭解當有助於合作關係的建立。本章即就此種立場出發，期能建立組織的和諧氣氛，俾求提高組織效能。

Chapter

17 紀律管理

組織結構是組織成員賴以活動和行事的架構，然而成員是否遵循工作規則，則需依賴紀律的維護。因此，紀律管理亦為組織管理所必須探討的課題。蓋有了紀律，組織才能循序漸進地完成其目標，否則必雜亂無章，無以達成其工作績效。本章首先將討論紀律管理的意義，然後再探討紀律管理的理論基礎和基本法則，從而據以研討紀律管理的程序與懲戒的實施，最後則分析員工申訴的處理程序及其原則。

第一節 紀律管理的意義

當組織員工違反了工作規則，或表現不良的工作績效時，管理者就必須運用懲戒的手段，以導正員工的行為，或改善其工作績效，此即為紀律管理。易言之，所謂紀律管理（discipline management），就是在員工已違背了組織規則，或表現不良績效，而需要採取矯正措施或行動之謂。一般而言，任何組織的員工行為，都必須符合組織的要求，才能達成其目標；而為了維持此種目標的持續進行，就必須有紀律的管理。

組織管理階層為了維持良好的工作紀律，就必須建立一些合理的行為標準，以便員工能知所遵從。組織一旦能建立起良好的紀律，不但可規制員工的正當行為，且可提高員工士氣，形成合宜的組織氣氛，這就是紀律管理的功效。當然，在紀律管理的要求下，大多數的員工都能保持高度自我控制的能力，但也會有少數員工因缺乏此種能力，此時就只有賴懲戒以導正其行為了。因此，就廣義而言，紀律管理實應包含積極的激勵與消極的懲戒。積極的激勵乃在激發員工的正當行為，而消極的懲戒則在限制員工的不當行為，此兩者皆在規制員工行為，以便能維持良好的紀律。

然而，談到「紀律」（discipline）一詞，一般人多持狹義的解釋，亦即偏重於消極的懲戒。本章所擬討論的，亦即指此而言。不過，有關紀律的懲戒並不僅限於懲戒行動而已，它尚可包括申訴的程序與處理。任何懲戒行動有時不免會有失誤產生，此種不當的懲戒將會造成員工的不滿，故須有申訴的機會，才能完成紀律管理的目標。因此，紀律管理除了需要有懲戒行動之外，尚必須建立起申訴制度。

總之，所謂紀律管理，就是在維持組織內部良好秩序的過程。任何組織都可借助獎勵和懲戒，來導正、塑造和強化員工的行為。易言之，紀律管理乃是藉著酬賞或處罰來進行控制和塑造企業員工行為的過程。

它包括：(1)正面紀律（positive discipline），係指管理者基於領導上的需要，用以提高企業員工工作績效的目的，而改變企業員工的行為；(2)負面紀律（negative discipline），指管理者運用懲罰的手段，以導正員工的行為，使其服從命令，遵守組織規章。組織從事於紀律管理，可確保全體員工為整體利益而工作，且不會侵犯到他人的權益。

第二節 紀律管理的理論基礎

紀律管理基本上係屬於一種人事獎懲制度，它乃為依據組織的規章和準則而訂定的，其目的在使員工能遵守紀律，以確保良好的工作士氣和工作績效。此種目標的達成，有賴於組織管理階層對員工行為進行塑造，其主要理論基礎即為增強理論與組織行為修正（organizational behavior modification，簡稱OB Mod.）。該兩種理論為執行紀律管理的指導方針。

首先，吾人將討論增強理論。所謂增強理論，又可稱之為強化理論，或刺激反應理論（stimulus-response theory），其乃認為個體行為的形成或改變，係因刺激與反應聯結歷程的結果。行為是依刺激與反應的關係，由習慣而形成的。亦即行為可經由練習，使某種刺激與個體的某種反應間，建立起一種前所未有的關係。此種刺激與反應聯結的歷程，就是一種學習。此理論以巴夫洛夫（Ivan Pavlov）的古典制約學習、桑代克的嘗試錯誤學習，以及斯肯納的工具制約學習為代表。此理論主張增強作用是形成學習的主因，此正可運用於紀律管理上。

增強作用通常可分為正性增強與負性增強。凡因增強物出現而強化刺激與反應的聯結，即為正性增強；若因增強物的出現反而避免某種反應或改變原有刺激與反應之間關係的現象，則稱為負性增強。在工作中，員工為求取獎金而努力工作，即為正性增強；若為了避免受罰而努力工作或改變不當行為，是為負性增強。工作學習即為在此種情況下形成的。在增強過程中，若一旦增強停止，則學習行為必逐漸減弱，甚或消失，此即為消弱作用（extinction）。若刺激與反應間發生聯結後，類似的刺激也將引起同樣的反應，此為類化作用（generalization）。類化是有限制的，若刺激的差異過大，則個體將無法產生原有的反應，此即為區辨作用（discrimination）。

其次，所謂組織行為修正，基本上是指在塑造員工行為，使其合乎組織的期望與要求而言；它係在員工表現正確行為時給予獎勵，而在表現不當行為時給予懲罰；經過這樣的行為修正，則員工自然能瞭解到什麼是應該做的，什麼是不應該做的，如此自然能導正員工行為，朝向組織目標而邁進。因此，組織行為修正基本上是一種增強理論的應用，其乃在期使員工的正面行為不斷地重複出現，而使負面行為受到抑制。正面行為可歸之於激勵管理，而負面行為則歸之於紀律管理。

正面的激勵管理乃是管理者運用種種的獎賞措施，用以激發員工動機，並提高員工的工作績效；負面的紀律管理則在對員工施予懲罰，使其服從命令，遵守規章。因此，激勵管理與紀律管理乃是一體之兩面，兩者是相輔相成的。是故，行為修正理論與增強理論，實為構成激勵管理和紀律管理的理論基礎。

第三節 紀律管理的基本法則

紀律管理基本上是以懲戒為手段，而達成員工遵守工作規則，用以提高工作績效為目的。然而，懲戒本身並不是目的，它應被視之為員工學習的機會，以及用來作為改善生產和人群關係的工具，否則將失去懲戒的作用和目的。因此，組織管理階層於運用紀律管理之際，必須遵守「熱爐法則」。

所謂熱爐法則（the hot stove rule），是指在實施紀律管理時，應如同接觸到一只熱爐的燃燒一樣。任何人一旦違犯了紀律規則，必會受到應有的懲戒，有如碰到熱爐而燙傷，此種紀律的實施係直接針對行為，而不是個人，且不會因人而異。其主要觀點為立即性、預先警告性和一致性。

所謂立即性，是指紀律的懲戒應當快速實施；且為使懲戒有效，必須儘可能地不採用情緒性、不合理性的決定。此種懲戒就像熱爐一樣立即燃燒，其間並無懲戒的時間考量。凡是觸犯工作規則者，應立即受到懲罰，以免後來者效尤。但此種懲戒亦應依據一定程序立即提出，此即為正當程序（due process）的原則。

所謂預先警告性，是指用以作為懲戒的工作規則，乃是預先設置的，俾使人們知道它的存在，以免觸犯相關的規則；就像熱爐的存在一般，其可避免人們去觸摸。如此，則紀律規則將具有預先警告的作用。一般而言，只要有工作規則存在，即使違犯者不知有此規則，仍具懲戒的效力，不可因不知而免受懲戒，此即為預先警告性的意涵。

所謂一致性，是指任何人，不因其地位的高低、年資的長短等因素，只要觸犯同樣規則的動機和行為一樣，都應受到同樣的懲戒而言。易言之，此種紀律懲戒是針對行為而發，而非依個人而行。熱爐以同樣的態度去燃燒觸摸它的每個人，不管他是誰。人們之所以受到懲戒，是因為他們已做了什麼，而不是他們是誰。此種一致性可維護工作規則的尊嚴與人際間的平衡，並使人人均須遵守組織規範。當然，就行為結果而言，懲戒可因動機和行為的個別差異，以及觸犯規則的嚴重程度，而作不同的處置，但基本的一致性則為懲戒的基本法則。

總之，紀律管理的實施，應讓每位員工覺得在相同的環境和條件下，所有員工都應受到同樣紀律的約束。管理階層在採取紀律行動時，必須確保人格特質並不是運用紀律管理的因素；亦即紀律懲戒是員工做了某些事的結果，而不是因人格特性所引起的。管理階層在運用紀律管理時，應注意此種規則的運用，避免與員工發生爭論，且應以率直而平常的態度來處置，如此才能維持主管的尊嚴，並避免不平事件的發生。

第四節 紀律管理的程序

紀律管理的目的，既在維持組織的整體紀律，則其運用必須遵循一定程序，以免造成偏頗而引發更多的不平。在懲戒實施過程中，首先必須確立紀律的目標，然後研究所應建立的工作規則之適用性，其次必須和員工溝通其做法，且應隨時加以評估和檢討，俾能切合實際狀況，最後才可能達成修正組織員工行為的目的。因此，紀律管理的程序，大致可分為下列步驟：

一、確立紀律目標

組織從事於紀律管理，首先須確立紀律目標，以作為引導員工工作行為的基準。確立紀律目標的目的，一方面乃在確保員工達成組織的整體目標，另一方面則在保障員工的權益。此種紀律目標包括績效條件和工作規則。績效條件通常是依績效過程而設立的，而工作規則應與成功的工作績效有關。由於工作規則的執行，部分乃係依員工接受這些規則的意願而定，故定期加以檢視其適用性是相當重要的。此外，在設定這些工作規則時，宜由員工直接或間接投入，如此在員工體驗到這些工作規則是具有公平性的、且與工作有關之時，則懲戒過程將更容易執行。

二、研究工作規則

紀律管理過程的第二項步驟，乃為研究工作規則。此種規則包括：

1.與生產有直接相關的規則，如工作作息時間、工作中禁止規則、工作行為規則以及安全規則等均屬之。
2.與生產有間接相關的規則，如禁止兼職、賭博、穿著工作服規則、與同事相處規定等均是。

不管是與工作有直接或間接相關的規則，都必須經過縝密的研究，然後詳細加以規定，則將使懲戒行動更為具體而明確，如此自可避免執行時的含混不清，甚或遭致物議。因此，翔實研究工作規則乃是必要的。

三、溝通法規做法

紀律管理過程的第三項步驟，乃在對員工溝通績效條件和工作規則，如此才能使員工真正瞭解紀律的內涵，而一旦有了違規或疏失，則可依據規則而作出懲戒。通常，此種溝通是透過始業訓練和績效評估來達成。當然，工作規則是可以各種不同的方式來溝通的。例如，當個人在被僱用時，就可透過始業訓練而發給有關工作規則和組織政策的手冊，用以解說這些工作規則和公司政策。此外，公布欄、公司簡訊和備忘錄等，都可用以溝通工作規則。最後，公司或主管對員工工作績效評估或考核，就是最直接解說相關工作規則的方式。

四、檢討評估措施

紀律管理的第四項步驟，乃在檢討和評估紀律政策與懲罰措施的是否允當。當組織在檢討或評估紀律政策與懲罰措施是適當的時候，就可繼續加以執行，否則就必須改變其政策和措施。易言之，相關工作規則和紀律政策必須定期檢討修正，才能合於時宜和環境的變遷，此時應多參考員工的意見，並減少不必要的繁文縟節，以增強其重要性。當工作環境或外在條件發生變遷時，就必須對紀律政策與規則作彈性的修正。

五、修正員工行為

紀律管理過程的最後步驟，是在必要時能應用所研訂的工作規則或績效標準，而採取矯正行動，以導正員工的行為。當員工的工作績效不合乎組織的期望，或違反了工作規則時，矯正行動是必要的。此時就必須找出員工表現無效率或不當行為的原因，探討它到底是因訓練不足，或是技術的欠缺，抑係為工作意願的低落，還是個人習慣的不良，從而能對症下藥，以便能採取準確的修正行動。

總之，組織要使紀律管理有效，就必須能循序漸進，逐步檢討紀律政策的實施。紀律管理乃是經營管理人員的主要責任，只有管理者負起維持紀律的完全責任，並採取必要的步驟，才能完成組織的紀律目標。任何規則或紀律維持制度的訂定，必須依循一定的目標及步驟，才有成功的可能。

第五節 懲戒的實施

懲戒是組織管理階層因員工違反工作規則或不能達成工作績效標準時，對員工所採取的一種矯正措施。早期組織管理階層對員工的懲戒並無一定程序，目前對員工的懲戒不僅有其程序，且常因違規的原因或違規的程度而施予不同的懲罰。站在今日組織管理的觀點而言，為使懲戒有效，管理者應實地瞭解員工違規的原因和種類，才能落實紀律管理。其作用即在改善員工行為，以提高其工作績效。因此，本節將討論違規行為發生的原因和種類，以及懲戒實施的過程與原則。

一、違規行為發生的原因

員工到組織工作的最主要原因，乃在追求各方面需求的滿足；然而，某些主客觀的因素常造成員工的違規行為，此種因素可能出自於員工個人、管理階層或組織等。茲分述如下：

(一)員工的原因

員工本身常是造成違規與否的最主要來源，違規行為的發生大多始自於個人主觀的觀點和態度。若員工個人能注意及控制自己的行為，當可降低違規行為發生的可能與次數。對大多數員工來說，他們都是具有相當自制力的；而有些員工仍不免會發生違規行為，歸其主要原因有：

1.**欠缺基本知識**：以致無法正確地執行工作任務，而損害到生產原料或設備。

2.**缺乏技術訓練**：以致工作意願低落，而成為無效率的員工，終而衍生違規行為。

3.**討厭工作規則**：不喜歡受約束，終而發生抗命行為。

4.**人群關係不佳**：討厭同事或主管，因而到處惹事生非。

5.**生理缺陷**：如體力不佳、視力不良等，而形成自卑，以招惹他人注意，而求心理補償。

6.**其他個人因素**：如生活習慣不良、非行、人格違常、叛逆性、能力不足等。

(二)管理階層的原因

管理階層所採取的不當管理措施，也有可能是造成員工違規行為的原因，其有：

1.管理不當，如採取高壓手段，崇尚個人權威，忽略與員工建立良好而和諧的關係。

2.採取威脅性的懲罰，造成員工的不滿。

3.對員工作人身攻擊，讓員工感受到挫折。

4.不當或危險的工作指派，以致超出員工的負荷能力，終而招致員工的不滿。

5.其他足以引發員工不滿的因素，如假公濟私、公私不分、偏袒不公、措施不公開、不公正、不公平等因素。

(三)組織的原因

組織機構本身也可能造成員工違規行為，其有：

1.不合理的公司政策或工作規則，造成員工的壓迫感。

2.對員工期望過高，經常作不合理的要求，以致使其無法完成工作任務。

3.對員工過於苛刻，常設定不合理的條件，引發員工的挫折感。

二、違規行為的類別

員工違規行為一般可分為普通違規和嚴重違規兩大類，茲分述如下：

(一)普通違規

此種違規事件大多是屬於輕微案件，組織只施予警告或申誡，而在一再犯錯之後，始施予較重的懲罰，如記過處分。這些違規行為包括無故缺勤、遲到早退、匿報災情、擅離工作崗位、上班時間睡覺、廠內賭博、拒絕合理加班、兼差、不服從、在廠內遊說或作自我推銷、工作績效未達標準、工作過失、代人簽到打卡、在禁區抽菸、打架滋事、違反安全規則、值班喝酒、工作缺點太多，以及習慣性怠工怠職等均屬之。

當然，上述各項違規行為可能因組織性質和工作種類的不同、管理階層價值觀的差異，以及違規所造成損害程度的差異，而判定其違規的嚴重程度。

(二)嚴重違規

此種違規事件可能對公司造成重大損失，或嚴重打擊員工工作士氣，故可能受到重大的處分，如降級、停職或解僱。這些違規行為可包括惡意毀損公司財產、嚴重抗命、酗酒或毒癮、性騷擾、偷竊公司財物、盜用公款、綁架勒索、阻礙生產、參加違法罷工、故意怠工、攜帶武器或違禁品、缺曠職過多、侮辱長官、偽造文書、從事非法行動、廠內招賭、故意傷人或殺人、對公司不忠誠、犯內亂罪，以及其他足以造成重大事件的行為等。

三、懲戒的實施過程與方式

當員工有了違規行為時，管理階層必然要採用懲戒的手段，用以規制員工的行為，其實施步驟和採取的方式如下：

1.**展開調查，掌握犯案事實**：在員工有了違規行為時，通常由直屬主管直接調查，直屬主管乃是直接執行工作任務者，如此可建立主管的權威性。此外，在直屬主管掌握了犯案事實之後，才能憑以作出懲戒。

2.**實施約談**：在主管掌握犯案事實之後，即可展開約談行動，一方面可對違規者加以求證，另一方面則可告知違規者的不當行為，以便讓違規者心服口服。

3.**採取懲戒行動**：在證實違規行為時，對違規者施予懲罰，其方式包括：口頭警告、書面申誡、記小過、記大過、罰款、剝奪特權、降級、扣薪、降職、停職、解僱等，須依所違犯的規則或違規的程度而定。這些必須交付懲戒委員會討論之，並通過之。

4.**採取後續行動**：懲戒的目的乃在規制員工的不當行為，故懲戒宜讓員工心悅誠服，而不是在尋求報復，故不宜使之衍生更多的不滿，此則須注意懲戒原則的運用。

四、懲戒的原則

組織實施懲戒的目的，是在導正員工的不當行為，使之合乎組織的要求，並完成良好工作績效的目標。因此，懲戒行動是針對員工行為，而不是其個人。為了避免懲戒引發更大的不滿，或製造更多更大的問題，則管理階層應遵守下列原則：

1.**避免公開懲戒**：懲戒的目的在改正人的行為，並不在於處罰本身，故宜儘量在私下進行；除非該項違規行為已嚴重傷害到組織，而不得不公開實施，以免引發偏袒的疑義或引起他人的效尤者為例外。一般而言，公開懲戒不僅會傷害到個人的自尊，且會引發更大的不滿，故一般皆不主張公開為之。

2.**應具有建設性**：懲戒行動應確保建設性，而不只是在消極性地懲罰。懲戒的目的乃在確保員工保持正當的行為，故在態度上應由消極性的懲罰轉化為正面的鼓勵或積極性的建議。

3.**應由主管行之**：懲戒由直屬主管行使，可收事權統一的效果，且可維護主管的尊嚴與地位。

4.**行動應該快速**：在員工一旦發生違規行為時，應立即處理，以顯現其間的急迫性和緊密性，如此才能達到警惕的效果。

5.**應保持一致性**：雖然違規行為有它的個別差異，但懲戒的一致性乃是基本原則，此已如「熱爐法則」之所述。

6.**以平常心對待**：任何懲戒行動在處理完畢之後，應以平常心看待，切忌以猜疑的態度來對待違規者，並避免產生成見或偏見。

7.**維護主管尊嚴**：避免在部屬面前懲處直屬主管，以維護主管人員的地位與尊嚴。

總之，懲戒的目的在改正違規者的行為，主管人員在採取懲戒行動之後，應觀察違規者的行為是否有所改變。懲戒只是用以改變員工行為所使用的最後工具而已，其目標在期望員工行為能配合組織的要求。對組織管理而言，懲戒是一種「必要之惡」（necessary evil），管理人員實宜審慎運用，以避免引發更大的反彈。

第六節 員工申訴

一家企業無論其管理制度多麼有效率，管理措施多麼完善，員工總免不了有一些問題或怨言存在。這些怨言多潛伏在心中，且常在有意無意之間表露出來，但若無正式的疏通管道，則易引發許多問題。此時只有建立申訴制度，才能有助於問題的解決。當然，申訴制度的實施須有相當的誠意，才能提升工作情緒和組織士氣，減少意外事件的發生，從而建立起良好的勞資關係。本節擬將討論申訴制度的意義、益處，以及處理申訴的過程、原則等。

一、申訴的意義

申訴制度是使員工循正常途徑，而宣洩其不滿情緒的制度。當員工對企業機構感到不平，或有所不滿時，而將其不滿情緒作適當的表達，就是一種申訴。戴維斯說：「申訴可認為是員工對其被僱用關係，所感到的任何真實或想像的不公平。」因此，申訴的來源可能是真實的情境，也可能是一種想像的境地。至於所謂不滿，至少有下列部分或全部的特質：(1)可能說出，也可能未說出；(2)可能是真確合理的，也可能是無稽之談；(3)必來自於對企業機構的某些措施。

在上述這些特質中，可看出申訴必是針對企業機構的政策或活動而言。就整個申訴制度而言，企業主或管理人員必須注意一切可能的不滿，包括已表達出來的，或未表達出來的；真實情況的，或想像的無稽之談。企業主或主管必須誠摯地深究所有不滿的根源，才能建立起完善的申訴制度，並發展出員工良好的工作精神與效率，促進和諧的勞資關係。

二、申訴制度的益處

企業組織若能建立正式的申訴制度，則有助於維繫良好的勞資關係，其所具有的效益與價值如下：

1.申訴制度最大的益處，就是在使管理人員瞭解員工心中的問題，從而尋求改進的措施。本來，企業組織就必須隨著內外環境的變遷而作適當的調整，而申訴制度正好可提供組織作適當變遷的依據。

2.申訴制度可預防問題的發生。所謂預防勝於治療，由於申訴制度的建立，管理人員可對問題作事先的瞭解，從而尋求解決之道，如此可避免更多問題的發生；從而管理者亦可從此種特殊事件中，瞭解到一般性的問題。

3.申訴制度可使員工不滿情緒，得以宣洩。員工透過申訴制度，不但可尋求問題的解決，而且可以宣洩其不滿情緒。此種情緒的宣洩，可協助員工穩定其情感，並培養出心理上的安定感。且由於申訴制度，而肯定了員工的地位與成就。

4.申訴制度可修正管理行為，防止專橫濫權的舉動。由於申訴制度的存在，則管理人員因權力所帶來的腐敗和專斷，將受到制衡。亦即有了申訴制度，可提醒管理人員採取人性化的管理，以發展出一種有效和協調的工作關係。

5.申訴制度可發展良好的溝通系統和管道。一般組織溝通的最大弊病，乃為溝通都是由上而下的，很少建立由下而上的管道。因此，有了申訴制度，可由組織底層員工的意見向上傳達，以作為上級決策的參考。
6.申訴制度可使管理者實施適當的控制。由於員工提出申訴意見，上級管理階層可全盤掌握組織的狀況，而採用更適當的管理措施，並能調整管理規則，使管理系統更富有彈性，期能適應動態環境中的各種變化。

總之，申訴制度可改善上級與員工關係以及勞資關係，減少員工的抱怨，並免除不當的懲戒，而增進部屬對上級人員的積極反應。

三、申訴事件的處理

一般而言，申訴事件的處理愈早愈好，其解決問題的機會也愈為明顯。所有申訴案件應由各級主管人員儘速處理，若主管不便處理，應專設申訴處理單位或人員，將更能做到公允的境地。一般處理申訴案件人員，應遵循下列程序：

1.**坦然接受申訴**：申訴制度的建立，既在排解不當的懲戒，或紓解員工對組織的不滿或不平，則申訴處理人員應當坦然地接受申訴，如此才能真正達成申訴的目的。因此，面對員工的申訴應採取坦然相待的態度，才不致橫生枝節，並使員工的不滿情緒得以宣洩。即使其結果不為員工所接受，至少也能得到某種程度的諒解。
2.**確定問題的本質**：當處理人員接受申訴案件時，必須以平和的態度去判斷申訴的內容，而不是以過去的案例去比擬。因此，處理申訴的態度是相當重要的，況且申訴人最不喜歡他人誤解他的本意，除非處理人能把問題的本質弄清楚，否則問題便難以解決。

3.**搜求陳述的事實**：在搜求事實時，除了查閱平時保存的適當紀錄之外，處理人員必須將本身意見或印象公開，而以較客觀的態度，運用面談、討論、會議等方法，來求得事實真相。由於處理的對象是人，故宜審慎探求。

4.**分析陳述的內容**：當處理人員已蒐集到有關申訴的事實後，必須對申訴內容加以研析；然後分辨申訴的內容，到底是一種事實或是一種幻想；從而決定應採取的步驟。在研討解決方案時，須與相關人員作正式或非正式的溝通。

5.**回覆申訴當事人**：當申訴處理人在探知陳述內容，並尋得解決方案後，應對申訴人作適當的回應。不管此種決定是否與申訴人相同，都必須作適當的解說。如果決定有合理根據，即是最好不過的；若處理方案不合申訴人的要求，更須說明困難的所在，以尋求當事人的諒解。

6.**追蹤可能的反應**：處理申訴的最終目標，即在尋求適當的解決方案。若一旦此種方案不合申訴人的原意，則只有作繼續的追蹤，以發現不適當的地方，或找出可能的錯誤，然後再確定問題的本質，以進一步尋求或分析解決問題的方案。

7.**交付調解或仲裁**：申訴案件一旦經過相當處理後，而仍無法解決，此時只好交付調解或仲裁了。當然，此亦可能由申訴人提出。未能解決的案例通常都須先經過調解，在調解不成時，始提出仲裁。不管是調解或仲裁，都須向主管官署提出，如調解成立，就不必再提出仲裁。

總之，申訴案件的處理是相當複雜的。申訴處理人必須考慮到所有的不滿因素，注意處理申訴所可能引發的問題；而授予處理申訴的上級更應該儘可能地賦予其充分的權力，如此才能解決問題，達成申訴的真正目的。

四、處理申訴的原則

企業機構如欲圓滿地解決員工申訴問題，就必須遵守下列原則：

1.**健全人事政策**：企業機構必須制定一套明確而公正的書面人事政策，俾使員工和主管人員都能清楚地瞭解企業機構處理人事問題的基本態度，俾便能有所遵循。

2.**主管全力支持**：管理人員必須對員工申訴有相當的認識，並以誠懇的態度採取必要的措施，否則申訴制度必無法發揮作用。

3.**客觀處理申訴**：管理人員不能僅從本身觀點看申訴案件，必須避免陶醉於自認的善意與公正之中，而將員工的申訴歸之於意見交流的失誤，否則必無法完善地解決問題。

4.**促使員工瞭解**：申訴制度必須以書面方式訂定，並限定申訴的範圍，才能使員工瞭解如何提出申訴，須透過何種程序為之，以避免員工的懷疑，而降低申訴的勇氣。

5.**樹立申訴信譽**：申訴制度要能成功地實施，必須使員工對它具有信心。因此，管理者必須主動積極而富有誠意地推行申訴計畫，並經常公開強調解決問題的誠意，以及申訴對員工和企業機構的重要性，以加強員工深信申訴制度的健全與效率，同時讓員工瞭解管理部門維護該制度的決心與誠意。

6.**維持管理權責**：申訴制度不能侵犯到管理部門的人事權責，管理部門在推行申訴制度時，不能損及管理效率，即不能縱容員工，也不能因而使本身產生困難和矛盾，否則將失去申訴制度的原意。

總之，申訴制度的實施，並不是漫無標準的，它有一定的範圍和限制。唯有注意其限制範圍，才能使該制度更為成功，而有利於勞資關係的改善，避免不合理的懲戒，並促成整個企業的共同發展。

Chapter

18 組織文化

組織正如個人一樣，都有它自己的獨特特性，這就是組織文化。組織文化就是組織的一套行事依據和規範。組織成員在組織文化的規範下，依據個人的知覺、經驗、動機、態度和人格，而顯現他的行為。因此，許多個人的知覺、經驗、動機、態度和人格會影響著組織文化；同時，組織文化也塑造著組織內個人的各種人格特質。就鉅視的觀點而言，個人、群體、組織、社會與文化都是相激相盪的。組織文化即透過這種過程，而塑造完成的。由於組織文化的存在，組織活動乃得以延續不斷地進行，且支配著組織成員的價值觀和行動目標。是故，組織文化正規範著成員的行動，而造成對工作績效的影響。本章即將探討組織文化的意義、功能、形成，及顯示其文化特性的路徑，進而研討透過社會化過程所塑造成的文化，以及其對工作績效的影響。

第一節 組織文化的意義

所謂文化，是指人類一切行為的綜合體，它包括：人類的知識、想法、態度、價值、意見。它也是人類社會的遺產，是祖先遺留下來的風俗、習慣、法律與規範的體系。人類透過社會化的過程，以及群體交互作用與個人的學習，而將文化流傳下來。英國人類學家戴拉（Edward Tylor）即認為：文化是人在社會中所習得的知識、信仰、藝術、道德、法律、風俗，以及任何其他的能力與學習。

克羅伯（Alfred L. Kroeber）也認為：文化是群體成員的產品，包括：構想、概念、態度與生活習慣等，用以幫助人類解決生活上的問題。以上定義特別強調文化的內涵與重要性。

此外，文化也是人們共同生活的方式，其內容可包括和食、衣、住、行、育、樂有關的一切思想、信念、價值、觀念、信仰、知識、政治、經濟、文學、藝術、科學、道德、宗教、風俗習慣，以及來自於社會的種種能力等的組合體。易言之，文化是整個人類生活方式的總體，涵蓋一切物質與非物質的東西。它是一種社會遺產與人類成就的累積，是一種學習、創造的過程，也是人類適應環境的產物，故可透過學習而習得。就時間的推演和空間的擴大觀點而言，上自天文下至地理，小自原子細胞大至整個宇宙，都是屬於文化的範圍。因此，文化是整個人類為了適應生存、改善生活，而在交互行為中對物質和精神的共同努力所創造出來的一切成果。

不過，最為人所接受的定義是林頓（Ralph Linton）的見解。他把文化定義為：文化是一個社會中習得行為及行為結果的形貌，而這些行為的組成元素持續在該社會中傳遞。此定義特別強調：(1)文化是動態的，而不是靜態的；(2)文化不只是累積傳統的總和，而且是想法、價值觀、行事方法的傳遞與溝通；(3)強調文化的有機性、活力，以及分子間的共通性與聚合性。

至於組織文化（organizational culture）類似於組織氣候（organizational climate），但前者涵蓋較廣，實不止限於組織氣候而已。蓋組織文化不但能生動地指出組織有不同程度的「氣氛」，更足以說明組織持續的傳統、價值、習慣、風俗，以及長久地影響組織成員態度與行為的社會化過程。就企業觀點而言，組織文化即指「企業文化」。

具體而言，組織文化是一種組織內相當一致的知覺，整合了個人、群體和組織系統的變數。它是組織內的共同特徵，是一種描述性的，以致能區分不同的組織。易言之，每個組織都有各自的組織文化。組織就如同個人一樣，具有不同的人格特質，藉以表現不同的態度與行為。

每個組織既有各自的文化，則組織文化主宰其組織成員的價值、活動和目標，可告知員工進行作業的方式和重要性。它是一種員工的行為準則，員工依此而行事，以免違背組織的規範和價值觀。

綜上所言，則組織文化涵蓋下列概念：

第一，組織文化代表組織成員對組織的共同知覺。雖然組織成員具有不同背景，來自不同的階層，但他們對組織的看法，則相當一致。他們共同知覺到組織文化，且以相同名詞描述組織的獨特特徵。

第二，組織文化常顯現於下列各項向度上：

1.**個別自主性**（individual autonomy），包括：組織成員的個別責任、獨立，以及表現個人獨創性的機會，可作為測度組織文化的效標。
2.**組織結構性**（structure），是指組織的正式化結構、集權性，以及直接監督的程度，常可顯現出組織文化的特質。
3.**酬賞取向性**（reward orientation），是指組織的獎賞因素、升遷取向、銷售和業績等，可看出組織文化的另一層面。
4.**主管體恤性**（consideration），是指組織內部各級主管對部屬的支持與關心程度，可顯現出一種組織文化的特質。

5.**成員衝突性**（membership conflict），是指組織成員間的衝突程度，以及人際間的誠實與開放程度，由此可看出組織的文化特質。

第三，組織文化是一種描述性的術語。它描述組織成員對上述五項向度的知覺程度，也勾繪出組織文化和工作滿足的差別。吾人研究組織文化，必須找出成員對組織的知覺，即組織是否為高結構性的？是否鼓勵創新？是否抑制衝突？因此，組織文化是描述性的。至於工作滿足，則為測度組織成員對工作環境的反應，故是評價性的。

第四，根據實證顯示，每個組織都有它明顯的組織文化，且與其他組織不同。這些文化特質在變動的情境中，是相當持久和穩定的。

第五，組織文化涵蓋著個人、群體與組織層次等系統。自主性是個人層次，體恤性和衝突性為群體層次，結構性和酬賞性則是組織層次。

總之，每個組織都有它獨特的文化，這種文化都具有持久而不成文的規則和規範。諸如：一些溝通的特殊語言、工作表現的適當標準、某些偏見、社交禮儀和方式、同事相處之道、上下從屬關係的風俗以及其他傳統等，在在規制著成員的行為。換言之，組織文化常透過社會化的過程，使得成員學習如何做事，表現被接受的態度。它是員工溝通的利器，更是工作行為的標準。

第二節 組織文化的功能

組織文化是每個組織自我特徵的描述，其可顯示每個組織的類型與價值觀。因此，組織文化不僅對組織本身具有某些功能，而且對其內部成員也具有某些作用。這些功能和作用可綜述如下：

1.**維繫組織傳統價值**：每個組織都有它獨特的內涵與特徵，這些內涵與特徵就是組織的核心價值（core values）。組織的核心價值乃在組織創立與成長過程中形成的。亦即組織文化乃是在建構組織的傳統，並且加以維繫和傳承下來。因此，組織文化的首要功能，即在建構和維繫組織的傳統價值，並塑造組織獨立的特性。

2.**規範成員行事標準**：組織文化既為成員行事的依據，則組織內部成員必須依據組織的傳統價值而行事，如此成員需求才能和組織目標並行，否則組織成員一旦違背組織規範，必受懲罰或排斥。顯然地，組織文化將規制成員的行為，以促使成員遵守組織的規範。易言之，組織文化具有一定的規範，指引個人在組織中的各種場合表現適當的行為。因此，組織文化是成員行為的指針。

3.**滿足成員各項需求**：組織文化形塑了成員在組織內的方向與秩序，指導成員滿足各項基本生理需求和社會需求。在組織中，成員透過文化的薰陶，除了能滿足心理需求之外，也滿足了社會需求，建立了符合組織規範的文化信念、價值觀和風俗習慣。因此，組織文化可引導組織成員滿足各項需求。

4.**完成組織溝通模式**：組織文化既有其固定的行事模式，則成員可據以完成彼此間的溝通管道。此則有助於組織建構正式的和非正式溝通系統，尤其是非正式溝通管道常依組織文化模式而完成。蓋組織成員是在組織的架構內，常進行人際間的互動，此種互動往往是組織的真正溝通系統。是故，正式溝通固然可依正式結構而完成其溝通目的，而非正式溝通主要則依組織文化的模式來建構。

5.**建構組織區辨標誌**：每個組織都有獨特的文化和特徵，此種文化特徵可提供作為區辨不同組織的標誌。組織文化會教導成員分辨自我組織和其他組織的差異，從而認同自我組織的標準。因此，組織文化實可幫助組織和其成員區辨自我和其他組織，以維護自我組織的特色。

6.**評判成員個別行為**：組織文化不僅在建構成員行事的規範，而且將之用來評判成員行為是否得當。蓋組織文化既有固定的標準與規範，自可用來評判成員行為的好壞，據以作為獎懲的依據。組織文化會教導成員遵守哪些規範，應尊重什麼，讚賞什麼；反對什麼，排斥什麼；什麼是對的，什麼是錯的，使組織能更有規則、秩序，且趨於完美。

7.**提供成員團結基礎**：組織文化在成員社會化過程中，負有教導成員學習團結合作的作用，如此才能使成員在不違反組織規範下，學習完成共同的使命。因此，組織文化實可作為成員團結的基礎。組織文化通常會鼓勵組織成員要忠誠，表現對組織的認同感，至少也要對自身所處的組織特點，加以欣賞。

8.**構築組織社會藍圖**：組織文化既為每個組織的表徵，則每個組織文化乃在構築組織的社會藍圖。組織文化可解釋、集合、包容組織內的各種價值觀念，使之成為系統化的標準。透過組織文化的傳播與教導，可使成員瞭解工作的意義與目的，據以規劃組織的社會化系統與藍圖。如此，組織成員就不必重新學習和發明做事的方式，從而可作為建構人際關係的網路。

9.**塑造組織社會性格**：組織成員是在人格上與行為上都有各自的獨特差異，但在組織文化的規制與教導上，將可塑造共同的組織性格。蓋組織內部的成員很難逃脫某種組織文化的桎梏，且很難脫離文化上所附加的標誌。易言之，組織成員既要生存在組織內部，則即使個人會有選擇和適應社會的能力，但他的社會性人格則是組織文化的產物。

10.**傳遞組織行事意義**：組織文化既為一套行事的規範，其所傳遞出來的訊息，正可提供成員作為認辨行事的依據。每種組織文化都會賦予組織成員不同的風格和看法，且隨著時代與社會環境的變遷，而改變行事的意義。是故，組織文化的重要功能之一，就是在傳遞組織本身行事的意義，以爭取組織成員的認同。

11.**解決組織內部問題**：組織文化會提供給成員一套工具性的行為反

應，以幫助個人去適應環境的問題。蓋組織文化既是組織內部成員交互行為所形成的，則組織文化乃為所有成員行事的標準，以致所有成員都必須遵守此種標準，而一旦組織發生問題，所有成員都會準用此種標準，來解決各項問題。是故，組織文化實可協助組織及其成員去面對可能產生的一切問題，並順勢加以解決。

12.**形成社會控制作用**：組織文化既為組織成員行事的準據，則其可形成內部的社會控制作用，乃是無可置疑的。所謂社會控制作用，就是促使組織成員遵循組織規範而言。凡是組織成員都必須遵守組織規範，才不致受到排斥或懲罰，並使組織目標能順利地達成。因此，組織文化的功能之一，即在形成組織內的社會控制作用。

總之，組織文化的功能甚多，其不僅在協助完成組織目標，而且也在規制成員的行為。然而組織文化的功能是否得以確切地實現，端在吾人是否重視它的真實內涵，依此吾人實有探討其形成的必要，此將於下節賡續討論之。

第三節 組織文化的形成

誠如前述，每個組織都有它的組織文化，然而組織文化是如何形成的？這就要追溯到組織的創立。因此，組織創始人常是組織文化的決定因素之一。尤其是組織創始人的人格特質，常構成組織文化的特質。例如，亨利福特（Henry Ford）之對福特汽車公司（Ford Motor Company），湯姆士華生（Thomas Watson）之對國際商業機器公司（IBM），艾德加胡佛（J. Edgar Hoover）之對美國聯邦調查局（FBI），湯姆士傑佛遜（Thomas Jefferson）之於維吉尼亞大學（University of Virginia），松下幸之助之於松下公司，王永慶之於台塑企業等，都顯現出創始人對於組織文化的影響。

其次，現任組織負責人對組織文化的形成，也具有影響力。現任負責人常透過他的管理理念、價值觀與道德意識，而影響著其他成員的行為，終而形成某種獨特的文化特質。蓋上司所建立的獨特風範，常指導下屬的行為。例如，加薪、升遷或其他獎勵等措施，會使下屬知道什麼是適當的行為，什麼是值得做的。根據社會心理學的研究顯示，上司的某項特定行為常為部屬所模仿或仿效。

此外，組織甄選員工的過程，也會影響組織文化的形成。蓋組織常透過自己的一套模式，去甄選具有「同質性」的員工。顯然地，組織不可能僱用所有的應徵者，僱用與否也不是隨便決定的。甄選決策必然包括判斷應徵者是否適合組織的需要，這就牽涉到組織文化的問題。易言之，員工甄選的判斷，常在有意無意間建立起組織文化中的一致性標準，以致組織甄選成員時，常選定某些特質或類型的成員。

由於組織甄選員工有一定的標準，組織成員常透過個人的接觸與友誼，而引介相同特質的人員進入組織。因此，組織成員有時也是形成組織文化的因素之一。當然，組織使用甄選過程，來僱用適合並接受組織傳統價值、規範和風俗習慣的人；然而個人間的交互影響，正是塑造組織文化的一種動力。當新成員初入組織時，組織便開始灌輸其文化傳統，而文化傳統乃依成員間的交互行為而構成，這就牽涉到社會化（socializaion）的過程。此部分將於下節中討論之。

惟組織文化一旦形成，常透過組織環境、價值觀念、英雄人物、典禮儀式、溝通網路等，而顯現出來。組織成員即依此種組織文化結構而行事。以下將討論組織文化所顯現的路徑。

一、組織環境

組織文化部分是由組織環境而顯現，亦即組織自組織環境中表現其文化特質。例如，一家公司在推銷與其他公司相同的產品，而為使其產品的推銷超越其他公司時，可強調自身產品的風格與特色，以求突出其產品而能獨樹一幟，此種風格與特色即為一種組織文化。由於每家公司因產品、競爭對手、顧客、技術以及政府的影響均有不同，以致面臨的市場情況也有差異。因此，要求企業經營成功，公司必須具有某種專長。此種專長的發揮，即為組織文化的顯現。是故，企業環境是顯現企業文化的主要路徑之一。

二、價值觀念

組織的基本信念和價值觀，也是構成組織文化的核心之一。一個具有強勁文化的組織，都有豐富而複雜的價值體系，其全體員工也較清楚地瞭解組織的價值觀。這些組織的主管們常常公開地談論這些信念，同時他們也絕不容忍與組織標準不合的越軌行為。因此，一個組織內部常存在著相當一致的價值觀念，由此而顯現出相同的組織文化特質。

三、英雄人物

組織常藉著英雄人物把組織文化的價值觀具體地表現出來，以為其他員工樹立楷模。有些英雄人物是獨具慧眼的組織創始人，有些則為工作生涯中所造就出來的員工。一家組織文化旺盛的企業，常有許多英雄人物。因此，組織主管通常會直接選擇某些人，來扮演英雄角色，以引導員工效法或超越這些英雄。

四、典禮儀式

典禮儀式是組織日常生活中固定的例行活動，主管常利用這種活動向員工灌輸組織宗旨，因而顯現出組織文化的部分特徵。一家具有強勁組織文化的企業，會強烈地運用各種儀式，來要求員工遵循組織的一切規範。易言之，組織所舉辦的典禮儀式，常能顯現出其文化特質。

五、溝通網路

溝通網路雖不是組織中的正式結構，但卻是組織內主要的溝通或傳播樞紐，組織的價值觀和英雄事蹟常依靠這條管道來傳播。因此，溝通網路是一道無形但強而有力的組織系統。組織若能有效地運用這道網狀結構，常能建立堅強的組織文化，並顯現其文化特徵，以求其能合乎組織的期望。

總之，組織文化的建立並非一朝一夕所能促成，它與組織的建立是相生相成的。亦即組織文化乃為自組織創立伊始，就由組織創始人和全體成員交互行為而形成。此種組織文化常透過組織環境、價值觀念、英雄人物、典禮儀式與溝通網路等途徑而顯現出來。然而，不管組織文化是如何相激相盪而形成，其中心概念乃為一種社會化的過程。此將在下節中繼續探討之。

第四節 組織的社會化

組織文化是一種社會化的結果。所謂社會化（socialization），是一種調適的過程。在組織中，成員必須瞭解與學習組織的價值、規範和風俗，以便在擔任組織任務時，能成為被接受的一員，此種適應的過程，即為社會化。組織成員若不能成功地學習此種角色，將有可能成為不順從者或叛逆者的危險，甚至於被排斥或驅逐。因此，社會化基本上有兩種目的：第一，社會化降低成員對組織的模糊意識，使他們瞭解別人對自己的期望，從而獲得安全感；第二，社會化創造成員間的一致性行為，增進彼此間溝通的瞭解，降低衝突，進而減少對成員的直接監督和管理控制。

依此，吾人將討論社會化的過程和方法，以求徹底地瞭解其與組織文化的關係。

一、社會化的過程

組織成員的社會化過程，大致可分為三個階段：即職前期（prearrival）、遭遇期（encounter）和蛻變期（matamorphosis）。職前期，是指新成員加入組織前，所具有的學習經驗、態度、價值及期望。遭遇期，是指新成員在加入組織時對組織的看法，以及所遭遇到的期望與實際間之差異。至於蛻變期，則是成員在組織中行為的持久性改變。

職前期明顯地指出成員所具有一套價值觀、態度和期望，這些涵蓋了組織氣氛和工作任務。組織內的許多工作，新成員在學校或過去訓練中都已完成相當程度的社會化。例如，商業學校的主要目標，乃在訓練學生瞭解什麼是商業，在職業生涯中會遭遇到什麼，並教導學生在企業中應如何與人共事的信念。

當然，職前期社會化的範圍，不只是限於相關的工作技能而已。同時，大多數組織的甄選過程，多少也會提供給可能入選者一些組織的訊息，亦即組織常甄選具有與組織文化相同特質者，進入組織工作。因此，在甄選過程中，個人表現適當的能力和特質，是他進入組織的先決條件。是故，甄選是否成功，取決於成員是否正確地因應主試者的期望與要求而定。

當成員進入組織時，即進入遭遇期。此時，個人面對了有關主管、同事、工作，以及組織中期望與實際的差異。如果他所遭遇的事實符合自己的期望，則遭遇期提供了他先前期望的再肯定，否則他必須從事新的社會化，調整其想法和做法，使自己脫離先前的價值觀，而以組織所要求的另一套觀念來取代。此時，新成員若無法調適自己的期望或觀念，只有離職一途。因此，組織只有作妥適的甄選，才能降低離職事件的發生。

最後，新成員必須成功地解決在遭遇期所發現的所有問題。他必須透過行為的改變，以求適應組織的文化，這就是實質的社會化過程。此時，新成員必須將組織規範和工作群體的價值，加以內化（internalization）和接受，並瞭解何種行為是被期待的，且將之化為個人行為的準則。此時才是社會化過程的完成。

總之，組織成員的社會化過程，必須經過職前期、遭遇期與蛻變期三個階段。職前期提供成員對組織文化的初步瞭解，遭遇期使成員實際認知自己和組織文化的差距，然後進入蛻變期使自己適應組織文化的規範，終而達成真正的社會化過程。

二、社會化的方法

前述社會化的過程，係指個人進入組織前後的社會化歷程。至於組織亦提供個人社會化的方法。在組織中，管理人員對員工的決策，不論是外顯的或內隱的，都包含著成員社會化的方法。在這種社會化過程中，大致有下列幾種方法，在運用時可配合組織的管理目標，和它們對組織文化的貢獻。

(一)正式的或非正式的

正式的社會化（formal socialization）是將新成員與舊成員分開工作，有計畫地指導他們，以求及早確立新成員的角色。非正式社會化（informal socialization）則不把新成員與舊成員刻意分開工作，使新成員投注於工作上，而能熟悉組織文化，達成社會化的目標。社會化愈正式，主管參與設計和執行的可能性愈大，新成員愈可能體驗到上司對學習成果的要求。相反地，社會化愈非正式，新成員學習的成功與否，則有賴是否能正確地選擇社會化的對象。在非正式社會化過程中，若新成員能選擇一個具有豐富知識，接受組織價值，而且有能力傳遞知識的工作夥伴，作為社會化模仿的對象，那麼社會化較容易成功。

當然，社會化的正式與否常取決於管理目標。計畫愈正式，新成員愈有可能獲得一套清楚而明確的目標，亦即正式社會化注重甄選標準，強調工作規範。非正式計畫較強調個別差異，有助於對組織問題提出新看法。又正式社會化過程，偏離了組織中的日常工作，所習得的技術和規範較不容易轉移、概化或運用到新設置的工作上。而非正式計畫常在工作中進行，不需要特別知識的轉移。因此，非正式社會化比正式社會化容易學到更多的經驗。

不過，正式或非正式社會化的概念，只是代表一種連續尺度的兩端，兩者很難作截然劃分。管理者可視組織情況或需要，加以調整或運用。一般而言，組織成員可先從相當正式社會中學習到組織關鍵性價值、規範和風俗，然後才開始工作上的非正式化過程，從而學習工作群體的規範。

(二)個別的或集體的

社會化的另一種劃分方式，乃是個別社會化（individual socialization）或集體社會化（collective socialization）。個別式社會化允許個別差異的存在，不強調以同質性為目標；但此種社會化成本較高昂，且費時較長，無法使成員相互參與，彼此鼓勵，甚或無法與他人分擔焦慮感，心理壓力較重。

集體式社會化可使新成員與他人結合在一起，彼此交換意見，並獲得他人的幫助，分享他們的學習經驗，分擔困擾，調適彼此的行為。在集體式社會化過程中，組織成員間容易建立同質性。一個群體若擁有共同問題，也比較容易發展出共同的觀點。不過，集體式比個別式較不會對組織要求作新的估計，且集體力量較不易為組織所控制，甚而形成巨大的抗拒力量。

在實務上，多數組織認為個別式社會化是不實用的，而傾向於採用集體式社會化。一般而言，小型組織只有少數新成員需要社會化，適於採用個別式；而大型組織則宜採用集體式，因為它簡便、有效，而且容易預測。

(三)定期的或不定期的

社會化的實施可考慮定期社會化（fixed socialization）或不定期社會化（variable time socialization）。定期社會化可降低不確定性，轉化過程較標準化，社會化的每項步驟是清晰的。如果成員能成功地完成每項標準程序，即意味著他將被承認為組織的一員。相反地，不定期社會化並沒有明顯地依時間進步的徵象。因此，定期制具規模性，能使成員知道自己進步的程度；而不定期制較具彈性，無特定標準，新成員必須找尋學習的對象，觀察過去的模式，判斷群體的期望，據此而改變自己的行為。 在組織中，定期制的社會化適於基層技術人員；而不定期制較適用於專業及管理人員。

(四)系列的或分離的

在組織中，以一個具有經驗而且熟悉新成員工作的資深人員，來指導新成員的過程，稱之為系列式社會化（serial socialization）。如果沒有資深人員作為新成員的嚮導或楷模者，則稱之為分離式社會化（disjunctive socialization）。

系列式社會化的優點，乃為維持了組織的傳統和風格，使組織策略易於持續，保持組織的穩定性；同時，新成員觀察到組織的習慣，可作為未來職業生活的影像，而對未來有所展望。然而，系列式的缺點，則為社會化過程緩慢，成本高昂，缺乏彈性；且資深人員若不能以身作則，或感受到新成員的威脅時，常作出不利組織價值觀的行為，甚或灌輸新成員的錯誤觀念，使其抗拒組織或脫離組織。

至於分離式社會化較不受傳統的束縛，能培養較具創意的新成員，但可能使其較不遵守群體規範，甚而違背組織傳統和習慣。

(五)授予的或剝奪的

在新成員社會化過程中，組織管理者可選擇授予式社會化（investiture socialization）或剝奪式社會化（divestiture socialization）。前者係允許新成員將其特質帶進工作中，讓他有較大選擇的自由，使其充分發揮工作績效。組織中高階人員的任命，大多採用授予式社會化。至於剝奪式社會化，是指新成員必須在組織的要求下，適度地修正先前的行為方式，以配合組織的安排，較少有自由度，如此其行為模式較能和組織配合。通常，組織在訓練具有相同特質的新成員時，可採用剝奪式的社會化過程。

總之，社會化過程是相當複雜的，其方法常因組織文化目標而有所不同。組織管理者可斟酌各種情況，選擇適宜的社會化方法。蓋組織文化的創造，必須依靠社會化過程來達成，管理者宜對社會化過程，有如下的認識：

1.組織的社會化過程，是決定組織文化型態的最重要因素。
2.社會化過程並不是一蹴可幾的，必須持續地完成。
3.管理階層可透過社會化的計畫，來適度地控制組織成員的價值觀和規範。
4.成功的社會化，必須放棄原有的態度、價值，而尋求建立新的自我影像、新制度和新價值，從而形成有效的行為型態。
5.社會化並不在於塑造員工行為趨於單元化，而是在減少極端的態度與行為的傾向。

第五節 組織文化與效能

組織文化在組織效能的影響過程中，常扮演著中介的角色。組織文化是組織成員依個別自主性、組織結構性、酬賞取向性、主管體恤性、成員衝突性等向度，而對整體組織的主觀知覺所形成的。因此，組織文化會影響組織效能是無可置疑的，其如**圖18-1**所示。今將組織文化對組織效能的影響，作兩方面說明之：

一、對工作績效的影響

組織文化與工作績效的關係，並不十分明確。雖然有些研究發現兩者有關，但是這項關係常受到組織技術（technology）的影響。組織文化與技術相互配合時，績效表現會較好。如組織文化傾向於非正式化、創造性及冒險性，而組織技術是屬於非例行性的，則工作績效表現較好。相同地，一個較正式化結構的組織，反對冒險，儘量消除衝突，保守而傾向於工作取向的組織文化，其組織技術也是重複性、例行性的，此時成員的工作績效表現較佳。

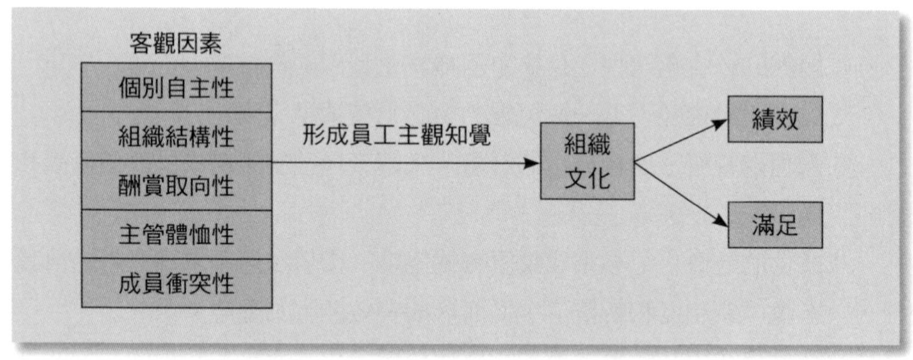

圖18-1　組織文化與組織效能的關係

二、對工作滿足的影響

組織文化與工作滿足間的關係，則受到個別差異的影響。當個人需求能與組織文化充分配合時，其工作滿足感最高。譬如，一個組織文化是低結構性的，監督較鬆散，且能酬賞員工表現高度的績效，則具有較強烈成就動機及喜歡自主性的員工，可能會有較高的滿足感；反之，則不管員工是否具有高度成就動機，其滿足感都較低。因此，工作滿足感的高低，通常是依照員工對組織文化的知覺而有所不同。

此外，吾人尚不能忽略社會化對組織效能的影響。一個員工的績效大部分係取決於他知道什麼是該做的，什麼是不該做的，且懂得如何使用正確的方法，去完成工作，這就是適當的社會化。進而言之，要評估某人的工作績效，必須包含他在組織中適應的程度。甚而有些績效要求常因組織文化或工作性質的差異，而有所不同。例如，有些工作如果成員表現出進取的或有企圖心的，將被評為有價值的成員；但在另一些情況下，或其他組織的相同工作，則被評定為負向價值。由此觀之，組織社會化常影響組織績效。因此，在影響實際工作表現或被他人評價時，適當的社會化變成了相當重要的因素。

由上可知，組織文化對組織效能是有影響的。不同的組織文化塑造不同的組織績效。當然，組織文化尚需與其他因素，如技術、環境、個人需求等相互配合，尤其有待社會化過程的運作。組織管理者應審視其間的關係，作最適當的安排，以求取最佳的工作績效與個人滿足感。

總之，組織文化是組織內部成員交互行為的綜合結果。一個開放而創新性的組織，必然具有開創進取的組織文化特質；而一個停滯且保守性的組織，必帶有停滯守成的組織文化特質。不同的組織文化，將塑造不同的工作績效。因此，組織文化為組織是否整合的指標，其影響工作績效甚鉅。組織管理者必須審視組織的整體環境，注意科技發展與員工需求，進而培養開放、民主而和諧的組織文化氣息，以求有利於組織目標的達成。

Chapter

19 績效評估

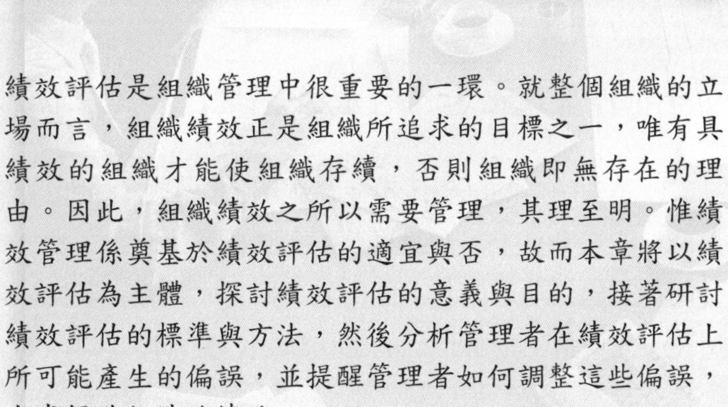

績效評估是組織管理中很重要的一環。就整個組織的立場而言，組織績效正是組織所追求的目標之一，唯有具績效的組織才能使組織存續，否則組織即無存在的理由。因此，組織績效之所以需要管理，其理至明。惟績效管理係奠基於績效評估的適宜與否，故而本章將以績效評估為主體，探討績效評估的意義與目的，接著研討績效評估的標準與方法，然後分析管理者在績效評估上所可能產生的偏誤，並提醒管理者如何調整這些偏誤，力求提升組織的績效。

第一節 績效評估的意義與目的

績效評估（performance evaluation），是指主管或相關人員對員工的工作，作有系統的評價而言。此種相關意義的名詞甚多，如功績評等（merit rating）、員工考核（employee appraisal）、員工評估（employee evaluation）、人事評等（personnel rating）、績效評等（performance rating）、績效考核（performance appraisal）等。本章採用「績效評估」一詞，意指以管理立場來討論工作績效。工作績效固常牽涉到個人經驗、人格特質、動機、態度，以及對工作知覺的影響，但是本章的討論仍以工作表現及其成效為主要範疇。

依此，本章所謂「績效評估」，乃指針對員工在實際工作上，工作能力與績效的考評。它與一般員工評估著重年資等的評價，略有差異。換言之，績效評估主要在強調實際工作的績效表現。是故，績效評估的目的，不外乎在提醒組織管理階層對績效考核的重視，且可作為改進員工工作績效的根據。茲將重要目標列述如下：

一、作為改進工作的基礎

績效評估的結果，可使員工明瞭自己工作的優點和缺點。有關工作優點能提升員工工作的滿足感和勝任感，使員工樂於從事該項工作，幫助員工愉快地適任其工作，並發揮其成就慾。至於績效評估所發現的缺點，能使員工瞭解自己的工作缺陷，充分體認自己的立場，從而加以改善。當然，這必須依賴評估者與被評估者做好充分的溝通，且最好能於評估之後，立即進行商談，始能奏效。

二、作為升遷調遣的依據

績效評估的結果，可提供管理階層最客觀而正確的資料，以為員工升遷調遣的依據，並達到「人適其職，職得其人」的理想。不過，績效評估若欲作為升遷調遣的依據時，亦應對未來欲調升的職務作預先的評估，以求兩者能相互配合。同時，績效評估尚可用作選任或留用員工的參考，更可用來淘汰不適任的冗員。

三、作為研究發展的指標

績效評估可發掘員工不足的技巧與能力，用以釐訂研究發展計畫。組織在釐訂研究發展計畫時，可參酌績效評估所顯現的缺點，加以修正或補強。績效評估既可指出員工的工作缺點，則研究發展計畫的有效性，亦可經由績效評估加以確定。因此，績效評估可作為研究發展的指標。

四、作為薪資調整的標準

績效評估的結果，可用來作為釐訂或調整薪資的標準。對於具有優良績效、中等績效或缺乏績效的員工，可分別決定其調薪的幅度。通常，績效常與年資、經驗、教育背景等資料，同為核定薪資的重要參考。

五、作為教育訓練的參考

績效評估的結果，可應用於教育訓練上，一方面透過評估瞭解員工在技術與知能方面的缺陷，作為釐訂再教育的參考；另一方面可協助員工瞭解自己的缺點，而樂意接受在職訓練或職外訓練。

六、作為客觀評核的參據

組織了績效評估制度，可使主管據此而對部屬的工作表現做客觀的評核。績效評估在推行之前，組織必然要設定一些評核準，此種標準不僅可使員工在工作時有所依循，而且可使主管有了依據可做評核。如此自可減少評估上許多不必要的爭議，且可去除主管對部屬的主觀評核，庶可減免一些人事上的紛爭。

七、作為獎懲回饋的基礎

績效評估可作為獎懲員工的標準。組織可根據績效的優劣，訂定賞罰的準則：對工作績效優良者，加以獎賞；對工作績效不良者，加以懲罰。同時，員工可據以瞭解組織評估其績效的標準，作適時的因應、回饋。

八、作為人事研究的佐證

績效評估有時可用來維持員工工作水準，積極有效地改進其工作績效。有些績效評估可幫助主管用來觀察員工行為。有時績效評估可作為研究測驗效度，或其他遴選方法的效果之工具。

總之，績效評估的目的，不僅在評估員工的工作績效而已，它常用來作為加薪、訓練、遷調，以及其他人力資源與組織管理項目的參考。

第二節 績效評估的標準

在組織中，每項工作都應有明確的標準，以為員工行事的依據。這些標準愈清楚、客觀而具體，且能被瞭解和測量，則員工績效愈有提高的可能；甚且績效評估有了明確的標準，可提高其公平性和客觀性。惟為了達成這些目標，績效評估必須建立其信度和效度。茲分述如下：

一、信度

有效評估的先決條件，就是它的評估結果必須具有一致性，亦即評估結果必須相當可靠，此即為信度（reliability）。信度實際上和績效資訊的一致性、穩定性有關。所謂一致性，係指蒐集同一資訊的交替方法，應有一致的結果而言。穩定性則指同一評估設計在評估的特性不變下連續幾次的應用，都會產生相同的結果。惟在實質上，員工被評估時，各種情境與個人因素都會發生變化，以致常有不一致和不穩定的現象。這些因素包括三種情況：

1.**情境因素**：績效評估時，情境因素會影其信度，如評估時段的安排、評估時間的長短、對照效應（contrast effect）對評估結果的比較等。
2.**受評者因素**：受評者暫時性的疲勞、心境、健康等個人因素，常使評估者所得印象不同，致有不同的評估結果。
3.**評估者因素**：評估者的個人人格特質或心態，對績效評估意見的不一致，常造成評估的不穩定。

基於上述因素，為了增進績效評估的信度，組織可藉由多重觀察，或從多項因素加以比較，或由多個觀察者進行評估，並在短期內作數次判斷，如此自可提高績效評估的信度。

二、效度

信度雖是效度（validity）的必要先決條件，但只有信度並不能保證評量一定有效，仍需注意是否具有效度。所謂效度，是指評估能否達成所期望目標的程度，其有三項需要考慮的因素。

1.**績效向度**：在評估績效之前，應先確定影響績效的各種行為向度，並找出可代表行為的標準。譬如，員工的職務、責任不同，其所設定的績效標準就應有所差異。因此，績效標準最好能力求周延，相互為用。

2.**組織層次**：績效評估效度的達成，除了需考量績效向度之外，尚需配合適當的組織層次，使組織、群體或個人間能有所關聯。

3.**時間取向**：績效評估的效度，有時受到時間長短的影響。有些標準具有短期取向，有些則具有長期取向。譬如，特定的個人工作行為，可以短期方式測定，但團體性的利潤市場占有率，則需長期方能顯現出來。

總之，評估效度愈高愈好，蓋評估效度愈高，其指導的正確性愈大。不過，評估信度高，並不能保證其效度必高。有時評估具有高信度，但效度卻很低，甚至毫無效度可言。只是，若測驗信度低，則效度必也很低。由此可知，信度和效度是有相當關聯性的，是整個評估過程良窳的關鍵，可能決定員工績效的適當性。

三、績效標準評估

信度和效度為績效本身的效標，實際上在作績效評估時，還必須制定三項績效標準：

(一)絕對標準

絕對標準（absolute standard）就是在建立員工工作的行為特質標準，然後將達到該項標準者列入評估範圍內，而不在員工相互間作比較。評估者在採用絕對標準時，可用評語描述員工的優、劣點。絕對標準的評估重點，在於以固定標準衡量員工，而不是與其他員工的表現作比較。

絕對標準法的優點，是可用好幾個標準來獨立評估員工的表現，而不像比較法傾向於整體特性的評價。另一個優點，即該法具有十足彈性。不過，此法很容易犯錯，準確性頗低，且評估結果偏高或偏低時，不易看出相互間績效的差異程度。同時，暈輪效應、歸因傾向、一般評價傾向，以及直覺的偏見與誤差等，都可能發生。

(二)相對標準

所謂相對標準（relative standard），就是將員工之間的績效表現相互比較；亦即以相互比較來評定個人的好壞，將被評估者按某種向度作順序排名；或將被評估者歸入先前決定的等級內，再加以排名。

相對標準法之優點，是較為省時，並可減低過高或過低評估的主觀偏差。然而其缺點，乃為員工過多時難以排名，也許對最好或最壞的幾名很容易找出，但中間的員工則很難配對。又被評估的員工太少，或被評估者之間只有些微差異時，相對標準會造成不符實際的評估結果。此乃因比較是相對的，一個平凡的員工可能會得高分，只因他是「差中最好的」。相反地，一位優秀員工與強硬對手比較後，可能居於劣勢，但他在絕對標準中，可能是相當優秀的。此即為歸因傾向或暈輪效應的問題。

(三)客觀標準

所謂客觀標準（objective standard），就是評估者在判斷員工所具有的特質，以及其所執行工作的績效時，對每項特性或績效表現，在評定量表上每一點的相對基準上予以定位，以幫助評估者作評價。此法最適用於程序明確、目標導向的組織。

此法的優點，是強調結果導向，把焦點集中在行為與績效上，可激勵員工。其次是評估者間評估相關性較高，即一致性高。同時，它可提供受評者良好的回饋，以修正其行為，並求符合上級的評價。不過，此法必須耗費較多的時間與精力，必須隨時作修正，以保證特定行為和工作與績效的預測有關。

總之，績效評估的標準是多重的，就評估本身而言，必須具備相當的信度和效度。就執行績效評估方面，則宜建立一些標準，如絕對標準、相對標準或客觀標準，以資供選擇。同時，欲建立績效評估的公平性與合理性，尚需慎選評估方法。

第三節 績效評估的方法

績效評估方法會影響評估計畫的成效，和評估結果的正確與否。通常，評估方法需有代表性，必須具備信度與效度，並能為人所接受。一項好的評估方法應具有普遍性，並可鑑別出員工所的工作行為差異，使評估者以最客觀的意見作評估。目前組織所採用的績效評估方法，差異雖然很大，其基本型式不外乎下列方法：

一、評等量表法

評等量表（rating scale）是最常見的績效評估方法。此法的基本程序，是評定每位員工所具有的各種不同特質之程度。它的型式有二：一為圖表評等量表（graphic rating scale），是以一條直線代表心理特質的程度；評定者即依員工具有的心理特質程度，在直線上某個適當的點打個記號，即可得到評定的項目分數；二為多段評等量表（multiple-step rating scale），是將各種特質的程度分為幾項，且在各項特質的某個程度打個記號，然後將各項特質的得分相加，即為員工個人工作的總分。

至於，評等量表所用的心理特質之種類與數量，依組織及工作性質而各有不同。史塔與葛任里（R. B. Starr & R. J. Greenly）發現績效評估項目至多有二十一項，最少的只有四項，平均以十項左右最多。一般最常用的特質為：生產量、工作品質、判斷力、可靠性、主動性、合作性、領導力、專業知識、安全感、勤奮、人格、健康等。當然，有些特質間常是相互關聯的。不過，依因素分析結果發現，基本上的特質可大別為擔任現有工作的能力與工作品質兩大因素。

二、員工比較系統法

評等量表是將員工特質依既定標準評等，缺乏相對的比較，以致多偏向好的或壞的一端評等，使評估效果不彰，無法辨別優劣。員工比較系統（employee comparison）則可把某人的特質，與他人加以比較，而評定其間的優劣。此種比較系統有三種不同的型式，如下所述：

(一)等級次序系統

等級次序系統（rank-order comparison system），即在實施評估時，先由評估者加以評等，然後再排定其次序。通常每個被評估者以一張小卡片記載姓名，加以試排或調整其次序。每次評等及試排次序時，僅限於一種特質，若評定多種特質時，需分別評定之。

(二)配對比較系統

配對比較系統（paired comparison system）法是相當有效的績效評估方法。不過，此法相當複雜而費時。此法的程序是先準備一些小卡片，每張卡片上寫著兩個被評估者的姓名，每位被評估者都必須與其他一位配對比較，評估者自卡片上兩個姓名中選出一位較優良者。如有n個被評估者，則配對數目共有：

配對數＝n（n－1）／2

若有二十位員工接受評估，則配對數為20（20－1）／2＝190；若有一百位員工，則配對數為4,950，數目大到難以處理。因此，解決配對數過多的方法有二，其一是將員工分為幾組，由各組內作配對比較。若員工不易分組，且評估者相當熟悉員工的工作績效，可採用第二種方法；即從所有配對中，挑出有系統的一組樣本，供作參考。依此作為評等標準，據以研究其準確性；其與完全配對結果比較，相關性高達0.93以上。

(三)強制分配系統

強制分配系統（forced distribution system）法多用於組織龐大，而主管又不願意採用配對比較系統時運用之。此法是將被評估者人數採用一定百分比，來評定總體工作績效，偶爾亦可應用於個別特質的評等。應用此法時，需將所有員工分配於決定的百分比率中，如最低者為百分之十，次低者為百分之二十，中級者為百分之四十，較高者為百分之二十，最高者為百分之十。分配適當的比率，主要在防止評估者過高或過低的評等。不過，此法對有普遍存在很高或很低的工作績效之評核，並不適用。

三、重要事例技術法

重要事例技術（critical incident technique）為費南根和奔斯（J. C. Flanagon & R. K. Burns）所倡導。它的主要程序，是由監督人員記錄員工的關鍵性行為。當員工做了某項很重要、具價值或特殊行為時，監督人員即在該員工的資料中做個記錄。通常這些關鍵性行為，包括：物質環境、可靠性、檢查與視導、數字計算、記憶與學習、綜合判斷、理解力、創造力、生產力、獨立性、接受力、正確性、反應能力、合作性、主動性、責任感等十六項。此法由於涉及人格因素，故而缺乏客觀計量的比較。不過，它的最大優點，是以具體事實提供主管作為輔導員工的資料。

四、其他方法

其他績效評估的方法尚多，諸如：行為檢查與量表法（behavioral checklist and scales），此法又可分為：加權檢查列表（weighted checklist）、強制選擇檢查列表（forced choice checklist）、量度期望評等量表（scaled expectancy rating scale）等，這些方法大多用來評定工作行為、或人格測驗。由於這些量表製作不易，且耗時過久，應用不廣。本文不擬加討論。

再者，瓦滋渥斯（G. W. Wadsworth）採用實地調查法（field review method），由人事單位派出專人訪問每位被評估者的直接上司，詢問其意見，然後再綜合各有關人員的考評作成結論，送請各相關人員參考。另外，羅蘭德（V. K. Rowland）提出群體評估計畫（group appraisal plan），即召集被評估者的直接上司及相關上級主管共同作團體評估；此法的優點可免除直接上司的獨斷。另一種方法是自由書寫法（free-written），即評估者對員工作文字描述。其他尚有同僚評等（peer rating）、個人測驗、個人晤談等方法。

總之，選擇適當的績效評估方法，是一件相當複雜而困難的工作。每種評估方法都有其特性與優劣點。吾人採用績效評估方法時，最主要的必須注意其適用性與公平性，才能真正地做到有效的評估目標。

第四節 績效評估的偏誤與調整

理想的績效評估，除了要建立標準與慎選方法之外，尚需注意科學的正確性。惟沒有一種評估方法是完美無缺的。站在組織的立場，當然希望績效評估是一種客觀的過程，如此自可免除個人偏見、偏好與癖性，使之能達到更客觀合理的境地。

一、績效評估的偏誤

測量技術上的困難與個人的心理傾向，常有一些偏誤產生，吾人必須加以探討，並設法調整。這些偏誤可引述如下：

(一)暈輪效應

所謂暈輪效應（halo effect），是指評估者對受評者的某項特質作評價時，常受到對受評者整體印象的影響。如評估者在評估某人的工作表現，常因他對受評者的良好印象，而給予較高的評價；相反地，若對他整體印象不佳，則給予較低的評價。暈輪效應常使績效評估產生扭曲的現象，故而增加評估次數，或作不定期的評估，或作交叉評估等，都可減少此種主觀的偏誤。

(二)刻板印象

所謂刻板印象（stereotype），是指評估者對受評者的評估，常受到受評者所屬社會團體特質的影響。易言之，當評估者評價某個員工時，常選擇該員工所認同的團體特性，加諸於該員工身上，並作同樣的特性評估。例如，某人信仰某種宗教，則評估者將以該種宗教的特性，而認為某人同樣具有此種特性。此種現象乃是評估者對事物或現象，予以過於簡單分類，所形成的偏誤。為解決此種偏誤，可實施交叉考評（cross rating）與同僚互評以輔助之。

(三)投射作用

所謂投射作用（projection），是指評估者在對受評者加以評估時，常將自己的感受、心理傾向或動機等，投射在對受評者的判斷上。亦即評估者會從受評者身上看到自己所具有的特質。譬如，一位能力不足的主管，可能把部屬看成是無能的。同樣地，有成就的主管也會評定部屬的良好成就。然而，這些評估都可能各是一種偏誤。解決此種偏誤的最佳方法，就是實施由多人來做考評的工作，亦即作交叉考評。

(四)第一印象

所謂第一印象（first impression），就是評定者對受評者作考評時，常依他對受評者最先的看法，來作評估的標準。事實上，個人對某人的第一印象，會使個人產生知覺準備，而以一種特定固有的方式來看待

評定者將對受評者最先的看法作為評估的標準，此即第一印象的偏誤

這個人。此乃因人們會將早期的訊息看得比較重要，以致產生了偏誤。同時，一般人為取得他人的良好印象，往往在初次行為時會加以掩飾偽裝，然而時日一久不免暴露其本質。因此，為修正第一印象所形成的偏誤，需作不定期而較長久的考評。

(五)集中趨勢

所謂集中趨勢（central tendency），是指評估者不願或無法確定區分受評者之間的實質差異，而採取集中於中度評估的現象。此種集中趨勢的績效評估無法分出優劣，不易建立公平的評估，很難達成「賞罰分明」的效果。為了避免集中趨勢的偏誤，可實施員工比較法和強制分配法。

(六)類似偏誤

類似偏誤（similarity error），是指評估者在評定別人時，常給予具有和自己相同特性、專長者，以較高評價。例如，某評估者本身是進取的，他可能以進取性評估他人，此則對具有此類特徵的人有利，而對沒有該項特徵者不利。此種類似偏誤的評估標準，其信度很低。此時可利用交叉考評或委員會評估方式以補救之。

(七)極端傾向

極端傾向（extremity orientation），是指評估者將績效評估定在同一極端的等級，不是失之過寬，就是評得太嚴。評估過寬者稱之為寬大偏誤（leniency error），由於其評估的分數偏高，又稱之為正向偏誤。評估太嚴者稱之為嚴苛偏誤（strictness error），由於其評分偏低，又稱之為負向偏誤。極端傾向若發生於所有組織成員均由同一人評估，將不致發生問題。但如是不同的人在不同的監督者之下，做相同的工作，而又有相同的工作表現，將發生不同的評估分數，而造成偏誤。在這種情形下，可利用強制分配法，或以平均數或標準分數調整其偏誤。

(八)膨脹壓力

膨脹壓力（inflationary pressures），是指隨著時間的遷移，評估者對受評者的評估分數有逐年提升的趨勢。此種趨勢易形成壓力，實質上可能意味著評估者的評估標準降低，而不是受評者的程度愈來愈高。此種長期現象，評估者宜自行注意，並調整之。

(九)分化差異

分化差異（differentiation），是指不同的評估者具有不同的特質，所採用的評估尺度也不相同，以致造成評估的差異。一個高度分化的評估者，常使用廣泛或多方面的尺度來評估績效。而一個低度分化的評估者，則使用有限或極少的標準來評估績效。如此自然造成評估上的偏誤。一般而言，低度分化者傾向於忽視或壓抑個別差異，而高度分化者傾向於利用可參照的資訊來做評價。因此，低度分化評估者的評估需作進一步的檢核，而高度分化評估者的評估較符合實際。

(十)不當替代

不當替代（inadequate substitution），是指評估者在作績效評估時，不選擇實際績效的客觀標準，而以其他不當的績效來替代。例如，評估者以年資或熱心程度、積極態度、整潔等個人主觀觀點，作為評估標準，致使評估結果失去精確性。此外，評估者以主觀態度去蒐集一些客觀資訊，以支持其決策，亦是一種不當替代；蓋主觀態度已失去客觀標準，將會產生偏誤。

由以上的討論與分析，可知績效評估的結果，常因各種情況的不同，而有極大的差異。有的來自評估者不可避免的錯誤與偏見；有些則因受評估者所屬單位、職務、工作難易等而受影響。

二、績效評估的調整與導正

為了導正績效評估的偏誤，除了可運用針對各種偏誤的補救方法之外，尚可利用下列兩種方式調整之：

(一)以平均數值調整偏誤

假若一種評估者所採取的寬、嚴標準不同而發生差異，則宜先求出全部評估者的總平均分數與其個別評估者的平均分數，然後加減其差數，予以比較之。此種方法使用在各評估者評估效度相等的情形下，極為有效。

(二)以標準分數調整偏誤

此法就是把所有評估者的評分，都變為共同的數量尺度，以消除其偏誤。其中以標準分數最為常用。標準分數有好幾種，最常見的是Z分數。標準分數表示個別分數在整體分配中的相對位置，是以個別分數與全體平均分數差，除以標準差而得。標準差是每個分配內所有個別分數變異程度的指標。在一個近似常態分配線的分配中，約有2／3的個體分布在平均分數與±1個標準差之內；約有95%分布在±2個標準差內，99%分布在±3個標準差內。因此，不管一個分配的平均值或其標準差的大小，吾人都可將一個個別分數以標準分數表示之。

現在吾人以標準分數的觀念，來比較「寬鬆評估者」與「嚴苛評估者」所做的評定值。在**圖19-1**中，甲、乙兩個評估者分別評分從60到120與105到135，則吾人可看出：甲的評定值為110之Ｚ分數為＋2，乙的評定值110之Ｚ分數為－2，則甲評定值100約等於乙評定值125，因此，他們的Ｚ分數都是＋1。由此，吾人可推算不同評分的相同績效，或相同評分的不同績效。

總之，績效評估宜由多人評分，然後再加以核算，始能成為一個綜

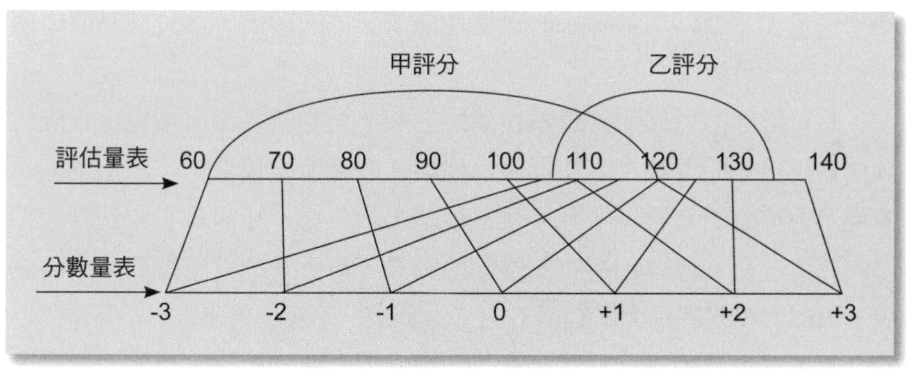

圖19-1　標準差

合分數；且評估項目的比重，必須予以特別重視，才能求得公平的評估結果。

第五節　績效評估與組織效能

績效評估的公平合理與否，影響組織績效本身的良窳。一個公平合理而精確的評估，將能使員工知所遵循；而績效評估不公平、不合理，將使員工失去行為的準則。因此，績效評估與績效表現具有密切關係。本節將就兩方面討論之。

一、績效評估與激勵

績效評估的主要目標，是在尋求客觀性。雖然評估分數常受到各種因素的扭曲，而很難做到絕對客觀的地步；然而評估員工績效時，至少應讓員工瞭解組織期望他們表現何種行為，用以評估績效的標準是什麼，以及如何使用這些標準來評估員工。無論評估資料是如何蒐集的，總是要員工有看到評估結果的機會。績效評估的結果，常可作為評估個人薪資的一部分。

今日管理者所面對的挑戰性問題之一，乃是學習如何去顯現正確的評估結果給他的部屬，且使部屬以建設性的態度去接受它。評估別人的表現，往往是所有管理活動中最具情緒性的負擔。任何員工收到評估結果的感受，對其自尊往往會有強烈的影響，最重要的是影響他未來的表現。因此，績效評估會影響員工的工作動機，殆無疑義。

本書曾提及動機的期望模式，此模式對動機作用作了最好的解釋，它告訴我們在什麼情況下，員工會努力工作，且瞭解到員工努力的程度。本模式相當重要的成分是工作績效，尤其是努力與績效和績效與獎賞的聯結。人們是不是認為努力會導致好的績效，而好的績效是否會得到有價值的獎賞？很顯然地，他們必須知道自己要表現什麼，這些表現會如何被測量。進而言之，他們必須有信心，且在能力範圍內的努力會獲得應有的肯定，亦即相信他們的績效表現會獲得有價值的獎賞。凡此都和績效評估具有重大的關係。

綜觀上述，如果員工尋找的目標不清楚，評估這些目標的標準很模糊，員工對努力將帶來較高評價的信心不足，或者認為當他們的目標達成後，組織不能給予應得的獎賞，則員工將不會表現工作潛力。因此，績效評估必須確立評估標準，又能公正、公平、客觀、合理；且於評估後能給予適當的獎賞，才能得到激勵的效果。

二、績效評估與滿足感

績效評估是對工作結果的測量。員工知覺到測量結果的公平性與否，獎賞是否能達成他的期望，也將影響他是否努力工作的意願。因此，在期望模式中，激勵效果的顯現，乃為員工先努力，獲得了績效，然後有了報償；而他對報償感到了滿足，才會激發他努力工作的意願。

易言之，人們是否依照知覺到的報償，而非真實的酬賞來調整他們的行為；也就是說員工必須感到滿足，才願意更努力工作。

基於上述觀點，績效評估必須與員工滿足感作適應性的配置，才能得到激勵的效果。因此，瞭解組織評估過程和酬賞系統，對瞭解和預測個人的行為是相當重要的。人們不會平白無故地努力工作，他們會期待酬勞、薪資、額外利益、升遷機會、被認可、得到社會讚賞等，這些都是滿足感的來源。因此，績效評估必須正確。如果員工認為他們的努力得到了正確的評估，而且得到的獎賞與自己的評價相當，自然會得到激勵，否則將難有優良的工作表現。

績效評估在組織效能上的意義，乃在說明評估與酬賞系統的激勵作用。此種激勵作用的結論是：(1)當酬賞被員工視為公平；(2)酬賞與績效有關；(3)酬賞能與個人需求配合，便能提高員工的工作績效和滿足感，降低退縮行為與增進對組織的承諾。如果員工認為他們的努力未被正確地評估或獎賞，則退縮性行為可能會增加，工作表現也不太優越，只能維持在最低水準之下。

總之，績效評估是一種對員工作定期考核與評價的工作，評估的公正與否影響員工工作情緒甚鉅，故不能草率從事，免得引起員工的不平與憤懣。惟績效評估常受知覺的影響，而發生不公平的現象，此為管理者所應注意的問題。管理者在作績效評估時，固可依憑個人的主觀意識，更應參酌當時的工作環境與條件，作更翔實的審視；尤宜聽取他人的意見，方能做到更公平更合理的地步。

Chapter

20 組織控制

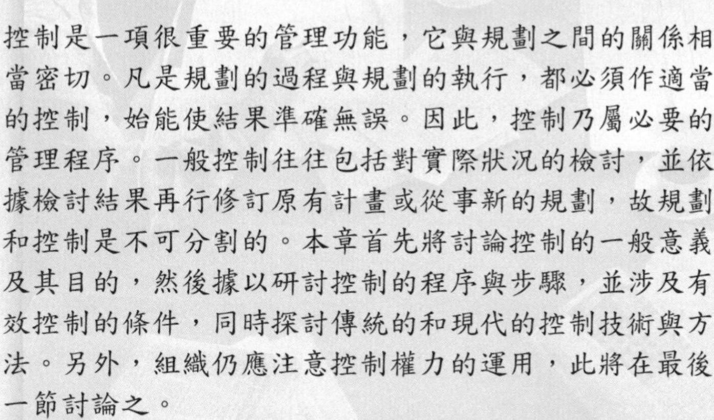

控制是一項很重要的管理功能，它與規劃之間的關係相當密切。凡是規劃的過程與規劃的執行，都必須作適當的控制，始能使結果準確無誤。因此，控制乃屬必要的管理程序。一般控制往往包括對實際狀況的檢討，並依據檢討結果再行修訂原有計畫或從事新的規劃，故規劃和控制是不可分割的。本章首先將討論控制的一般意義及其目的，然後據以研討控制的程序與步驟，並涉及有效控制的條件，同時探討傳統的和現代的控制技術與方法。另外，組織仍應注意控制權力的運用，此將在最後一節討論之。

第一節 控制的意義

所謂控制（control），常被誤以為是「操縱」、「約束」、「掌握」、「管制」、「限制」之意。事實上，控制係指針對原有計畫注意其發展，並作適時的修正，以免有所偏頗而言。故控制乃在確保事務的進行能符合原有的預期，並按計畫完成，且能矯正任何偏離活動的程序。它絕不僅限於限制和約束的消極意義而已，而是涵蓋著正面發展的積極性意義。

在管理上，控制乃是隨著規劃而來的。它乃在確保組織機構能順利地達成其目標，使實際的績效與預期的績效或目標能夠一致，並提供回饋使管理者能採取矯正的措施。控制即在對工作活動的過程和績效作評估，以便作為管理者的參考，並確保各項活動能依原有計畫進行，故是一種管理程序。

就實務的立場而言，控制意即在檢視各項工作是否按照既定的計畫來發布命令，以及是否依制定的原則來進行其各項活動。控制的標的，乃在發掘錯誤，俾求能加以改正，並防止錯誤再發生。簡言之，控制即為管理者為確保實際成果能符合原有計畫，所從事的所有活動。

就管理標的而言，控制除了可依據原有標準或目標而檢視實際作業情況之外，尚可提醒管理者注意潛在問題的發生。是故，控制作業的兩大課題，一為求得工作活動的穩定性，另一則為求得組織目標的實現。以穩定性而言，管理者必須確保組織作業在所限定的界限範圍內，而這種界限乃為組織的政策、預算、倫理、法律、規則、程序等所限定。至於目標的實現方面，則在使管理者能經常監視作業的進行，俾使能朝向既定目標而努力，且保有一定的進度。

總之，控制乃是組織為確保目標的達成所必須具備的手段或工具。它乃在檢視組織的一切作業，使其能按預定的目標來進行；而在檢視過程中，一旦發現錯誤，可作及時的修改，以避免發生偏差，而阻礙組織目標的達成。

第二節 控制的步驟

控制既在檢視組織作業是否按照原訂計畫進行，則其步驟至少包括：標準的建立、資料的蒐集、績效的檢視，以及偏差的矯正。其中標準的建立，乃屬於規劃的程序；資料的蒐集，則屬於執行的程序；而績效的檢視和偏差的矯正，則為控制程序所專有的。

一、標準的建立

所謂標準，乃為組織為達成某項目標所訂定的一種參考價值，它乃為組織對某項職位或某位員工的期望，亦為測度績效所依據的基礎。因此，標準乃係來自於目標，而具有目標的許多特性。它必須是具體、能證實，且是可以衡量的。有些組織所訂定的目標，直接可作為標準之用；有些則依目標而另訂出績效標準。為了求得其有效，這些標準必須界定得很清楚，且能合理地與單位目標聯結在一起。亦即標準乃是針對未來、現在和過去的行動作比較的準則。

然而，不管標準是如何產生的，它必須易於測定，且易於界定。通常組織所訂的目標，愈具體愈易測定，則愈可能直接作為標準之用。組織所訂的標準，可以每小時的產出和成本，或品質水準、存量水準，或個人以及組織績效的某項標準來訂定。它可包括實質的、計量的和計質的；亦即標準應是客觀的、具一致性的。

二、資料的蒐集

控制過程的第二項步驟，乃是對實際情況資料的蒐集。然而，大多數人往往忽略了該項步驟。事實上，未曾對現場工作活動作資料的蒐集，將無從瞭解真實情況，且無法核對其與標準之間的關聯性。因此，資料的蒐集乃在以客觀的標準，來衡量實際所發生的情況，從而能獲知實際績效和工作進度。

資料的蒐集不僅可提供管理者瞭解需施行控制的真實情況，且可對績效資料作檢視。一般而言，整個控制系統的良窳，常繫於資料蒐集的是否確實。若資料蒐集不確實，以致資料產生錯誤，則整個控制程序將功虧一簣。因此，控制程序不能不重視資料的蒐集過程。

三、績效的檢視

在控制程序中，一旦蒐集了正確的資料，則可以和所建立的標準加以比較。這就是工作績效的檢視。在理想上，管理階層最好能夠建立預知工作績效的控制制度，找出影響績效的「先行因素」（lead factors），則可防範偏誤於未然。然而，這畢竟是一種理想，但至少能儘早找出執行時出現偏差的原因。這就是一般管理者常採用「例外管理」（management by exception）的原因。其意義就是，凡是特別優良及特別不良的情況，均應寄以高度的重視，如此才不致浪費管理者太多的時間和精力。

當然，對績效比較務實的做法，就是管理者必須比較實際績效和預期績效之間的差距。如果實際績效在容忍限度（tolerance range）內，尚可不必採取矯正行動；惟一旦與預期標準相差太遠，則必須採取改正措施。此乃因任何績效標準的建立，尚無法做到百分之百的準確，何況做太多的矯正，往往需耗費很大的成本，但超出預期太多，則非矯正不可。

四、偏差的矯正

如果實際績效偏離預期目標所能容忍的限度太遠，則應予以矯正。當然，偏差的發生可能在於設定的標準太高，也可能是規劃的不當，也可能是實施過程有誤，或執行不當。只有找出偏差的真正原因，才能採取應有的矯正行動。

矯正偏差的管理行動，除了需找出偏差的原因之外，尚需考慮執行期望行動的能力，甚而修正原有的標準，使其更符合實際的情況。負責矯正行動的人，必須知道他們確切的責任，以及他們有權採取行動的根源。依此，才能進行有效的控制行動，同時對一個循環作適當的回饋。

總之，控制的步驟包括標準的建立、資料的蒐集、績效的檢視，以及偏差的矯正。管理程序必須依據這些步驟，始能完成有效的控制。假如管理階層不能建立某些類型的控制系統，則所有的規劃都將無價值可言。惟為達成有效的控制，尚必須具備一些條件，其將於下節繼續討論之。

第三節 有效控制的條件

理想的控制制度應能提供適時的回饋，以便能使管理者掌握實際的情況，並採取矯正偏差的措施。當組織內部發生了問題，脫離了正常軌道，就必須適時地加以調整。因此，控制制度的實施，應求其有效，才能達成控制的目的。至於有效的控制制度，至少應包含下列要件：

一、標準須客觀

有效控制必須明訂各項客觀標準，才能做到公平合理的地步，使組織內各個成員都能信服；且愈明確的標準必須是可達成的，組織成員才能據以作為努力的方向。當部屬相信他們的績效是可經過客觀地衡量時，他們才願意竭盡心力於績效標準的達成。是故，有效控制的要件，首先必須建立客觀而明確的標準。

二、資料須準確

有效的控制須有準確的資料，包括規劃、執行與實際作業的正確資料。一項資料對控制者而言，必須是有用而極易瞭解的，如此才能節省控制的精力、時間和成本。管理者在作控制活動時，首先需要確定自己所要的資料，以及何種形式的資料。這就是所謂的資訊設計（information design）之問題。唯有資訊設計簡便明瞭而準確，才能確定所需的資料，並剔除一些無關的資料和報表。

三、具有及時性

一套有效的控制制度，必須能及時而迅速地顯現出偏差的資料。一項設計完善的控制，應能在問題產生之前，即能認出可能發生的問題所在。否則至少也必須在問題發生時，能立即予以圓滿地解決。凡是在設計控制制度時，吾人皆可在事前預估各種樂觀情況、最可能情況，以及悲觀情況，再三加以斟酌，如此自可測定出可能發生問題的「先行因素」，然後據以及時地解決問題。

四、必須有彈性

一套有效的控制制度，應具備一些彈性，俾使計畫一旦在實施中發生了偏差，而能做一些補救措施。誠如前述，控制宜訂定一種「容忍限度」。當在容忍限度內尚可繼續執行，但必須防範它超出容忍限度之外，如此自可免於產生過度的偏差。因此，控制制度若沒有彈性，將使執行計畫趨於僵化，而失去先機，甚至導致完全的失敗。例如，彈性預算就是容許預算隨著業務量的高低而將預算追加或追減，如此自可使管理階層不因營運情況而影響其對作業的控制。

五、須具經濟性

一套控制制度的價值，必須大於其所花費的成本，否則就是不經濟的。然而，要確定在何種程度下，控制制度的邊際成本小於或等於其邊際收益，卻是相當困難的。管理階層只有從多方面去估計，才能判定控制制度的經濟性。有時，此種經濟性的估計是相當主觀的。即使如此，多作估計且不斷地測定，有時是必要的。

六、講求務實性

控制的過程必須能切合實際，控制之標準不宜設定得過高或過低，否則均將阻礙控制的進行。當然，控制標準的訂定，應實際可行，且能有適當的挑戰性，才能適應一旦情境有了變化時，仍能持續進行。管理者最好能定期檢討各項控制程序，以因應內外情勢之變動，使不致與實際情況脫節。

七、鼓勵參與性

在管理控制作業中，有時常招致員工的抗拒。此乃因控制之設計，未曾邀集員工參與，未徵詢員工的意見，以致標準和實務脫節，產生對員工的困擾之故。事實上，有員工參與的控制，較容易取得員工的支持與合作。固然，人性多不願受到控制之規範，然而在一定合理範圍內的控制，乃屬於完成任務之必然的規則；此乃為一般人所可接受的，其問題只在於是否受到應有的尊重和參與而已。因此，多鼓勵員工參與，有助於作有效的控制。

八、能確實指出錯誤

一套有效的控制制度，須能準確地指出錯誤的所在，並指引矯正錯誤的方向。控制制度只是指出計畫的偏差，仍是不夠的；它必須能確認問題究竟出在何處，以及應由何人來負責，由誰去改正其錯誤，如此才能產生積極的效果。

總之，一套有效的控制制度，必須能客觀地界定標準，找尋正確的控制資料，且能及時地解決問題；又在實施過程中能具有彈性，容許適宜的「容忍限度」；並需合乎經濟性、務實性，才有實施的價值。同時，控制的設計須有員工的參與，方可免除員工的抗拒；而其最終目標乃在提出指引矯正錯誤的方向，進而加以改正。

第四節 傳統控制技術與方法

控制制度乃分別建立在生產、行銷、財務和人力資源管理等各個層面上的。例如，在生產管理上可能運用書面報表、損益平衡、稽核、目標管理、直接觀察、存量管制等控制方法；在行銷上可運用存貨管制、建立市場地位、尋求獲利等控制技術和方法；而在財務上可運用預算、財務報表、投資報酬率、損益平衡等方法；在人力資源管理上則可運用績效考核、訓練評估等技術和方法。換言之，控制制度常因使用層面的差異，而有不同的技術與方法；但有些控制技術常橫跨多個層面，而為多個層面所共同採用。甚而，在同一層面中可共用多種控制技術和方法，且有些技術亦可分別於事前、事中或事後作控制。本節只列幾項最具代表性者分析如下：

一、預算

在傳統上運用最廣而最為普遍的控制技術，首推為預算制度。所謂預算（budgets），乃是組織機構以財務金額或數量的方式，所編制足以說明期望的結果或需求的報告書。亦即以數字為基礎所編制的計畫、目標或方案。它一方面係屬於規劃的程序，另方面也是一種控制程序。

通常，組織機構所用預算，有多種不同的型態。其可包括收支預算、現金預算、生產預算、資本支出預算、資產負債預算等。在各個階段作業均納入預算後，可編成一份總預算。一般預算皆由較低層管理者提出預算初稿，再與其主管討論後，作必要的修正，逐級呈送更高層級，最後由預算委員會，負責整個預算案的審查。由於預算並非只是一種收支的假想記錄，而是具有管理上的功能，以致常有不同的預算觀念和編制方式。惟就管理控制而言，預算有下列方式：

(一)財務預算

傳統的預算係採收支分開的方式編制，在收支方面按收支項目的性質加以歸類，並依組織的單位而編制，如此自可獲知整個收支狀況，而各個單位也可瞭解自身可能動用的資源，並依預定項目和數額與實際狀況作比較。此種預算稱之為財務預算（financial budgeting），或稱為收支預算。

此種預算既在瞭解各單位的收支狀況，可使其掌握可用資源，確保工作進度之進行。但該項預算的缺點，乃是未能評估實際支出與其預算項目數字是否完全相符，且無法確定支出和所獲結果之間的相關性。於是有所謂「計畫預算」的出現。

(二)設計計畫預算

所謂設計計畫預算（plan and program budgeting），乃是組織機構

在編制預算時，以目標為考量標準，其目標愈具體愈佳；且設計可達成目標的各種替代方案（programs），並估計其成本。在編制預算時，可對於各項方案作成本效益分析以及效能的比較，以選擇其中的一項最佳方案，據以編定預算。如此所訂定的預算內容，既可合乎傳統的財務預算，又可供作執行和控制之用。此種預算制度於一九六一年首由美國國防部所採用，而於一九六五年為美國所有行政部門所共同採用之。

該項預算制度甚合於理性的原則，但往往忽略了實際行為的層面。亦即目標固可訂定，惟常無法明確界定，致使成本效益分析失去意義；且各個部門為爭取更多預算，時常明爭暗鬥，以致使得真正目標常無法浮現。

(三)零基預算

零基預算（zero-base budgeting，簡稱為ZBB），為最近始普獲重視的一種預算方法。它首先要確定最基層的決策單位（decision units），由這些單位的主管負責該單位的支出水準和活動範圍，並說明其理由，且這些支出活動都像是剛剛開始一樣。各個基層單位主管依此而擬定一系列的個別計畫，各個計畫即稱之為「決策包」（decision package），然後排定所有計畫的優先次序，最後據以提出預算要求。

凡決策單位最主要的活動，即構成最優先的計畫；該計畫所需支出，即代表此一決策單位最低或生存所需的預算水準，此即所謂的「零基」（zero-base）。如果該單位的預算低於此一水準，即無法維持。至於，其他計畫則依據其優先順序在此項基礎上累加上去，但必須逐項對所提計畫的理由作說明，以便能支持某種服務或活動。此種優先順序一旦排定，即可確定當年的預算，如此組織的各項活動均經過檢討和評估，必將無所遺漏，以管理制度的觀點而言，甚是理想。

正如許多管理方法一樣，零基預算也是利弊互見。其優點為：(1)預算編制過程，可針對組織需求及目標作通盤性分析；(2)可增進各階層人士對計畫和預算的參與度和興趣；(3)該預算制度可增強彈性運用的程序；(4)該預算可結合傳統預算程序和規劃程序；(5)可促進各級主管詳審評估其業務的成本效益。

然其缺點則為：(1)太耗費時間、精力、人力和經費；(2)對成本效益的分析，相當主觀；(3)缺乏相對會計制度資料的支持；(4)很難避免人為的操縱，在安排計畫的優先順序上，成本較低者比成本較高者為優先，而導致不重要的活動反而被接受。

(四)彈性預算

由於預算常常有缺乏彈性的缺點，且在種種估計上屢有錯誤，以致所編預算常失去作用。因此，今日預算制度乃有彈性預算之設計。所謂彈性預算（flexible budgeting），係以銷貨金額或其他單位為基礎所編制的預算。其有兩種方式，一為變動預算（variable budgeting），一為移動預算（moving budgeting）。

所謂變動預算，乃係根據一項事實而來，即某些預算支出項目，係與產量或銷量有關，有些則無。前者即為變動成本，後者為固定成本。基本上，變動成本如原物料、人工、廣告及其他相關費用，乃係隨著產量或銷量的高低而變動。此種預算的內容不致因產銷量的改變而失去效用，故在企業界使用甚廣。惟在總預算中，此種預算制度有其限制，難以作為規劃作業的資訊。

另外，所謂移動預算，乃是將一個預算年度分為若干期，每過一期即重新檢討各期的預算，並向前延伸，以保持一個年度的整個預算制度。此種預算的優點是具有彈性和機動性，但所費人力和財力較鉅。

二、書面表報

書面表報也是管理控制的方法之一，其可為定期性的編制，也可依情況的需要而編制。書面表報有兩種基本類別：一為分析性表報，一為資訊性表報。所謂分析性表報，乃係指對有關事實資料作解釋的表報；而資訊性表報，則僅提供事實資料。該兩種表報的編制步驟如下：(1)對問題的處理作一規劃；(2)蒐集有關資料；(3)整理所蒐集的資料；(4)對資料加以研判闡釋；(5)編寫表報。

一般而言，表報乃是為「讀者」而編，並不是為「編者」而編，故應能提供有用的資訊。若表報無法提供有用的資訊，則連定期性的表報亦無持續編制之必要，以免浪費組織資源。因此，表報的編制有詳加評估的必要。蓋書面表報乃為了提供給管理者作控制的工具和參考。

三、稽核

稽核（audit）乃指以公司財務和會計帳目的檢查和評估為基礎，進而達成管理實務和政策之措施；其可包括：外部稽核（external audit）、內部稽核（internal audit）和管理稽核（management audit）三種。外部稽核係委由外界專家代為實施，而內部稽核則由組織機構內部人員自行實施。通常，外部稽核都要請外界會計師擔任，經查核後，乃編制一份報告書，對組織機構財務報表的公正性、一致性及規格是否符合會計原則作簽證。但外部稽核甚少觸及非財務項目，如有關計畫、政策及程序的評估。惟外界稽核既已認定了各項資產負債的帳戶，則不啻已為組織營運提供了一項間接的控制。至於，內部稽核與外部稽核相似，只是其由內部人員自辦而已。

另外，倘稽核工作係包括財務和會計以外的其他事項，則可稱之為管理稽核。所謂管理稽核，旨在評估組織機構的全面性管理實務和政策。管理稽核有時可委由外界管理顧問師擔任，有時亦可由公司人員自行擔任，後者即稱之為「自我考核」（self-audit）。自我考核的目的，乃在定期檢查公司的內外在情況，有時可能會有主觀的偏見，使稽核報告失真。

四、親身觀察

親身觀察也是常見的一種控制方法，尤以中小型機構為然。可是，單獨採用親身觀察，並不是一種完善的控制方法。但在採用預算控制和損益平衡分析時，親身觀察卻是一種極佳的補充方法。管理人員在查閱過各項表報之後，若能親臨工作現場，則可獲得第一手資料。親身觀察雖較費時，但卻是求取正確實務資料的有效方法。

當然，親身觀察也有一些缺點。首先，它可能引來一些誤解，被認為可能擾亂工作順序。其次，員工發現主管到來，常有偽裝和改變工作的可能。再者，親身觀察本身也有「誤讀」的可能。然而，親身觀察對現場員工來說，有時也可能產生積極的效果，亦即員工會認為管理者關心或重視其工作。

第五節 現代控制技術與方法

上節所討論的乃為傳統控制技術與方法，近來管理人士已發展更多的專門性控制工具，用以改善控制的技能與品質。其中包括對人和對事等的控制。就人員方面來說，有訓練發展、績效評估、組織領導等都已發展出很好的技術與方法。至於事或工作方面的控制技術與方法更是不勝枚舉。限於篇幅，本節將只選擇損益平衡分析、網絡分析與要項控制等三項，加以研討。

一、損益平衡分析

損益平衡分析（break-even analysis）是一種用於生產的利潤規劃之控制方法。所謂損益平衡，就是總收益等於總成本之謂。在損益平衡上，總收益等於總成本之點，即為損益平衡點（break-even point），簡稱為BEP，凡銷貨收益超過此點，即有盈利；否則即為虧損。其如**圖20-1**所示。

損益平衡分析係建立在收入、成本和利潤的關係上，其需確定的項目為總成本等於總固定成本加上總變動成本。固定成本是指不因作業量高低而變動，與產量無關的成本，如員工管理薪資、折舊、稅捐、保險費等均是。變動成本則為隨著產量的變化而變動的成本，如材料成本、工資等是。至於收入乃為單價乘以銷量的總和。而利潤為總收入減總成本的結果。

在計算損益平衡點時，可以簡單的數學式表示，如下：

BEP＝TEC／P-VC

式中

BEP表示：損益平衡點（以單位數表示）

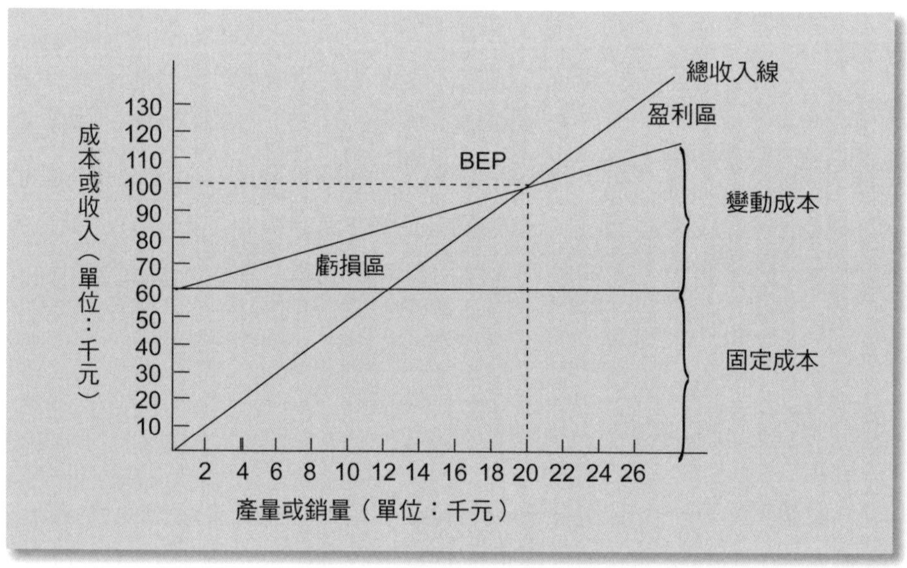

圖20-1　損益平衡分析圖

TEC表示：總固定成本

P表示：單位售價

VC表示：單位變動成本

茲舉例說民如次。假如某公司某項產品的總固定成本為60,000元，單位變動成本為2元，而預期單位售價為5元，則損益平衡點為20,000元單位，其如**圖20-1**所示。依此，倘若其成本或預期售價變動，則管理階層可檢討其影響基礎，從而採取必要的矯正措施。

二、網絡分析

網絡分析（network analysis）乃為運用於大型而複雜的專案計畫上，作為規劃和控制的主要工具。其最早使用的乃是甘特圖表（Gantt chart），基本上用以分析計畫內各部工作的 係，並對其時程作最佳安排，以發現問題所在，從而採取矯正措施。其後，推演成計畫評核術（program evaluation and review technique，簡稱PERT）或要徑法（critical path method，簡稱CPM）等，都屬於網絡分析。此乃因該類技術皆運用網絡圖，來表明各專案計畫的所有活動和先後關係與所需時間之故。

甘特圖表的基本概念，是將一段時間內的工作進度以簡單的圖表表示，以利於管理者控制其進度之謂。例如某主管下有三項工令，第一項工令超前，第二項工令落後，第三項工令和預定進度一致，則該主管可對第一項和第二項工令稍作調整，以期三項工令進度一致。這是相當簡單的控制工具。

其次，計畫評核術的基本概念與甘特圖表法相似，但其內容則稍微複雜。計畫評核術是於一九五八年由美國海軍專案計畫局（Special Projects Office）所開發的一套技術，用於發展北極星飛彈系統上的規劃和控制。其乃為事件、活動和時間的網絡圖。

在網絡圖中，所謂事件（event），乃是一項活動開始或完成的時間點，通常用圓圈表示。所謂活動（activity），則為完成某種特定目的的作業，以箭頭表示。**圖20-2**，即為計畫評核術網絡之例子。

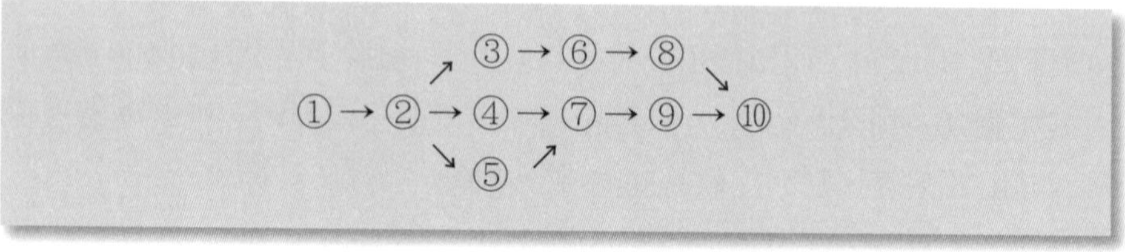

```
              ↗ ③ → ⑥ → ⑧ ↘
① → ② → ④ → ⑦ → ⑨ → ⑩
              ↘ ⑤ ↗
```

圖20-2　計畫評核術網絡圖

此外，在計畫評核術中，尚牽涉到時間的估計。其中有三種時間之估計，即樂觀時間（a）、最可能時間（m）和悲觀時間（b）；然後依此合併預估的時間，即稱之為預期時間（te），其公式為：

$$te=\frac{a+4m+b}{6}$$

在計畫評核術網絡圖中，凡是從工作開始至完成，其活動和事件所需時間最長，亦即最具關鍵性的路徑，即稱之為要徑（critical path）。管理者應設法使此一路徑時間縮短，以期和其他路徑同時完成，此即計畫評核術之作為控制工具的原因。

最後，網絡分析的發展尚有一種稱之為要徑法（critical path method）。它與計畫評核術相似，為杜邦公司所發展出來的。要徑法主要運用於營建工程計畫上，一開始即考慮到成本的估計，這是計畫評核術所未能做到的。不過，今日的計畫評核術由於電腦的發展，已能將各項活動的時間、成本、人力、和設備等各種因素，予以周詳考慮，且作最佳安排，合稱為PERT / cost。此外，要徑法對時間只作一個估計，而計畫評核術則作三個時間評估，這也是兩者不同之處。

總之，網絡分析是屬於對作業性工作最具有體有效的控制技術。它可用作縮短某項活動所預期的時間；且在要徑上追加人力、機器、物料和經費，以加速其工作進度；有時甚至可改進活動的先後順序。易言之，網絡分析可對每項活動和資源控制在詳細標準內，一旦有任何意外狀況發生，立可發現，並加以檢討改進。因此，網絡分析可同時運用於規劃和控制作業上。

三、要項控制

要項控制（key area control）是屬於一種全面績效控制的方法；乃係針對影響組織整體營運的要項加以控制而言。例如，奇異電氣公司即選擇獲利力（profitabilty）、市場地位（market position）、生產力（productivity）、產品領導性（product leadership）、人力發展（personnel development）、員工態度（employee attitudes）、公共責任（public responsibility），以及長短程目標的統合（integration of short and long-range goals）等八項，作為控制要項的項目。茲分述如下：

(一) 獲利力

獲利力是指扣除企業機構內各項支出費用後的利潤而言。在扣除的費用中，包括資金成本。管理階層唯有瞭解公司的獲利力，才能掌握公司的整體營運狀況；也必須能掌握整體營運狀況，才能使公司有獲利力。

(二)市場地位

市場地位可包括市場占有率和市場成長率，其中以市場占有率為主。此外，公司欲提高市場占有率，就必須測度顧客的滿意度，並發現顧客尚未滿足的需要，這些都有待提升顧客服務與顧客價值。

(三)生產力

生產力是指企業機構所產銷的產品和服務，對各項投入因素的比較。管理階層若能將企業所投入的各項資源與其所產出的產品和服務比較，當能掌握生產力的情況。

(四)產品領導性

所謂產品領導性是指包括產品的市場地位、創新性，以及運用新觀念以產製新產品的能力等均屬之。這些不僅能滲透市場，更可能開發新的市場，甚而取得優勢地位。

(五)人力發展

企業機構要從事整體績效控制，不只要重視產銷財務，更要重視人力發展。所謂人力發展包括整個人事的甄選、訓練、任用、考核等，其目的乃在取得優秀而適任的人才。管理階層對人力發展的掌控，除了要注意彌補缺額之外，尚需重視充分的人力供應，以便執行新增的困難任務。

(六)員工態度

員工態度是工作士氣與工作效率的指標。要衡量員工態度可從員工缺勤率、進退率和安全記錄等察知。此外，運用員工態度調查、意見箱、申訴制度等，亦可測知員工態度。

(七)公共責任

公共責任乃包括企業倫理與社會道德，其所涉及的對象有員工、顧客、股東、社區、政府等。企業機構對這些不同的對象，可分別建立各種指標，憑以處理企業所應分擔的責任或義務。

(八) 長短程目標的統合

所有的企業機構都設有長程和短程的目標，而這些目標應是連貫而環節相扣的。企業機構固應重視長程計畫的發展，且也應強調短程目標能反映長程目標的運行。

總之，組織控制不能只重視內部產銷、財務與人力的管控，同時也應兼及於環境的因素。諸如政治環境、經濟環境以及社會環境等。就要項控制而言，除了獲利力為關係公司成效的關鍵因素之外，其他環境因素也可顯現全面績效的評估。因此，組織管理階層在作組織控制時，應能具備總體的整合觀念。

第六節 控制權力的運用

誠如前述，有效控制的程序有一定的步驟和條件，且應選擇適當的控制技術與方法。然而，控制權力的妥善運用，實亦為有效控制的關鍵。管理控制乃為在安排或協調組織內人、事、物、財、時、空的適當配合之手段。由於管理控制得當，組織內部始能有調和的氣氛存在，而這種氣氛是透過組織內部的社會心理過程而完成的。至於，和諧的社會心理系統則有賴控制權力的妥當運用。 然而，有關控制權力的運作有多種說法，其大致可歸納為兩大論點：一是由上而下的運作，一是由下而上的運作。傳統的組織學者都主張：控制權力是始於上級，並依循組織的層級節制體系而向下傳遞的。近代的組織學者則認為：控制權力是根據「被治者的同意」原則而來，權力者若無法取得屬員的同意，就不可能有任何作用。傳統的組織在社會化過程中，常強調權力的接受與服從；然在現代規模龐大而性質複雜的組織中，接受權力的概念已有日漸萎縮之勢。由於近代組織員工所受教育的程度愈高，判斷力日強，對組織決策活動的瞭解日深，對分工專業化的技術日精。在此種情況下，管理者欲建立本身的權力，必須有令人懾服的能力。

根據韋伯所主張的權力基礎，亦深深地影響組織控制權力的運作。韋伯所強調的三種權力基礎是相因相成的，神性權力（charismatic authority），一旦形成，常會衍生出傳統權力（tranditional authority），甚而會建立起合理合法權力（rational-legal authority）。同樣地，合理合法權力一旦編纂一套行政審判標準，亦加強了個人的神性權力，逐漸形成了傳統權力。至於，傳統權力對其他兩種權力的影響，亦復如此。因此，大多數組織在影響系統的維持下，都是傳統的、合理合法的、神性的權力之混合物，此三種權力都是同時並存的。組織一方面要維持傳統的秩序，另方面則要致力於合理合法性，再方面又要維持領導神性化的變革，以維持組織的不斷成長與發展。當然，在許多情況下，某種類型的權力可能較為有效。有時權力者可能較具神性特質，而影響著員工行為；有時合理合法性的權力，較能符合員工的願望；而在某一段時期內，傳統權力關係卻深深地帶動著員工。換言之，組織的各種控制權力很難完全平衡地被運用。

賽蒙曾說：「控制權力關係的困境，乃是部屬對長官命令作選擇性的接受。」因此，組織成員對權力是否同意，常能決定控制權力的是否有效。吾人欲瞭解控制權力的有效性，「接受程度」概念是相當重要的。除非部屬接受長官的權力，否則權力必無任何作用可言，巴納德稱之為「冷漠地帶」（zone of indifference）。當然，影響權力接受的行為方式甚多。在不同的權力系統下，可能運用不同的制裁方式。一般權力若不為部屬所接受，組織常用強制權力迫使就範，惟一旦發生此種情況，對組織來講是相當不幸的。

因此，為了使組織控制權力不致有所偏頗，學者大多主張採用權力平衡的概念。例如，在決策上可採用參與式，在執行上可採用授權或分權的方式。此種權力平衡的概念，有助於群體與組織目標的整合，甚而具有補充正式決策不足的作用。組織中雙向溝通與多元途徑，也有助於權力平衡，蓋在所有社會體系中的權力關係是十分複雜的。在組織的正式結構上，上司可用更大的權力去控制部屬。惟在層次基礎上，部屬的權力雖不明顯，且很難建立高層次的地位；但在實質上，部屬對上級權力的影響是存在的，此乃係基於部屬具有技術專長之故，加上近代工業人道主義的提倡，以致抵制了上級權力的強制作用。因此，權力關係是雙邊的，而不是單方面的；控制權力的運用概念，亦應如此。

當然，個人與組織的權力平衡，乃是依據組織本身的情況而定。控制權力的運用，宜隨組織的性質與內部情況的不同而變化。一個自由氣氛較濃厚的組織，常多採用權力平衡的概念；而強制性的組織，則需要來自於上層的控制權力之引導。又組織內個人或群體的權力過分膨脹，甚或拒絕提供其貢獻，將對組織造成重大的損害，故權力平衡的概念亦宜審慎為之。然而，無論上司與屬員的權力平衡能達到何種程度的協調，組織環境總是隨時在發生變化的，以致此種相互作用的平衡常因之而有所修正。例如，基層主管的更動，即會改變原有的均衡狀態，組織必須重新覓尋權力的平衡，產生一套新的期望。

總而言之，組織中控制權力的基礎甚多，有源自於上級命令系統者，有始於下級人員內心同意者。不管權力的來源為何，近代組織學者大多提倡權力平衡概念，冀求組織控制權力系統的完整，使不致有所偏頗。然而吾人所要強調的：所謂權力平衡並不是要組織中每位成員的權力大小都一致，而是指權力的相互制衡，認為權力者與非權力者都具有相當的社會影響力，此種影響力能推動整體組織作業的運行，卒能達成組織的總體目標。這是組織管理者在行使控制權力時，所應有的體認。

國家圖書館出版品預行編目資料

組織理論與管理 / 林欽榮著. -- 二版. -- 臺北縣深坑鄉：揚智文化, 2010.02
面； 公分. --（管理叢書）

ISBN 978-957-818-941-6 (平裝)

1.組織理論 2.組織管理

494.2 99001287

管理叢書

組織理論與管理

著　　者／林欽榮
出 版 者／揚智文化事業股份有限公司
發 行 人／葉忠賢
總 編 輯／閻富萍
企劃主編／范湘渝
地　　址／台北縣深坑鄉北深路三段 260 號 8 樓
電　　話／(02)8662-6826・8662-6810
傳　　真／(02)2664-7633
E-mail ／service@ycrc.com.tw
印　　刷／鼎易印刷事業股份有限公司
ISBN ／978-957-818-941-6
初版一刷／2004 年 9 月
二版一刷／2010 年 2 月
定　　價／新台幣 550 元